新・数理科学ライブラリ[物理学]=8

物理学のための
応用解析

初貝 安弘 著

サイエンス社

サイエンス社のホームページのご案内
http://www.saiensu.co.jp
ご意見・ご要望は　rikei@saiensu.co.jp　まで．

● まえがき ●

　世の中に物理数学の本は多いがあえてこの本を書くに際して，次の点を特長とした．

　内容は学部3年程度までに習得すべき物理科学および工学において極めて基本的で誰もが理解しておくべきであると考えられる数理的な処理，具体的には計算，算術の方法についての基本的な解説に限った．

　数学はもちろん厳密さを第一に構成されるものではあるが，必ずしも厳密な証明が最も重要であるわけではなく，まして一番理解しやすいとは言えない．それよりもまず問題，手法の数理的な構造を理解することのほうが重要であろう．本書ではそのために数学的厳密さにはこだわらず，物理数学である点も考慮し，おもいきって物理的直観に頼った説明を行なった所も多い．数学的に厳密な議論が必要な人は他の数学書で後で補足するのがよい．最初はまず全体の構造を理解するのが重要である．ただし，通常の物理科学において使う分には十分であると考えられる程度の説明は自己完結的に行なうように心掛けた．例えばデルタ関数の厳密な数学的基礎に詳しくなくともデルタ関数を知らない又は使わない物理，工学の専門家はいないであろう．完全に厳密な理論構成は他の本にまかせて，まず，なにしろ理解できて使える算術の手段を身に着けることがこの本の最大の目的である．議論のスタイルとしては，一般論から始めることはできるだけせず具体的な例から始めてその要点をまとめ帰納的に全体の理解にいたるような形式とした．

　また本文はなるべく基本的な話題に限り通読しやすくし，コラムにはやや細かい議論，より応用に近い話題などを盛り込んだので適宜参考にされたい．

　最後に原稿を詳しく読んでいただいた守田佳文氏ならびに宮下精二先生に感謝したい．またサイエンス社の田島伸彦氏と平勢耕介氏には出版に際してひとかたならぬお世話になったことをここに感謝する．

　2002年10月

　　　　　　　　　　　　　　　　　　　　　　　　　　　　初貝　安弘

目 次

1. 常微分方程式　　1
1.1　微分方程式の例　　2
1.2　変数分離形　　3
1.3　線形微分方程式　　6
1.3.1　斉次方程式と線形性　　6
1.4　非斉次方程式と定数変化法　　10
1.4.1　定数変化法：1階の場合　　11
1.4.2　定数変化法：2階の場合　　13
1.5　定数係数線形微分方程式　　16
1.5.1　定数係数線形微分方程式の特解について　　21
1.6　定数係数連立微分方程式　　24
1.6.1　斉次方程式　　25
1.6.2　非斉次方程式　　32
1.7　有名な積分できる微分方程式　　34
1.7.1　ベルヌーイ微分方程式　　34
1.7.2　リッカチ微分方程式　　34
1.7.3　クレーロー微分方程式（特異解を持つ）　　36
1.7.4　同次型微分方程式　　39
1.7.5　完全微分型　　40
1.8　章末問題　　41

2. ベクトル解析　　43
2.1　基本的な定義と記号　　44
2.2　場の量とその演算　　49
2.2.1　場の演算子の間の関係式　　53
2.3　積分定理　　55
2.3.1　線積分　　55
2.3.2　面積分　　57
2.3.3　2次元ガウス–ストークスの定理　　60
2.3.4　ストークスの定理　　62
2.3.5　3次元ガウスの定理　　63

- 2.4 ベクトルポテンシャルとスカラーポテンシャル 67
- 2.5 直交曲線座標系 69
  - 2.5.1 基底ベクトル 69
  - 2.5.2 勾　配 77
  - 2.5.3 発　散 78
  - 2.5.4 回　転 80
  - 2.5.5 具体的な例 82
- 2.6 章末問題 84

3. 変　分　法　　87
- 3.1 汎関数と変分 88
- 3.2 基本的なオイラー–ラグランジュ方程式 90
- 3.3 種々の場合のオイラー–ラグランジュ方程式 98
  - 3.3.1 高階の微分を含む場合 98
  - 3.3.2 未知関数が複数の場合 100
  - 3.3.3 独立変数が複数の場合 101
- 3.4 境界条件 104
- 3.5 束縛条件とラグランジュの未定乗数法 111
- 3.6 変分法と固有値問題，近似解 117
  - 3.6.1 レイリー商と束縛条件付きの変分問題 117
  - 3.6.2 変分法と微分方程式の固有値問題 118
- 3.7 章末問題 122

4. 複素解析の基礎　　123
- 4.1 複素平面と極表示 124
- 4.2 複素関数 128
  - 4.2.1 複素関数と正則関数 128
  - 4.2.2 等角写像 133
- 4.3 複素積分 135
  - 4.3.1 有用ないくつかの定理 137
- 4.4 コーシーの定理 139
- 4.5 留数と複素積分 142
- 4.6 コーシーの積分定理他いくつかの定理 146
- 4.7 複素積分による実積分の計算 149
- 4.8 部分分数と無限乗積 157
- 4.9 ガンマ関数とベータ関数 161
- 4.10 解析接続とリーマン面 164
- 4.11 章末問題 166

5. フーリエ解析と簡単な偏微分方程式 — 169

- 5.1 離散フーリエ変換 170
- 5.2 フーリエ級数 173
- 5.3 フーリエ変換 185
- 5.4 直交関数列による展開 192
- 5.5 変数分離法による偏微分方程式の解と関数列による展開 197
- 5.6 物理的に重要な偏微分方程式 203
  - 5.6.1 波動方程式 203
  - 5.6.2 熱伝導方程式,拡散方程式 204
  - 5.6.3 シュレディンガー方程式 205
  - 5.6.4 ヘルムホルツ方程式 207
  - 5.6.5 ラプラス方程式 208
- 5.7 章末問題 210

参考文献 — 212

コラム索引 — 213

索引 — 215

常微分方程式

　物理科学，工学における現象および解析においてはある量とその何らかの意味での変化分の間の関係が与えられることが非常に多い．この関係式を具体的に表現するとある関数とその微分との間の関係を与えることになる．このような未知関数とその微分を含む関係式を微分方程式という．特に独立変数が一つの場合を常微分方程式と呼ぶ．この章ではこの常微分方程式の極めて基本的な部分を具体的な例からはじめて説明する．

　コラムでは線形代数の復習とくわしい議論の幾つかを述べた．

本章の内容
1.1　微分方程式の例
1.2　変数分離形
1.3　線形微分方程式
1.4　非斉次方程式と定数変化法
1.5　定数係数線形微分方程式
1.6　定数係数連立微分方程式
1.7　有名な積分できる微分方程式

1.1 微分方程式の例

　ある量とその変化量の間の関係式を微分方程式と呼ぶ．ここではその一つの例として物理科学において最も基本的な**ニュートンの運動方程式**を考えよう．例えば鉛直方向（y 方向）に運動する質量 m の粒子を考えるとニュートンの運動方程式は重力加速度を g, 時刻 t での質点の加速度を $a(t)$ として

$$-mg = ma(t)$$

となる．一方加速度 $a(t)$ は時刻 t での質点の座標 $y(t)$ から

$$a(t) = \frac{d^2 y(t)}{dt^2}$$

と与えられるから

$$\frac{d^2 y(t)}{dt^2} = -g$$

となる．これが微分方程式の典型例である．またよく知られているように初速度 v_0 で，時刻 $t=0$ に $y=0$ から打ち上げられた質点については時間 t におけるその y 座標は

$$y(t) = v_0 t - \frac{1}{2} g t^2$$

となる．これを上記の微分方程式の解と呼ぶ．実際代入すればこの関数が微分方程式を満たすことはすぐ確認できる．

■**放物運動と微分方程式**■

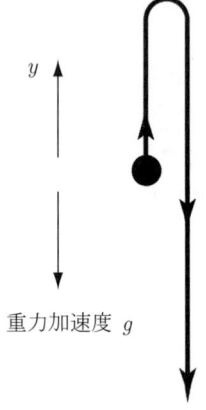
重力加速度 g

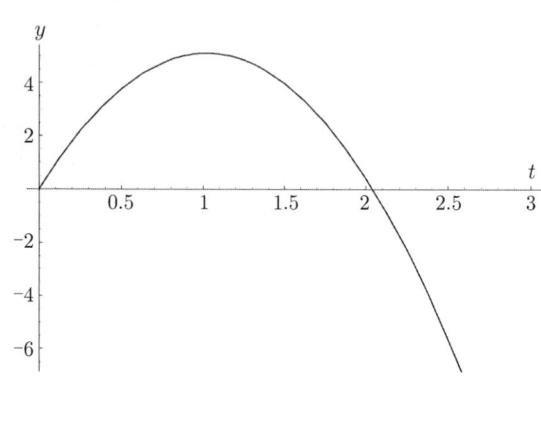

以下，基本的な微分方程式について順次例から始めて具体的に議論をすすめていこう．ただし独立変数としては必ずしも時間 t でなく x などを用いることもあるので注意して欲しい．

1.2　変 数 分 離 形

基本的な微分方程式としてまず次のものを考えよう．

> **例題 1.1**　関係式 $y' = y - y^2$ をみたす x の関数 $y = y(x)$ を求めよ．

解答　$\dfrac{dy}{dx} = y(1-y)$ を微分記号内の dx, dy を普通の数として通分してよいとすると

$$dy \frac{1}{y(1-y)} = dx.$$

これに形式的に積分記号をつけると

$$\int^y dy \frac{1}{y(1-y)} = \int^x dx$$

となり，この等式では左辺は y に関する不定積分，右辺は x に関する積分であるからそのまま積分して

$$\log \left| \frac{y}{1-y} \right| = x + C.$$

これで独立変数 x と求めるべき関数 $y = y(x)$ のあいだの関係式が得られた

■微分方程式により定まるベクトル場■

例えば次の微分方程式を考えよう．

$$y' = xy.$$

この微分方程式を 2 次元平面上の各点 (x, y) ごとに傾き $y' = xy$ が与えられていると理解して (x, y) の位置に傾き y' のベクトルを図示してみよう．ただしベクトルの長さは全て等しくとった．この絵をながめていると平面上にある種の流れが存在することが見てとれよう．この流れが微分方程式の解曲線と呼ばれるものである．(次のコラム参照.)

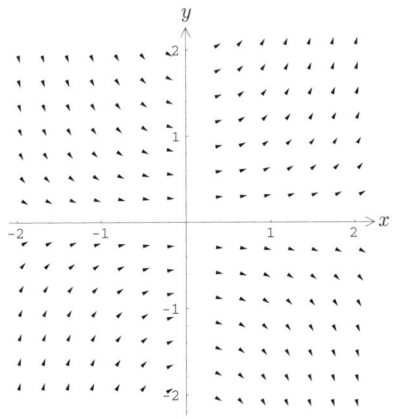

ことになる．これは関数関係 $y = y(x)$ がいわゆる陰関数の形で与えられたことを意味する．この場合さらに簡単に陽に解けて（つまり $y = y(x)$ の形に与えられて）

$$\frac{y}{1-y} = \pm e^C e^x,$$
$$1 - y = ae^{-x}y \quad (a = \pm e^{-C}).$$

よって

$$y(x) = \frac{1}{1 + ae^{-x}}, \quad a \text{ は任意定数}$$

となる．□

ここでのとり扱いは $\dfrac{dy}{dx}$ を分数と考えたわけでおぼえやすくはあるが形式的であったから，この微分方程式の解がうまく構成できた理由をここできちんと振り返ってみよう．ここで扱った微分方程式は一般化して書くと次のような形をしており**変数分離形**と呼ばれ極めて基本的で重要な場合である．

変数分離形

$$y' = \frac{dy}{dx} = X(x) \cdot Y(y), \quad X(x) : x \text{ の関数}, \quad Y(y) : y \text{ の関数}$$

これは次のように変形して

■ベクトル場と対応する微分方程式の解曲線群■

変数分離形の微分方程式 $y' = xy$ の解 $y = Cx^{\frac{x^2}{2}}$ に対していくつかの定数を選び ($C = 1, 0.5, 0.1, -0.1, -0.5, -1$) 前ページのベクトル場とともに図に示そう．これより確かに微分方程式はこれらの曲線の接線を与えていることがわかるであろう．

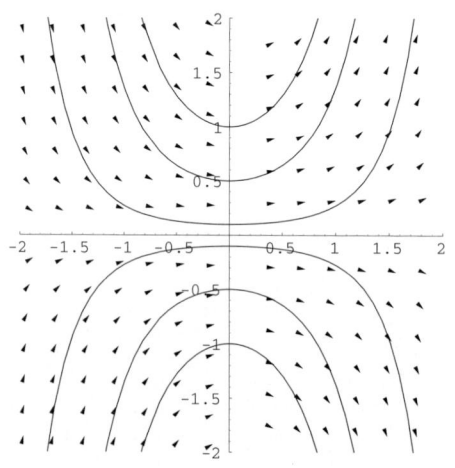

$$X(x) = \frac{1}{Y(y)} \frac{dy}{dx}$$

これを x について区間 $[x_0, x_1]$ で積分し

$$\int_{x_0}^{x_1} X(x)dx = \int_{x_0}^{x_1} \frac{1}{Y(y)} \frac{dy}{dx} dx = \int_{y(x_0)}^{y(x_1)} \frac{1}{Y(y)} dy$$

となる．ただし左辺では置換積分の公式を使った．x_1, y_1 を x, y と書いて x_0 からの寄与は C の再定義で吸収できることに注意すれば不定積分を用いて

--- 変数分離形の解 ---

$$\int^x dx'\, X(x') = C + \int^y dy'\, Y(y')$$

この例においては求める関数は不定積分の積分定数に起因する未定の任意定数 C を含む．つまりこの微分方程式の解は一つではなく任意定数に異なる値を代入すれば別な解が得られるわけで一つの集まり（族）を作っている．これは変数分離形に限らず一般に成り立つことで一般に n 階の微分まで含む**微分方程式**は n 個の未定定数を含む解を持つ．これらを**一般解**という．またそのいくつかある未定定数にある値を代入した具体的な関数を**特解**と呼ぶ．

■変数分離形の形式解■

変数分離形の方程式

$$\frac{dy}{dx} = XY$$

に対しては微分記号 $\frac{dy}{dx}$ を形式的に分数とみなし分母の dx を払い形式的に積分記号をつけて積分すれば

$$\int^y d\bar{y}\, \frac{1}{Y(\bar{y})} = \int^x d\bar{x}\, X(\bar{x}) + C \quad (任意定数)$$

となり，本文で述べた解が得られる．

この形式的な手続を正当化するにはここで与えられた関数が確かに微分方程式を満たすことを確認すればよい．そのためには具体的に両辺を x で微分して合成関数の微分公式より

$$\frac{dy}{dx} \frac{1}{Y(y)} = X(x),$$
$$y' = XY.$$

これは確かにこの形式解が微分方程式を満たすことを意味する．

1.3 線形微分方程式

次にこの節では**線形微分方程式**と呼ばれる型の微分方程式に関して基本的な性質を理解しよう．

1.3.1 斉次方程式と線形性

まず，次の例を考えてみよう

> **例題 1.2** 関係式 $y' = 3y$ を満たす x の関数 $y = y(x)$ を求めよ．

解答 ある関数を微分したらその関数の 3 倍になるわけだから

$$y = Ce^{3x}, \quad C : \text{任意定数}$$

であることはすぐわかる．□

> **例題 1.3** 関係式 $y' = y\sin x$ を満たす x の関数 $y = y(x)$ を求めよ．

解答 前の例と合成関数の微分の規則を思い出せばある関数を微分してその関数の $\sin x$ 倍になるわけだから $(-\cos x)' = \sin x$ に注意して

$$y = Ce^{-\cos x}$$

となることも見てとれるだろう．□

■**変数分離形としての 1 階線形方程式**■

1 階線形微分方程式である次の方程式

$$\frac{dy}{dx} + p(x)y = 0$$

は変数分離形であるから本文の手続に従って解けて

$$\int^y \frac{1}{y} dy = -\int^x p(x) dx$$

$$\log|y| = -\int^x p(x') dx' + C'$$

$$y = \pm e^{C'} e^{-\int^x p(x') dx'}$$

$$= Ce^{-\int^x p(x') dx'}.$$

同様に（斉次）1階線形方程式といわれる次の形の微分方程式については

---**（斉次）1階線形微分方程式**---

$$y' + p(x)y = 0 \quad p(x):\text{与えられた } x \text{ の関数}$$

微分したら $-p(x)$ 倍になるわけだからその解が次のように与えられることは直接微分してみてわかるだろう．(変数分離形として考えてもよい．前節のコラム参照．)

---**（斉次）1階線形微分方程式の解**---

$$y(x) = Ce^{-\int^x dx' p(x')}, \quad C \text{ は任意定数}$$

指数関数の肩に不定積分が乗っていることに注意しよう．これからわかるように，解 $y = y_1$ をひとつみつければその定数倍

$$y(x) = Cy_1(x)$$

も解となっている．これが1階線形微分方程式が「線形」と呼ばれる理由である．

次に物理科学において基本的な以下の微分方程式を考えよう．

■**線形性と非線形**■

線形性の意味をここで振り返ってみよう．

世の中の現象には入力が2倍となれば結果も2倍，入力が3倍なら結果も3倍，二人で一緒にやればそれぞれがやったときの総和の結果が得られる，このようなことが頻出する．これが**重ね合わせの原理**であり少し抽象的にまとめたのが線形性の概念である．

逆に「3人よれば10人力」というような場合が非線形の例となる．

線形な現象に関してはいろいろな研究が進展しているが**非線形**の現象はまだ未開な状態にある．ただし，線形現象にも興味深く各困難でありかつ重要な問題が多くあることはいうまでもない，例えば現代物理の基礎である量子力学はその基礎に**重ね合わせの原理**があることはよく知られているように線形の問題である．また美しい構造の多くがある種の線形性によるものであることも注意しておく．なお最近ではソリトン理論にはじまる非線形問題の中に極めて美しい構造が知られつつあるのも事実である．

例題 1.4 次の微分方程式の一般解を得よ．
$$y'' + y = 0$$

解答 すぐわかるように $y_1 = \cos x, y_2 = \sin x$ はそれぞれ解であり，さらにその線形結合

$$y(x) = C_1 y_1(x) + C_2 y_2(x) = C_1 \cos x + C_2 \sin x$$

も解となる．いわゆる単振動である．□

── 線形性（重ね合わせの原理）──
「一般に解がいくつか求められたときそれらの線形結合も必ず解となる」

解がこの性質を持つ微分方程式を一般に線形微分方程式と呼ぶ．

── 線形微分方程式 ──
$$y^{(n)} + a_{n-1}(x) y^{(n-1)} + a_{n-2}(x) y^{(n-2)} + \cdots + a_1(x) y' + a_0(x) y = b(x)$$

$$L_x[y] = b(x)$$

$$L_x = \frac{d^n}{dx^n} + a_{n-1}(x) \frac{d^{n-1}}{dx^{n-1}} + a_{n-2}(x) \frac{d^{n-1}}{dx^{n-1}} + \cdots + a_1(x) \frac{d}{dx} + a_0(x)$$

■単振り子と線形近似■

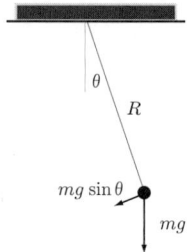

図のような質量 m の**単振り子**の運動を考えるとその運動方程式は

$$R\ddot{\theta} = -mg \sin\theta$$

となる．これは非線形の微分方程式である．ただし $\theta \ll 1$ の微少振動の場合 $\sin\theta \sim \theta$ として

$$\ddot{\theta} = -\frac{mg}{R} \theta.$$

よって線形方程式に帰着する．このよく知られた例のようにある特定の状況下（$\theta \ll 1$ のような）において非線形問題が近似的に線形近似できることは極めて一般的に生ずる．そこにも線形問題の重要性があると言えよう．

上の形の方程式は線形微分方程式であり，特に右辺の"定数項" $b(x)$ がない場合を**斉次方程式**という．ここで係数 $a_i(x)$ は一般には独立変数 x の関数であるが，これがすべて定数の場合を**定数係数線形微分方程式**といい，あとで述べるように一般的に解を求めることができる．逆に変数係数（$a(x)$ が定数でない場合）には線形方程式であっても一般には簡単に解を得ることはできない．

■**定数係数でない微分方程式の幾つか**■

次の微分方程式は物理的にも極めて重要な 2 階の変数係数の微分方程式であるが，一般にはここで述べるようないわゆる求積法で簡単に解を求めることはできない．

$$y'' + \frac{1}{x}y' + \left(1 - \frac{\nu^2}{x^2}\right)y = 0 \quad \text{ベッセルの微分方程式}$$

$$(1-x^2)y'' - xy' + n^2 y = 0 \quad \text{チェビシェフの微分方程式}$$

$$y'' - 2xy' + 2ny = 0 \quad \text{エルミートの微分方程式}$$

$$xy'' + (1-x)y' + ny = 0 = 0 \quad \text{ラゲールの微分方程式}$$

これらの方程式に関しては級数解の方法で解を議論するのが有力である．例えばベッセル方程式の場合次のような無限級数の形で与えられる解が知られている．

$$J_\nu(x) = \sum_{k=0}^\infty \frac{(-1)^k}{k!\Gamma(\nu+k+1)} \left(\frac{x}{2}\right)^{\nu+2k}.$$

1.4 非斉次方程式と定数変化法

まず次の例題を考えよう．

> **例題 1.5** 次の微分方程式の解を求めよ．
> $$y' + xy = x^2 + 1$$

解答 まずこの方程式でもし右辺の x^2+1 がなければ今まで議論してきた斉次線形方程式である．ここで，方程式をにらんで推測すると $y_s(x) = x$ は $y'_s + xy_s = 1 + xx = 1 + x^2$ となり微分方程式を満たしていることがわかる．つまり y_s はこの微分方程式の特解である．そこで与えられた微分方程式と特解が満たす上の式を引き算してみると

$$(y - y_s)' + x(y - y_s) = 0$$

となる．これは $y_0 = y - y_s$ が右辺が零の斉次方程式を満たすことを示している．そこでこの斉次方程式に関しては既に説明してある解の求め方によって $y_0 = y - y_s = Ce^{-\int^x dx' x'} = Ce^{-\frac{1}{2}x^2}$ となり，これからもとの非斉次方程式に対して

$$y(x) = y_s(x) + y_0(x) = x + Ce^{-\frac{1}{2}x^2}$$

■強制振動と非斉次方程式■

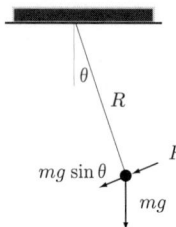

図のような外力 F のもとでの単振り子の運動方程式は

$$\ddot{\theta} + \frac{mg}{R}\theta = \frac{F}{R}.$$

これは非斉次の線形方程式の典型例である．このような非斉次の**強制振動**は物理現象においては単振り子から物質と共存する電磁場まで極めて広く存在する問題である．

と未定定数を含む一般解が求まることになる．□

1階方程式に限らず一般に任意の非斉次の線形方程式に対してこの例のように何らかの方法で特解がわかれば斉次方程式の一般解を加えて

線形非斉次方程式の特解と一般解の関係

(非斉次方程式の一般解)
 ＝(非斉次方程式の特解) ＋ (斉次方程式の一般解)

と **非斉次方程式**の一般解が求まることとなる．

1.4.1 定数変化法：1階の場合

以下まず1階の方程式を考えよう．1階の斉次方程式は変数分離形なので前節の方法に従い一般解が得られる．そこで，あとは非斉次方程式の特解を求めることが問題となる．先程の例では推測でそれを求めたが，推測できないときは以下説明する**定数変化法**により一般に特解が得られる．これを以下説明しよう．

非斉次一階線形方程式

$$y' + p(x)y = q(x) \quad p(x), q(x) : x \text{ のある関数}$$

もし右辺が零であればこれは斉次方程式でありその一般解は前の議論により

■線形方程式のグリーン関数■

$g(x)$ を与えられた関数として y に関する斉次線形微分方程式を

$$L_x[y(x)] = g(x)$$

と書こう．例えばこのとき後述の**デルタ関数** $\delta(x)$ を用いて

$$L_x[G(x, x')] = \delta(x - x')$$

を満たす関数を **グリーン関数**と呼ぶ．これが得られれば非斉次問題の特解は

$$y_s(x) = \int dx' \, G(x, x') g(x')$$

として得られる．これは直接代入してみて線形性より

$$L_x[y_s(x)] = \int dx' \, L_x[G(x, x')] g(x')$$
$$= \int dx' \, \delta(x - x') g(x') = g(x)$$

より確認できる．(デルタ関数についてはフーリエ解析の章で後述．)

$$y(x) = C\bar{y}_1(x), \quad \bar{y}_1' + p\bar{y}_1 = 0$$

となる．ここでは $\bar{y}_1$ は斉次方程式の特解であり未定定数 C はまさに定数である．ここでこの定数 C を独立変数 x の関数とみなしてみよう．これをもって**定数変化法**と呼ぶ．この解の形を微分方程式に代入すると，

$$y' = C'\bar{y}_1 + C\bar{y}_1',$$
$$y' + py = C'\bar{y}_1 + C(\bar{y}_1' + p\bar{y}_1) = q.$$

よって $C'\bar{y}_1 = q$．これより $C' = \dfrac{q}{\bar{y}}$．これを積分して

$$C(x) = \int^x dx' \frac{q(x')}{\bar{y}_1(x')}.$$

結局非斉次方程式の特解は次のようになる．

非斉次1階線形方程式の特解

$$y(x) = C(x)\bar{y}_1(x) = \int^x dx' \frac{q(x')\bar{y}_1(x)}{\bar{y}_1(x')}$$

なおこの結果は任意であった積分の下限を $-\infty$ ととれば

$$G(x, x') = \begin{cases} \dfrac{\bar{y}_1(x)}{\bar{y}_1(x')} & x > x' \\ 0 & x < x' \end{cases}$$

$$y(x) = \int_{-\infty}^{\infty} dx' G(x, x') q(x')$$

■**1階線形方程式のグリーン関数**■

1階線形微分方程式のグリーン関数は

$$\frac{d}{dx}G(x, x') + p(x)G(x, x') = \delta(x - x')$$

を満たす．すなわちデルタ関数の定義から $x \neq x'$ では斉次方程式を満たす．（デルタ関数については第5章参照．）

$$\frac{d}{dx}G(x, x') + p(x)G(x, x') = 0, \quad x \neq x',$$

さらに x についてグリーン関数のみたす微分方程式を x' の前後（$[x'-0, x'+0]$）で積分して

$$G(x'+0, x') - G(x'-0, x') = 1.$$

つまり $G(x, x')$ は x の関数として $x = x'$ で不連続でそのとびが1でなければならない．本文で求めた $G(x, x')$

$$G(x, x') = \begin{cases} \dfrac{\bar{y}_1(x)}{\bar{y}_1(x')} & x > x' \\ 0 & x < x' \end{cases}$$

は確かにこのグリーン関数の特異性の条件を満たしている．

と書けることに注意しよう.

　非斉次の線形微分方程式に対してここであらわれた $G(x, x')$ が一度得られれば一般の非斉次項 $q(x)$ に対してこの積分を行うことで特解が得られるため応用上も便利である. この $G(x, x')$ をこの線形微分方程式のグリーン関数と呼ぶ. (詳しくはコラム参照.)

1.4.2　定数変化法：2 階の場合

次に以下の一般的な 2 階の非斉次方程式を考えよう.

$$y'' + py' + qy = r$$

この 2 階の方程式は量子力学その他で物理的に非常に重要であることを注意しておこう. この場合も斉次方程式の解は何らかの方法で知られていると仮定する. 更に方程式が 2 階であることに対応して独立解が y_1, y_2 と 2 つ得られているとしよう.

$$y_1'' + py_1' + qy_1 = 0,$$
$$y_2'' + py_2' + qy_2 = 0.$$

更に y_1, y_2 から作られる**ロンスキー行列式** $W\{y_1, y_2\}$

$$W\{y_1, y_2\} = \det \begin{bmatrix} y_1 & y_2 \\ y_1' & y_2' \end{bmatrix}$$

■微分方程式の解の独立性とロンスキー行列式■

2 つの関数 y_1, y_2 の線形結合に対して

$$C_1 y_1 + C_2 y_2 = 0 \quad (*) \quad \Longrightarrow \quad C_1 = C_2 = 0$$

のとき, y_1, y_2 は**線形独立**であるという. $(*)$ およびそれを微分した式を行列形式で書くと

$$\begin{bmatrix} y_1 & y_2 \\ y_1' & y_2' \end{bmatrix} \begin{bmatrix} C_1 \\ C_2 \end{bmatrix} = \mathbf{0}$$

となり $W \neq 0$ なら左辺の行列の逆が存在しそれを両辺にかけることにより $C_1 = C_2 = 0$ となる. よって**ロンスキー行列式**

$$W(y_1, y_2) \neq 0 \quad \Longrightarrow \quad y_1, y_2 \text{ は線形独立}$$

が成立する. ここでは 2 個の関数について議論したが, 一般の場合も同様である. つまり

$$W\{y_1, y_2, \cdots, y_n\} = \det \begin{bmatrix} y_1 & y_2 & \cdots & y_n \\ y_1' & y_2' & \cdots & y_n' \\ \vdots & \vdots & & \vdots \\ y_1^{(n-1)} & y_2^{(n-1)} & \cdots & y_n^{(n-1)} \end{bmatrix} \neq 0 \quad \Longrightarrow \quad y_1, y_2, \cdots, y_n \text{ は線形独立}.$$

が零でないことを仮定する．これはこの2つの解が独立であることを意味する．(コラム参照.)

このとき1階の場合にならって非斉次方程式の解を

$$y(x) = C_1(x)y_1(x) + C_2(x)y_2(x)$$

と置いてみる．ここで C_1, C_2 は未定の関数である．これは斉次方程式の一般解 $y(x) = C_1 y_1(x) + C_2 y_2(x)$ と比較すると未定定数が未定の関数となっていることから**定数変化法**と名付けられていることがよくわかるであろう．まずこれを1度微分して，

$$y' = (C_1' y_1 + C_2' y_2) + (C_1 y_1' + C_2 y_2').$$

ここで更に右辺第1項について

$$C_1' y_1 + C_2' y_2 = 0 \qquad (*1)$$

を要求すると

$$y' = C_1 y_1' + C_2 y_2'.$$

これをさらに微分して

$$y'' = (C_1' y_1' + C_2' y_2') + (C_1 y_1'' + C_2 y_2'').$$

■**2階線形方程式のグリーン関数**■

定数変化法による特解の表式（p.16）において，特に $\tilde{C}_1 = \infty$, $\tilde{C}_2 = -\infty$ とおくと，第1項で積分の上限と下限を入れ換えると積分はひとつにまとめられ

$$y(x) = \int_{-\infty}^{\infty} d\tilde{x}\, G(x, \tilde{x}) r(\tilde{x}), \quad G(x, \tilde{x}) = \frac{y_1(x_<) y_2(x_>)}{W(\tilde{x})}$$

と書ける．ただし $x_< = \begin{cases} x & x \leq \tilde{x} \\ \tilde{x} & x > \tilde{x} \end{cases}$ $x_> = \begin{cases} x & x \geq \tilde{x} \\ \tilde{x} & x < \tilde{x} \end{cases}$ である．デルタ関数を使い $r(\tilde{x}) = \delta(\tilde{x} - x')$ としたときの微分方程式の解 $y(x) = G(x, x')$ とすると，この $G(x, x')$ は

$$\left(\frac{d^2}{dx^2} + p \frac{d}{dx} + q \right) G(x, x') = \delta(x - x')$$

を満たすので1階の場合と同様に $x \neq x'$ では斉次方程式を満たし（これはこの場合の構成では明らか），$G(x, x')$ は連続であることに注意して微分方程式を x' の前後 ($[x'-0, x'+0]$) で x について積分すれば

$$\left. \frac{d}{dx} G(x, x') \right|_{x=x'-0}^{x=x'+0} = 1$$

をグリーン関数は満たす．本文中でのグリーン関数の構成の場合 $\frac{d}{dx} G(x, x') \big|_{x=x'-0}^{x=x'+0} = \frac{y_1(x') y_2'(x') - y_1'(x') y_2(x')}{W(x')}$ $= 1$ と確かにこの条件を満たしている．

これらを今考えている微分方程式に代入すれば

$$\begin{aligned} y'' + py' + qy &= (C_1'y_1' + C_2'y_2') \\ &\quad + C_1(y_1'' + py_1' + qy_1) \\ &\quad + C_2(y_2'' + py_2' + qy_2) \\ &= C_1'y_1' + C_2'y_2' = r(x). \quad (*2) \end{aligned}$$

ここで y_1, y_2 が斉次解であることを使った．結局いまの議論を振り返ると未定関数に関しては $(*1)$ と $(*2)$ まとめて書いて次の関係式を要求すればよいこととなる．

$$\begin{bmatrix} y_1 & y_2 \\ y_1' & y_2' \end{bmatrix} \begin{bmatrix} C_1' \\ C_2' \end{bmatrix} = \begin{bmatrix} 0 \\ r(x) \end{bmatrix}.$$

ロンスキー行列式が零でないとき左辺の行列に逆が存在するので，その逆行列をかけて

$$\begin{bmatrix} C_1' \\ C_2' \end{bmatrix} = \frac{1}{W\{y_1, y_2\}} \begin{bmatrix} y_2' & -y_2 \\ -y_1' & y_1 \end{bmatrix} \begin{bmatrix} 0 \\ r(x) \end{bmatrix} = \frac{1}{W} \begin{bmatrix} -y_2 r \\ y_1 r \end{bmatrix}.$$

これを積分して解の表式に代入すれば非斉次方程式の特解として

■**ロンスキー行列式の満たす方程式：2次の場合**■

2階の斉次微分方程式　$y'' + py' + qy = 0$

のロンスキー行列式 $W(x)$ を変数 x の関数とみたときそれが満たす方程式を導いてみよう．まず，展開すればすぐわかる一般の行列式の微分公式をまず思い出そう．

$$\frac{d}{dx} \det \begin{bmatrix} a_{11} & \cdots & a_{1n} \\ \vdots & \ddots & \vdots \\ a_{n1} & \cdots & a_{nn} \end{bmatrix} = \sum_{j=1}^n \det \begin{bmatrix} \vdots & & \vdots \\ a_{j1}' & \cdots & a_{jn}' \\ \vdots & & \vdots \end{bmatrix}.$$

これより
$$\begin{aligned} \frac{d}{dx} W(x) &= \det \begin{bmatrix} y_1' & y_2' \\ y_1' & y_2' \end{bmatrix} + \det \begin{bmatrix} y_1 & y_2 \\ y_1'' & y_2'' \end{bmatrix} = \det \begin{bmatrix} y_1 & y_2 \\ -py_1' - qy_1 & -py_2' - qy_2 \end{bmatrix} \\ &= \det \begin{bmatrix} y_1 & y_2 \\ -py_1' & -py_2' \end{bmatrix} = -p \det \begin{bmatrix} y_1 & y_2 \\ y_1' & y_2' \end{bmatrix} = -p(x) W(x). \end{aligned}$$

これは1階線形方程式（変数分離形）だから　$W(x) = W(x') \exp\left[-\int_{x'}^x dt\, p(t)\right]$．つまりどこかある $x = x_0$ で $W(x_0) \neq 0$ ならば，つねに $W(x) \neq 0$ となる．

> **2階の非斉次方程式の定数変化法による解**
>
> $$y(x) = y_1(x)\int_{\tilde{C}_1}^{x} dx' \frac{-y_2(x')r(x')}{W(x')}$$
> $$+ y_2(x)\int_{\tilde{C}_2}^{x} dx' \frac{y_1(x')r(x')}{W(x')},$$
> $$W(x') = W\{y_1(x'), y_2(x')\}$$

が得られる．ここで積分の下限の定数は未定の係数であり，対応してこの表式は一般解を与えていることに注意しよう．(ただし非斉方程式の一般解を得るために斉次方程式の 2 つの独立解が必要であったことに注意しよう．)

1.5 定数係数線形微分方程式

この節では次のような未知関数に関してその係数が定数である微分方程式の解について説明する．

> **例題 1.6**
>
> $$y''' - 2y'' - y' + 2y = 0$$
>
> の一般解を求めよ．

解答 微分方程式を次のように書こう．

■**ロンスキー行列式の満たす方程式：高次の場合**■

高次の方程式 $y^{(n)} + a_{n-1}y^{(n-1)} + \cdots + a_1 y' + a_0 y = 0$ についても同様に列ベクトル

$$\boldsymbol{y} = {}^t[y_0, y_1, \cdots, y_{n-1}]$$

として高次のロンスキー行列式 $W(x)$ について次の計算が成り立つ．

$$\begin{aligned}
\frac{d}{dx}W(x) &= \frac{d}{dx}\det[\boldsymbol{y}, \boldsymbol{y}', \boldsymbol{y}'', \cdots, \boldsymbol{y}^{(n-1)}] \\
&= \det[\boldsymbol{y}', \boldsymbol{y}', \boldsymbol{y}'', \cdots, \boldsymbol{y}^{(n-1)}] + \det[\boldsymbol{y}, \boldsymbol{y}'', \boldsymbol{y}'', \cdots, \boldsymbol{y}^{(n-1)}] + \cdots \\
&\quad + \det[\boldsymbol{y}, \boldsymbol{y}', \boldsymbol{y}'', \cdots, \boldsymbol{y}^{(n-1)}, \boldsymbol{y}^{(n-1)}] + \det[\boldsymbol{y}, \boldsymbol{y}', \boldsymbol{y}'', \cdots, \boldsymbol{y}^{(n-2)}, \boldsymbol{y}^{(n)}] \\
&= \det[\boldsymbol{y}, \boldsymbol{y}', \boldsymbol{y}'', \cdots, \boldsymbol{y}^{(n-2)}, \boldsymbol{y}^{(n)}] \\
&= \det[\boldsymbol{y}, \boldsymbol{y}', \boldsymbol{y}'', \cdots, \boldsymbol{y}^{(n-2)}, -a_{n-1}\boldsymbol{y}^{(n-1)} - a_{n-2}\boldsymbol{y}^{(n-2)} - \cdots - a_1\boldsymbol{y}' - a_0\boldsymbol{y}] \\
&= \det[\boldsymbol{y}, \boldsymbol{y}', \boldsymbol{y}'', \cdots, \boldsymbol{y}^{(n-2)}, -a_{n-1}\boldsymbol{y}^{(n-1)}] \\
&= -a_{n-1}\det[\boldsymbol{y}, \boldsymbol{y}', \boldsymbol{y}'', \cdots, \boldsymbol{y}^{(n-1)}] = -a_{n-1}W.
\end{aligned}$$

これより

$$W(x) = W(x') \exp\left[-\int_{x'}^{x} dt\, a_{n-1}(t)\right].$$

1.5 定数係数線形微分方程式

$$\left(\frac{d^3}{dx^3} - 2\frac{d^2}{dx^2} - \frac{d}{dx} + 2\right)y = 0,$$

$$\left(\frac{d}{dx} - 1\right)\left(\frac{d}{dx} + 1\right)\left(\frac{d}{dx} - 2\right)y = 0.$$

よって

$$\left(\frac{d}{dx} - 1\right)y = 0,$$

$$\left(\frac{d}{dx} + 1\right)y = 0,$$

$$\left(\frac{d}{dx} - 2\right)y = 0$$

のいづれかが成立すれば解となる．すなわち，独立な解として e^x, e^{-x}, e^{2x} がとれ，一般解は

$$y = C_1 e^x + C_2 e^{-x} + C_3 e^{2x}$$

となる．この計算は記号 D

$$D = \frac{d}{dx}$$

を使って

$$(D^3 - D^2 - D + 2)y = (D-1)(D+1)(D-2)y = 0$$

■ロンスキー行列式と保存量■

ロンスキー行列式の考察をもう少し続けよう．微分方程式が特に1階の微分を含まない $y'' + qy = 0$ の場合を考えよう．このとき前のコラムでの考察から

$$\frac{d}{dx}W(x) = 0 \quad \text{すなわち} \quad W(x) = 定数$$

となる．このとき物理的にはロンスキー行列式が**保存量**を与えることに対応し，それぞれの応用において物理的に重要な保存量が導かれることとなる．

例えば，1次元の実ポテンシャル中の量子力学における**確率の保存**はシュレディンガー方程式

$$\left(-\frac{\hbar^2}{2m}\frac{d^2}{dx^2} + V(x) - E\right)\psi(x) = 0$$

に対して（ψ^* も実数の V に対しては解であることに注意）x 方向のカレント J_x を次のように定義すると

$$J_x = \frac{\hbar}{2mi}W(\psi^*, \psi) = \frac{\hbar}{2mi}\left(\psi^*\frac{d\psi}{dx} - \frac{d\psi^*}{dx}\psi\right)$$

ロンスキー行列式の不変性からカレントの保存則として以下の関係式が得られる

$$\frac{dJ_x}{dx} = 0, \quad J_x = 定数.$$

と書くと見やすい．□

これを一般化すれば

定数係数線形方程式の解：固有方程式が重根を持たない場合

n 階の微分方程式
$$y^{(n)} + a_{n-1} y^{(n-1)} + \cdots + a_2 y'' + a_1 y' + a_0 y = 0$$
$$f(D)y = 0, \quad a_j は定数$$

に対して n 次の方程式（固有方程式，特性方程式）
$$f(\lambda) = \lambda^n + a_{n-1}\lambda^{n-1} + \cdots + a_2\lambda^2 + a_1\lambda + a_0 = \prod_{j=1}^{n}(\lambda - \lambda_j) = 0$$

を考える．$f(\lambda) = 0$ が重根を持たず，n 個の単根 $\lambda_j, j = 1, \cdots, n$ を持つとき一般解は
$$y(x) = C_1 e^{\lambda_1 x} + C_2 e^{\lambda_2 x} + \cdots + C_n e^{\lambda_n x}$$

となる．

次に固有方程式が重根を持つ場合を考えよう．まず g を任意の関数として，次の関係式に注意しよう．

■**解の独立性**■

$\{e^{\lambda_j x}\}$ からなるロンスキー行列式は

$$W\{e^{\lambda_1 x}, \cdots, e^{\lambda_n x}\} = \det \begin{bmatrix} e^{\lambda_1 x} & \cdots & e^{\lambda_n x} \\ \lambda_1 e^{\lambda_1 x} & \cdots & \lambda_n e^{\lambda_n x} \\ \vdots & \ddots & \\ \lambda_1^{n-1} e^{\lambda_1 x} & \cdots & \lambda_n^{n-1} e^{\lambda_n x} \end{bmatrix}$$

$$= e^{(\lambda_1 + \cdots + \lambda_n)x} \det \begin{bmatrix} 1 & \cdots & 1 \\ \lambda_1 & \cdots & \lambda_n \\ \vdots & \ddots & \\ \lambda_1^{n-1} & \cdots & \lambda_n^{n-1} \end{bmatrix}$$

$$= e^{(\lambda_1 + \cdots + \lambda_n)x} \prod_{i<j}(\lambda_j - \lambda_i).$$

ヴァンデルモンド行列式（線形代数の教科書参照）となる．よって固有方程式に重根がなければ零とならない．つまり固有方程式が重根を持たないときこれらは独立な解であることがわかる．

$$(D-\lambda)(e^{\lambda x}g) = \frac{d}{dx}(e^{\lambda x}g) - \lambda e^{\lambda x}g = e^{\lambda x}\frac{dg}{dx}$$
$$= e^{\lambda x}Dg,$$
$$(D-\lambda)^2(e^{\lambda x}g) = (D-\lambda)(e^{\lambda x}Dg)$$
$$= e^{\lambda x}D^2g,$$
$$\vdots$$
$$(D-\lambda)^n(e^{\lambda x}g) = e^{\lambda x}D^ng.$$

よって
$$(D-\lambda)^n(x^j e^{\lambda x}) = e^{\lambda x}D^n x^j = 0, \quad j=0,1,\cdots,n-1$$

となり, $x^j e^{\lambda x}, \quad j=0,1,\cdots,n-1$ が $(D-\lambda)^n y = 0$ の n 個の独立解を与える.

一般には,

定数係数方程式の解：固有方程式が重根を持つ場合

固有方程式 $f(\lambda) = 0$ が k 重根 $\lambda = \lambda_1$ を持つ場合, 対応する k 個の独立な解として

$$e^{\lambda x}, xe^{\lambda x}, x^2 e^{\lambda x}, \cdots, x^{k-1} e^{\lambda x}$$

をとれる.

■ （完全に）縮退している場合の解の独立性 ■

関数 $f_0 = e^{\lambda x}, f_1 = x^1 e^{\lambda x}, f_2 = x^2 e^{\lambda x}, \cdots, f_{n-1} = x^{n-1} e^{\lambda x}$ に対して, そのロンスキー行列式 W は
$$W = \det \boldsymbol{W}, \quad \boldsymbol{W}_{ij} = \frac{\partial^{i+j}}{\partial \lambda^i \partial x^j} e^{\lambda x}.$$
これを $x=0$ で評価して

$$W|_{x=0} = \det \begin{bmatrix} 1 & 0 & 0 & 0 & \cdots & 0 \\ * & 1 & 0 & 0 & \cdots & 0 \\ * & * & 2! & 0 & \cdots & 0 \\ * & * & * & 3! & 0 & \ddots \\ & & & \ddots & \ddots & \\ * & * & * & \ddots & * & (n-1)! \end{bmatrix} = \prod_{k=0}^{n-1} k! \neq 0$$

となり, ロンスキー行列式は恒等的に零ではない. よって関数系は線形独立である.

例えば,

> **例題 1.7** 以下の方程式の一般解を得よ.
> $$\left(\frac{d}{dx}-2\right)\left(\frac{d}{dx}-1\right)^3 y = 0$$

解答 解は
$$y = Ce^{2x} + D_1 e^x + D_2 x e^x + D_3 x^2 e^x$$
となる. □

なお 実数係数の方程式の場合 固有方程式が複素根 $\lambda = \lambda_R + i\lambda_I$ を持つ場合その複素共役 $\bar{\lambda} = \lambda_R - i\lambda_I$ も解であるから,対応する独立解としてその一次結合
$$y_c = e^{\lambda_R x}\cos\lambda_I x,$$
$$y_s = e^{\lambda_R x}\sin\lambda_I x$$
($y_c + iy_s = e^{\lambda x}, y_c - iy_s = e^{\bar{\lambda}x}$) を用いてもよい.重根がある場合も同様である.

■高階方程式と1階連立方程式■

高次方程式
$$y^{(n)} + a_{n-1}y^{(n-1)} + \cdots + a_2 y'' + a_1 y' + a_0 y = 0$$
は次のように書き換えると n 個の関数 $y_0, y_1, y_2, \cdots, y_{n-1}$ に関する1階の連立微分方程式と考えることができる.
$$\frac{d}{dx}\boldsymbol{y} = A\boldsymbol{y},$$

$$\boldsymbol{y} = \begin{bmatrix} y_{n-1} \\ y_{n-2} \\ \vdots \\ y_1 \\ y_0 \end{bmatrix} = \begin{bmatrix} y^{(n-1)} \\ y^{(n-2)} \\ \vdots \\ y' \\ y \end{bmatrix}, \quad A = \begin{bmatrix} -a_{n-1} & \cdots & -a_2 y'' & -a_1 y' & -a_0 \\ 1 & 0 & 0 & \cdots & 0 \\ 0 & 1 & 0 & \cdots & 0 \\ 0 & 0 & \ddots & \ddots & \vdots \\ 0 & 0 & \cdots & 1 & 0 \end{bmatrix}.$$

1.5 定数係数線形微分方程式

例題 1.8 次の方程式の一般解を得よ.
$$(D^2 + 2D + 3)^2 y = 0$$

解答 固有方程式は $(\lambda^2+2\lambda+3)^2 = (\lambda-\lambda_+)^2(\lambda-\lambda_-)^2 = 0$, $\lambda_\pm = -1\pm i\sqrt{2}$ だから,
$$\begin{aligned} y(x) &= C_1 e^{-x}\cos\sqrt{2}x + C_2 x e^{-x}\cos\sqrt{2}x \\ &\quad + C_3 e^{-x}\sin\sqrt{2}x + C_4 x e^{-x}\sin\sqrt{2}x. \end{aligned}\qquad\square$$

1.5.1 定数係数線形微分方程式の特解について

定数係数の非斉次方程式
$$f(D)y = Q(x)$$

を考えよう. 一般には前節で説明した定数変化法を用いれば必ず特解はみつかるわけだが, 実際には $Q(x)$ の形によっては次のような方法で探すほうが有用であろう.

未定係数法

* $Q(x) = e^{\alpha x}$ の場合.
 ・α が**特性方程式**の根でない場合 $\implies$ $y = Ce^{\alpha x}$ として代入し C を決める.

■**強制振動の例：非共鳴の場合**■

$$\ddot{x} + \omega^2 x = Fe^{i\omega_0 t}, \qquad (\omega \neq \omega_0)$$

について議論しよう. これは共鳴からはずれた場合の強制振動に対応する. このとき一般論に従い, $x_s = Ce^{i\omega_0 t}$ を代入して
$$C(\omega^2 - \omega_0^2)e^{i\omega_0 t} = Fe^{i\omega_0 t}, \qquad C = \frac{F}{\omega^2 - \omega_0^2}.$$

よって斉次解を加えて一般解は
$$x = C_+ e^{i\omega t} + C_- e^{-i\omega t} + \frac{F}{\omega^2 - \omega_0^2} e^{i\omega_0 t}$$

となる.

・α が特性方程式の単根の場合 $\implies$ $y = Cxe^{\alpha x}$ として代入し C を決める.

・α が特性方程式の m 重根の場合 $\implies$ $y = Cx^m e^{\alpha x}$ として代入し C を決める.

例えば

$$y'' - 2y' + y = e^x$$

に対しては $y_s = Cx^2 e^x$ として $y_s' = C(2x + x^2)e^x$, $y_s'' = C(2 + 2x + 2x + x^2)e^x$, より代入して

$$y_s'' - 2y_s' + y_s = C(2 + 4x + x^2 - 4x - 2x^2 + x^2)e^x = 2Ce^x = e^x.$$

よって $C = 1/2$ ととればよい. つまり $y_s = \frac{1}{2}x^2 e^x$ が特解.

* $Q(x)$ が多項式の場合.

y も同次数の多項式と仮定し, 代入して係数を決める.

例えば

$$y'' - 2y' + y = x + 1$$

■**強制振動の例：共鳴の場合**■

$$\ddot{x} + \omega^2 x = Fe^{i\omega t}$$

について議論しよう. これは共鳴した外場を加えた場合の強制振動に対応する. このとき一般論に従い, $x_s = Cte^{i\omega t}$ として

$$\dot{x}_s = C(e^{i\omega t} + i\omega t e^{i\omega t}) = C(1 + i\omega t)e^{i\omega t},$$
$$\ddot{x}_s = Ci\omega e^{i\omega t} + C(1 + i\omega t)i\omega e^{i\omega t} = C(2i\omega - \omega^2 t)e^{i\omega t}.$$

これを微分方程式に代入して

$$2i\omega C e^{i\omega t} = Fe^{i\omega t}, \qquad C = \frac{F}{2i\omega}.$$

よって斉次解を加えて一般解は

$$x = \left(C_+ + t\frac{F}{2i\omega}\right)e^{i\omega t} + C_- e^{-i\omega t}$$

となり**共振**し時間とともに増大する解が得られる.

に対しては $y_s = Cx + D$ として $y'_s = C, y''_s = 0,$ より代入して

$$y''_s - 2y'_s + y_s = Cx + D - 2C = x + 1.$$

よって $C = 1, D = 3$ ととればよい．つまり $y_s = x + 3$ が特解．

―――――――――――――――――――――――――――――――――
■強制振動の解■

前コラムの議論で実部をとって

$$\ddot{x} + \omega^2 x = \cos \omega_0 t$$

の解は適当な初期条件のもとで $x(t) = 2\cos\omega t + \frac{\cos\omega_0 t}{\omega^2 - \omega_0^2}$ となる．これを $\omega = \pi, \omega_0 = \pi/3$ のとき，左図に示す．

また共鳴条件下では

$$\ddot{x} + \omega^2 x = \cos \omega t$$

の解として $x(t) = 2\cos\omega t + \frac{t}{2\omega}\sin\omega t$ が特解であるがこれを図示すれば右図のように共鳴して振幅が増大することが見てとれるであろう．

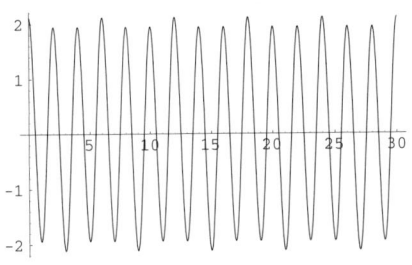
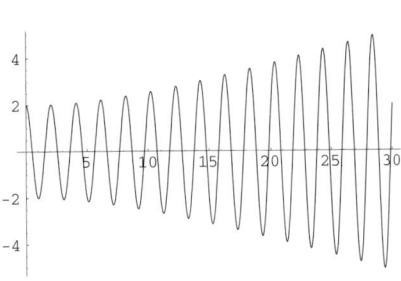

1.6 定数係数連立微分方程式

今までは未知関数 $y(x)$ 一つの場合を考えてきたがこの節では未知関数が複数個ある場合を考えよう．そのため独立変数を t とし N 個の t の関数 $x_1 = x_1(t), x_2 = x_2(t), \cdots, x_N = x_N(t)$ に関する微分方程式を考えよう．ここでは定数係数といわれる次の形の方程式について具体的な解の構成法を説明する．

$$\begin{aligned}
\frac{d}{dt}x_1(t) &= \dot{x}_1(t) = a_{11}x_1(t) + a_{12}x_2(t) + \cdots + a_{1N}x_N(t) + b_1(t), \\
\frac{d}{dt}x_2(t) &= \dot{x}_2(t) = a_{21}x_1(t) + a_{22}x_2(t) + \cdots + a_{2N}x_N(t) + b_2(t), \\
&\cdots \\
\frac{d}{dt}x_N(t) &= \dot{x}_N(t) = a_{N1}x_1(t) + a_{N2}x_2(t) + \cdots + a_{NN}x_N(t) + b_N(t)
\end{aligned}$$

を考える．ただし $b_1(t), \cdots, b_N(t)$ は N 個の与えられた関数とする．これをまとめて行列の形で次のように書く．

$$\frac{d}{dt}\boldsymbol{x}(t) = \dot{\boldsymbol{x}}(t) = A\boldsymbol{x}(t) + \boldsymbol{b}(t),$$

$$A = \begin{bmatrix} a_{11} & a_{12} & \cdots & a_{1N} \\ a_{21} & a_{22} & \cdots & a_{2N} \\ \vdots & \vdots & \ddots & \vdots \\ a_{N1} & a_{N2} & \cdots & a_{NN} \end{bmatrix}, \ \boldsymbol{x}(t) = \begin{bmatrix} x_1(t) \\ x_2(t) \\ \vdots \\ x_N(t) \end{bmatrix}, \ \boldsymbol{b}(t) = \begin{bmatrix} b_1(t) \\ b_2(t) \\ \vdots \\ b_N(t) \end{bmatrix}.$$

■行列の指数関数と微分公式■

行列の指数関数をテイラー展開により次のように定める．

$$\begin{aligned}
e^{At} &= I + tA + t^2\frac{A^2}{2} + t^3\frac{A^3}{3!} + \cdots \\
&= \sum_{n=0}^{\infty} \frac{t^n}{n!} A^n.
\end{aligned}$$

ここで行列の指数関数についても通常の微分公式が次のように適用できることを確認しておこう．

$$\begin{aligned}
\frac{d}{dt}e^{At} &= \frac{d}{dt}\sum_{n=0}^{\infty} \frac{t^n}{n!} A^n \\
&= A\sum_{n=1}^{\infty} \frac{t^{n-1}}{(n-1)!} A^{n-1} \\
&= Ae^{At}.
\end{aligned}$$

1.6.1 斉次方程式

$b = 0$ の場合の以下の微分方程式を斉次方程式という．

連立線形斉次方程式

$$\dot{x} = Ax$$

この解は C を N 次元の定数ベクトルとして，

連立線形斉次方程式の解

$$x(t) = e^{At}C$$

となる．(1 変数の場合の $\dot{x}(t) = ax(t)$ の解が $x(t) = e^{at}C$ であることを思い出しておこう．)

N 元連立 1 階の方程式の一般解は未知定数を N 個含むことを認めると，N 個の未知定数からなる定数ベクトル C を含む上の解は一般解となる．ただし具体的に解を得る際には**行列の指数関数**を求めなければならず，これはいわゆる行列の標準形を経由することで求められる．すなわち線形代数での議論より任意の行列 A について正則行列 U が存在して次のような形に書ける．

■■■
■べき零行列■

本文で与えた N がべき零であることを確認してみよう．

$$N = \begin{bmatrix} 0 & 1 & 0 & 0 \\ & 0 & 1 & 0 \\ & & 0 & 1 & \ddots \\ & & & \ddots & \ddots \end{bmatrix}$$

$$N^2 = \begin{bmatrix} 0 & 0 & 1 & 0 \\ & 0 & 0 & 1 \\ & & 0 & 0 & \ddots \\ & & & \ddots & \ddots \end{bmatrix}$$

と一列ずつずれていき

$$N^{\dim N} = O$$

となる．

$$U^{-1}AU = \begin{cases} D & \text{case I} \\ D+N & \text{case II} \end{cases}$$

ここで D は対角行列であり，N は行列の次元を n とすれば最大 n 乗すればゼロ行列となる行列である．

より精密に

$$U^{-1}AU = \begin{bmatrix} D'(\text{対角行列}) & & & \\ & J(\lambda_1, n_1) & & \\ & & J(\lambda_2, n_2) & \\ & & & \ddots \end{bmatrix},$$

$$J(\lambda, n) = \lambda I_n + N_n = \lambda I_n + \begin{bmatrix} 0 & 1 & & \\ & 0 & 1 & \\ & & \ddots & \ddots \end{bmatrix} \quad (n \times n\ \text{行列}),$$

$$N^n = O, \quad N^{n-1} \neq O.$$

case I A が**対角化可能**な場合．（固有値に縮退が無ければこの場合に属する．）
case II A が対角化できない場合．この場合でも次の **Jordan 標準型**といわれる形までは変形可能であることが知られている．

▌▌▌
■ケーリー–ハミルトンの定理■

まず，行列 $\{A\}_{ij} = a_{ij}$ について i 行，j 列を取り去った行列の行列式に $(-1)^{i+j}$ を乗じたものを (i,j) 余因子といい Δ_{ij} と書く．これについては，行列式の展開公式から一般に，（逆行列の定義式の分母を払った関係式として）

$$\sum_i a_{ij}\Delta_{ik} = \delta_{jk}(\det A),$$
$$BA = (\det A)I, \quad \{B\}_{ij} = \Delta_{ji}$$

が成り立つ．（線型代数の教科書参照．）これを $xI - A$ について使って

$$B(x)(xI - A) = \{\det(xI - A)\}I.$$

ここで $B(x)$ は行列係数の x の多項式である．よって行列 A の特性多項式 $f_A(x) = \det(xI - A)$ として

$$f_A(A) = 0 \quad : ケーリー–ハミルトンの定理．$$

さらに固有値に縮退がある場合，$f_A(x)$ の因数（約数）の多項式 $\varphi_A(x)$ について

$$\varphi_A(A) = 0, \quad f_A(x) = h(x)\varphi_A(x), \quad (h(x)\ は多項式)$$

となり得て，そのうち最小次数のものを最小多項式と呼ぶ．縮退が無いときは $\varphi_A(x) = f_A(x)$ である．

特に行列 A が実対称行列 ${}^tA = A$ またはエルミート行列 $A^\dagger (\equiv {}^tA^*) = A$ の場合は正則行列 U として各々直交行列 (${}^tU = U^{-1}$) またはユニタリ行列 ($U^\dagger = U^{-1}$) が取れ，この場合固有値に縮退があっても必ず対角化できることが知られている．

ここではより具体的に微分方程式の解を構成する手法として説明しよう．N 個の線形独立な解 $\boldsymbol{x}_j(t)$ が見つかれば一般解はその線形結合となることをまず認めよう．

$$\boldsymbol{x}(t) = \sum_{j=1}^{N} C_j \boldsymbol{x}_j(t) = \Phi(t) C,$$

$$\Phi(t) = [\,\boldsymbol{x}_1, \boldsymbol{x}_2, \cdots, \boldsymbol{x}_N\,],$$

$$C = \begin{bmatrix} C_1 \\ C_2 \\ \vdots \\ C_N \end{bmatrix}.$$

ここで独立な解からなる $\Phi(t)$ を**基本行列**という．先程の構成法では $\Phi(t) = e^{tA}$ であった．

■**ジョルダン標準形 1：固有空間への分解**■

特性多項式 $f_A(x)$ を異なる因子の積に書いて $f_A(x) = (x-\alpha_1)^{n_1}(x-\alpha_2)^{n_2}\cdots(x-\alpha_s)^{n_s}$, $\alpha_i \neq \alpha_j$, $i \neq j$ とすると $f_i(x) = f_A(x)/(x-\alpha_i)^{n_i}$ は互いに素となるので多項式 $M_i(x)$ が存在して $f_1(x)M_1(x) + \cdots + f_s(x)M_s(x) = 1$ とできる．そこで $P_i = f_i(A)M_i(A)$ とすると

$$\sum_i P_i = I, \qquad P_i P_j = \delta_{ij} P_i$$

となる．最後の関係式は $i \neq j$ のとき $f_i(x)f_j(x)$ が $f_A(x)$ で割り切れることより $P_i P_j = O$，さらに第一式を使って $P_i \sum_k P_k = P_i^2 = P_i I$ より従う．このとき，任意のベクトル $\boldsymbol{x}$ に関して

$$\boldsymbol{x} = \boldsymbol{x}_1 + \cdots + \boldsymbol{x}_s, \qquad \boldsymbol{x}_k = P_k \boldsymbol{x}$$

と表現できる．すなわち P_k はいわゆる射影演算子となる．ここでの $\boldsymbol{x}_k$ は

$$(A - \alpha_k I)^{n_k} \boldsymbol{x}_k = M_k(A) f_A(A) \boldsymbol{x} = \boldsymbol{0}$$

となり，$n_k = 1$ の場合固有ベクトルであり，一般の場合 ($n_k \geq 2$) は一般化固有ベクトルと呼ばれる．またこの分解は一意的である．さらに

$$(A - \alpha_k I)^{n_k} A \boldsymbol{x}_k = A(A - \alpha_k I)^{n_k} \boldsymbol{x}_k = \boldsymbol{0}$$

となり，行列 A の作用は特定の固有値に対応する一般化固有ベクトルの空間で閉じていることもわかる．

Case 1 ： A が対角化可能な場合

N 個の固有値 λ_j, $j = 1, \cdots, N$ に対して線形独立な N 個の固有ベクトル $\boldsymbol{v}_j$, $j = 1, \cdots, N$ があり $A\boldsymbol{v}_j = \lambda_j \boldsymbol{v}_j$ となるので次の N 個が独立な解となる．

$$\begin{aligned}\boldsymbol{x}_j(t) &= e^{At}\boldsymbol{v}_j = \sum_k \frac{(tA)^k}{k!}\boldsymbol{v}_j \\ &= \sum_k \frac{(t\lambda_j)^k}{k!}\boldsymbol{v}_j \\ &= e^{\lambda_j t}\boldsymbol{v}_j.\end{aligned}$$

Case 2 ： A が n 重に縮退した固有値を持ちさらに対角化できない場合

固有値 λ に対応する部分が次のような一般化された固有ベクトルを持つとする．

$$\begin{aligned}(A - \lambda I)\boldsymbol{v}_1 &= \boldsymbol{0}, \\ (A - \lambda I)\boldsymbol{v}_2 &= \boldsymbol{v}_1, \quad \Longrightarrow (A - \lambda I)^2 \boldsymbol{v}_2 = \boldsymbol{0}, \\ (A - \lambda I)\boldsymbol{v}_3 &= \boldsymbol{v}_2, \quad \Longrightarrow (A - \lambda I)^3 \boldsymbol{v}_3 = \boldsymbol{0}, \\ &\cdots \\ (A - \lambda I)\boldsymbol{v}_n &= \boldsymbol{v}_{n-1}, \quad \Longrightarrow (A - \lambda I)^n \boldsymbol{v}_n = \boldsymbol{0}.\end{aligned}$$

この場合，次の n 個がこの縮退した空間の独立な解となる．

■ジョルダン標準形2：ジョルダン分解■

前コラムに続いて $D(x) = \sum_i \alpha_i M_i(x) f_i(x)$ とすると

$$D = D(A) = \sum_i \alpha_i P_i$$

と定義される行列はある固有値を持つ一般化固有ベクトルの空間に対しては定数倍（α_i 倍）として作用し，さらに

$$A - D = \sum_i (A - \alpha_i I) P_i \equiv N$$

で N を定義すると $n = \max(n_1, n_2, \cdots, n_s)$ として任意のベクトル $\boldsymbol{x}$ に対して

$$N^n \boldsymbol{x} = \left(\sum_i (A - \alpha_i I) P_i\right)^n \boldsymbol{x} = \sum_i (A - \alpha_i I)^n \boldsymbol{x}_i = \boldsymbol{0}.$$

すなわち $N^n = O$ と N はべき零となる．よって

$$A = D + N \quad : \quad (\text{ジョルダン分解})$$

と分解することとなる．

もし固有値に縮退が無ければ $N = O$ であり，各固有ベクトルを基底として D は固有値を対角要素とする対角行列となる．縮退のある場合でも基底を適切に選べば D は重複分だけ固有値ならべて対角要素とした対角行列となる．

$$
\begin{aligned}
\bm{x}_1 &= e^{At}\bm{v}_1 = e^{\lambda t}e^{(A-\lambda I)t}\bm{v}_1 = e^{\lambda t}\bm{v}_1,\\
\bm{x}_2 &= e^{At}\bm{v}_2 = e^{\lambda t}e^{(A-\lambda I)t}\bm{v}_2\\
&= e^{\lambda t}\left[I + \frac{t}{1!}(A-\lambda I)\right]\bm{v}_2 = e^{\lambda t}\left[\bm{v}_2 + t\bm{v}_1\right],\\
\bm{x}_3 &= e^{At}\bm{v}_3 = e^{\lambda t}e^{(A-\lambda I)t}\bm{v}_3\\
&= e^{\lambda t}\left[I + \frac{t}{1!}(A-\lambda I) + \frac{t^2}{2!}(A-\lambda I)^2\right]\bm{v}_3\\
&= e^{\lambda t}\left[\bm{v}_3 + t\bm{v}_2 + \frac{t^2}{2!}\bm{v}_1\right],\\
&\cdots\\
\bm{x}_n &= e^{At}\bm{v}_n = e^{\lambda t}e^{(A-\lambda I)t}\bm{v}_n\\
&= \cdots = e^{\lambda t}\left[\bm{v}_n + t\bm{v}_{n-1} + \frac{t^2}{2!}\bm{v}_{n-2} + \cdots + \frac{t^n}{n!}\bm{v}_1\right].
\end{aligned}
$$

例題 1.9 次の方程式の一般解を求めよ．
$$
\begin{aligned}
\dot{x} &= x + z\\
\dot{y} &= -x + 2y + z\\
\dot{z} &= -x + 3z
\end{aligned}
$$

■ジョルダン標準型3：構成法■

ここでいわゆる行列のジョルダン標準型を構成する方法をまとめてみよう．

(1) 特性方程式から固有値を全て求め，各固有値に対して独立な固有ベクトルを全て求める．

(2-1) 独立な固有ベクトルがその固有値の縮退度に等しいだけ求まればそれらを基底ベクトルとする．

(2-2) 独立な固有ベクトルがその固有値 (λ) の縮退度に等しいだけ存在しない場合．それぞれ独立な各固有ベクトル $\bm{v}$ に対して次のような（本文でも述べた）一般化固有ベクトル空間の基底 $\bm{v}_1, \cdots, \bm{v}_n$ を順に構成する．

$$
\begin{aligned}
\bm{v}_1 = \bm{v}, \quad &(A-\lambda I)\bm{v}_1 = \bm{0},\\
&(A-\lambda I)\bm{v}_2 = \bm{v}_1, \quad (A-\lambda I)^2\bm{v}_2 = \bm{0}\\
&\quad\vdots\\
&(A-\lambda I)\bm{v}_n = \bm{v}_{n-1}, \quad (A-\lambda I)^n\bm{v}_n = \bm{0}
\end{aligned}
$$

この $\bm{v}_1, \cdots, \bm{v}_n$ は線形独立でこの基底に関して A の表示は
$$
A(\bm{v}_1, \cdots, \bm{v}_n) = (\bm{v}_1, \cdots, \bm{v}_n)J(\lambda, n)
$$
となる．この $J(\lambda, n)$ をジョルダン細胞と呼ぶ．

(3) 独立な各固有ベクトルから構成できる一般化固有ベクトルを全てあつめて全体の基底とすれば A は独立な固有ベクトルの数だけのジョルダン細砲からなる行列として表示できる．

解答 ベクトル表示で

$$\dot{\bm{x}} = A\bm{x}$$

$$\bm{x} = \begin{bmatrix} x \\ y \\ z \end{bmatrix}, \quad A = \begin{bmatrix} 1 & 0 & 1 \\ -1 & 2 & 1 \\ -1 & 0 & 3 \end{bmatrix}.$$

まず固有値は

$$\det(A - \lambda I) = -(\lambda - 2)^3 = 0$$

より $\lambda = 2$ で3重根．次に固有ベクトルを求めよう．

$$(A - 2I)\bm{v} = \begin{bmatrix} -1 & 0 & 1 \\ -1 & 0 & 1 \\ -1 & 0 & 1 \end{bmatrix} \begin{bmatrix} x \\ y \\ z \end{bmatrix} = \bm{0}$$

から，この独立な解は例えば

$$\bm{v} = c_1 \begin{bmatrix} 1 \\ 0 \\ 1 \end{bmatrix} + c_2 \begin{bmatrix} 0 \\ 1 \\ 0 \end{bmatrix} \quad (*)$$

■エルミート行列 1 ■

前コラムでは一般の行列を扱ったが，特殊なしかし物理的に重要なあるクラスの行列に関してはその性質はより具体的に議論できる．ここではまず，エルミート行列と呼ばれる次の性質を持つ行列を考えよう．

$$A^\dagger = A, \quad \text{ここで } \{A^\dagger\}_{ij} = \{A\}_{ji}^*.$$

さらにベクトルの内積を

$$(\bm{x}, \bm{y}) = \sum_i x_i^* y_i = \bm{x}^\dagger \bm{y}$$

とすると一般の行列 A に対して $(\bm{x}, A\bm{y}) = (A^\dagger \bm{x}, \bm{y})$．エルミート行列 A については

$$(\bm{x}, A\bm{y}) = (A\bm{x}, \bm{y}).$$

よって A の固有値 λ, 固有ベクトル $\bm{x}$ として $A\bm{x}_i = \lambda_i \bm{x}_i$ より $((\bm{x}_i, \bm{x}_i) \neq 0)$

$$(\bm{x}, A\bm{x}) = (\bm{x}, \lambda \bm{x}) = \lambda(\bm{x}, \bm{x}),$$
$$(A\bm{x}, \bm{x}) = (\lambda \bm{x}, \bm{x}) = \lambda^*(\bm{x}, \bm{x})$$

でありこの2式が等しいので $\lambda = \lambda^*$ つまりエルミート行列の固有値は実数である．

と 2 次元であり，次元の数 "3" だけ固有ベクトルが存在しないので一般化固有ベクトルを考えなければならない．

つまり

$$(A - 2I)\boldsymbol{v}_1 = \boldsymbol{0},$$
$$(A - 2I)\boldsymbol{v}_2 = \boldsymbol{v}_1,$$
$$(A - 2I)\boldsymbol{v}_3 = \boldsymbol{0}$$

となるベクトルを求める．ただし $\boldsymbol{v}_1$ と $\boldsymbol{v}_3$ は独立とする．

まず

$$(A - 2I)^2 = O$$

だから $\boldsymbol{v}_2$ を任意に例えば

$$\boldsymbol{v}_2 = \begin{bmatrix} -1 \\ 0 \\ 0 \end{bmatrix}$$

ととれば

$$\boldsymbol{v}_1 = (A - 2I)\boldsymbol{v}_2 = \begin{bmatrix} 1 \\ 1 \\ 1 \end{bmatrix}$$

■エルミート行列 2■

エルミート行列 $A, (A^\dagger = A)$ に対してあるユニタリ行列 U ($U^\dagger = U^{-1}$) が存在して $U^{-1}AU = D$:（対角行列）と対角化できる．これを行列の次元についての帰納法で示そう．まず，次元 1 のときは明らかに正しい．次に一般の n 次元のとき，ある固有値 λ と対応する固有ベクトル $\boldsymbol{v}$ をとると規格直交化した基底ベクトルを例えばグラム-シュミットの直交化でつくれば次のようにとれる．

$$\boldsymbol{v}, \boldsymbol{v}_1, \boldsymbol{v}_2, \cdots, \boldsymbol{v}_{n-1}, \quad (\boldsymbol{v}, \boldsymbol{v}_j) = 0, \ (\boldsymbol{v}, \boldsymbol{v}) = 1, \ (\boldsymbol{v}_i, \boldsymbol{v}_j) = \delta_{ij}.$$

ここで $(\boldsymbol{v}, A\boldsymbol{v}_i) = (A\boldsymbol{v}, \boldsymbol{v}_i) = \lambda^*(\boldsymbol{v}, \boldsymbol{v}_i) = 0, \quad (\boldsymbol{v}_i, A\boldsymbol{v}) = \lambda(\boldsymbol{v}_i, \boldsymbol{v}) = 0$ となるから

$$A(\boldsymbol{v}, \boldsymbol{v}_1, \boldsymbol{v}_2, \cdots, \boldsymbol{v}_{n-1}) = (\boldsymbol{v}, \boldsymbol{v}_1, \boldsymbol{v}_2, \cdots, \boldsymbol{v}_{n-1}) \begin{bmatrix} \lambda & 0 & \cdots \\ 0 & * & \\ \vdots & & \ddots \end{bmatrix} \equiv V \begin{bmatrix} \lambda & {}^t\boldsymbol{o} \\ \boldsymbol{o} & A' \end{bmatrix}.$$

ここで $V = (\boldsymbol{v}, \boldsymbol{v}_1, \cdots, \boldsymbol{v}_{n-1})$ はユニタリだから A' は $n-1$ 次元のエルミート行列となり帰納法の仮定よりある $n-1$ 次元ユニタリ行列 U' が存在して $A' = U'D'U'^{-1}$ と書ける．よって

$$A = V \begin{bmatrix} \lambda & {}^t\boldsymbol{o} \\ \boldsymbol{o} & U'D'U'^{-1} \end{bmatrix} V^{-1} = V \begin{bmatrix} 1 & {}^t\boldsymbol{o} \\ \boldsymbol{o} & U' \end{bmatrix} \begin{bmatrix} \lambda & {}^t\boldsymbol{o} \\ \boldsymbol{o} & D' \end{bmatrix} \begin{bmatrix} 1 & {}^t\boldsymbol{o} \\ \boldsymbol{o} & U'^{-1} \end{bmatrix} V^{-1}.$$

これはユニタリ行列 $U = V \begin{bmatrix} 1 & {}^t\boldsymbol{o} \\ \boldsymbol{o} & U' \end{bmatrix}$ で A が対角化されることを意味する．

で確かに
$$Av_1 = 2v_1.$$

これと直交する (*) の解として
$$v_3 = \begin{bmatrix} 1 \\ -2 \\ 1 \end{bmatrix}$$

をとれば,
$$e^{At}v_2 = e^{2t}e^{(A-2I)t}v_2 = e^{2t}(I + (A-2I)t)v_2 = e^{2t}(v_2 + tv_1),$$
$$e^{At}v_1 = e^{2t}e^{(A-2I)t}v_1 = e^{2t}v_1,$$
$$e^{At}v_3 = e^{2t}v_3.$$

これから一般解は
$$x = e^{2t}(C_1 v_1 + C_2(v_2 + tv_1) + C_3 v_3)$$

となる. □

1.6.2 非斉次方程式

斉次方程式の一般解がもとまっているときには非斉次方程式
$$\dot{x} = Ax + b, \quad \dot{x}(t) = A(t)x(t) + b(t)$$

━━
■グラム−シュミットの直交化■

任意の基底ベクトル $v_1, \cdots, v_n$ から規格直交化した基底ベクトル $e_1, \cdots, e_n$ を次のようにして構成できる.
$$e_1 = \frac{1}{\sqrt{(v_1, v_1)}} v_1.$$

次に
$$\bar{e}_2 = v_2 - c_1 e_1$$

として $(e_1, \bar{e}_2) = 0$ より
$$c_1 = (e_1, v_2).$$

これを規格化して e_2 とする. 順に同様にして $k = 2, 3, \cdots$ に対して
$$\bar{e}_k = v_k - \sum_{i=1}^{k-1} c_i e_i,$$

$(e_i, \bar{e}_k) = 0$ より
$$c_i = (e_i, v_k), \quad i = 1, 2, \cdots, k-1.$$

の解は今までと同様に**定数変化法**により求められる．まず基本行列 $\Phi(t)$ を用いて

$$\boldsymbol{x}(t) = \sum_{j=1}^{N} C_j(t)\boldsymbol{x}_j(t) = \Phi(t)\boldsymbol{C}(t),$$

$$\Phi(t) = [\boldsymbol{x}_1, \boldsymbol{x}_2, \cdots, \boldsymbol{x}_N], \quad \boldsymbol{C}(t) = \begin{bmatrix} C_1(t) \\ C_2(t) \\ \vdots \\ C_N(t) \end{bmatrix}$$

とおく（$A\Phi = \dot{\Phi}$）．よって $\dot{\boldsymbol{x}} = \dot{\Phi}\boldsymbol{C} + \Phi\dot{\boldsymbol{C}}$．これを微分方程式 $\dot{\boldsymbol{x}} = A\boldsymbol{x} + \boldsymbol{b}$ に代入して $\dot{\boldsymbol{C}} = \Phi^{-1}\boldsymbol{b}$．積分してまとめると

定数係数連立方程式の解

$$\boldsymbol{x}(t) = \int_{t_0}^{t} dt' G(t,t')\boldsymbol{b}(t') + \boldsymbol{x}(t_0),$$
$$G(t,t') = \Phi(t)\Phi^{-1}(t')$$

ただし $t = t_0$ で $\boldsymbol{x} = \boldsymbol{x}(t_0)$ とした．特に A が t によらないとき $\Phi(t) = e^{tA}$ ととれ $G(t,t') = e^{A(t-t')}$ となる．

■**対称行列，直交行列，反エルミート行列，反対称行列**■

$A^\dagger = -A$ を満たす行列を反エルミート行列と呼ぶ．A の固有値 λ，規格化した固有ベクトル $\boldsymbol{v}$ として

$$\lambda = (\boldsymbol{v}, A\boldsymbol{v}) = \lambda(\boldsymbol{v}, \boldsymbol{v}) = (A^\dagger\boldsymbol{v}, \boldsymbol{v}) = -(A\boldsymbol{v}, \boldsymbol{v}) = -\lambda^*(\boldsymbol{v}, \boldsymbol{v}).$$

よって $\lambda^* = -\lambda$．つまり固有値は純虚数である．

さらに $T = (I - A)(I + A)^{-1} = (I + A)^{-1}(I - A)$ と定義すれば（A は -1 を固有値としないと仮定する）

$$T^\dagger = (I + A^\dagger)^{-1}(I - A^\dagger) = (I - A)^{-1}(I + A) = (I + A)(I - A)^{-1} = T^{-1}$$

と T はユニタリ行列となる．（一般に $(XY)^\dagger = Y^\dagger X^\dagger$, $I = X^{-1}X = X^\dagger(X^{-1})^\dagger$ より $(X^\dagger)^{-1} = (X^{-1})^\dagger$．）また T の定義式に $(I + A)$ を右からかけて $T + TA = I - A$．よって，T が -1 を固有値としないとき

$$A = (I + T)^{-1}(I - T).$$

この $T \rightleftarrows A$ をケーリー変換と呼ぶ．

実数の行列については同様の議論により対称行列 ${}^t\!A = A$ は全ての固有値が実数であり，直交行列 O（${}^t\!O = O^{-1}$）によって対角化できる．また反対称行列（交代行列）A（${}^t\!A = -A$）については上記の T は直交行列（${}^t T = T^{-1}$）となる．

1.7 有名な積分できる微分方程式

前節までの一般論には入らないが少し工夫することにより積分できる微分方程式がいくつかある．これらについてここで説明する．

1.7.1 ベルヌーイ微分方程式

$$y' + p(x)y = q(x)y^n, \quad (n : \text{整数} \neq 1, 0).$$

$(p(x), q(x)$ は与えられている$)$

y^n で両辺を割り，$u = y^{1-n}$ とせよ．すると $u' = (1-n)y^{-n}y'$ に注意して

$$y^{-n}y' + py^{1-n} = \frac{1}{1-n}u' + pu = q.$$

これは u についての一階線形方程式であり一般解が求まる．

1.7.2 リッカチ微分方程式

$$y' + P(x) + Q(x)y + R(x)y^2 = 0.$$

$(P(x), Q(x), R(x)$ は与えられている$)$

(1) 特解がわかっているとき．

特解 y_1 がわかれば，$y = u + y_1$ とせよ．

$$y_1' + P(x) + Q(x)y_1 + R(x)y_1^2 = 0$$

■────────── ■リッカチ方程式の例（その1）■ ──────────■

例題 1.10 $y' - x - \dfrac{1}{x}y + \dfrac{1}{x}y^2 = 0$ の一般解を求めよ．

解答 $y = xv'v^{-1}$ とすると $y' = v'v^{-1} + xv''v^{-1} - xv'^2v^{-2}$．よって

$$v'v^{-1} + xv''v^{-1} - xv'^2v^{-2} - x - v'v^{-1} + xv'^2v^{-2} = xv''v^{-1} - x = 0,$$

$$v'' = v,$$

$$v = C_1 e^x + C_2 e^{-x}.$$

これより

$$y = x\frac{C_1 e^x - C_2 e^{-x}}{C_1 e^x + C_2 e^{-x}} = x\frac{Ce^x - e^{-x}}{Ce^x + e^{-x}}, \quad \left(C = \frac{C_1}{C_2}\right).$$

また別解として

$$y = x$$

は明らかに特解だから $y = x + v$ として微分方程式に代入すれば

と元の方程式を辺ごとにひいて

$$(y-y_1)' + Q(x)(y-y_1) + R(x)(y^2 - y_1^2)$$
$$= u' + Qu + Ru(y+y_1)$$
$$= u' + Qu + Ru(u+2y_1)$$
$$= u' + (Q+2y_1R)u + Ru^2 = 0.$$

これは u についてのベルヌーイ型の方程式であり一般解が得られる.

(2) 2階線形方程式への変換.

$$y = \frac{v'}{Rv}$$

とおいてみる. すると

$$y' = \frac{1}{(Rv)^2}(v''Rv - v'^2R - v'vR') = \frac{v''}{Rv} - \frac{v'^2}{Rv^2} - \frac{R'v'}{R^2v}.$$

方程式に代入すれば

$$\frac{v''}{Rv} - \frac{v'^2}{Rv^2} - \frac{R'v'}{R^2v} + P + Q\frac{v'}{Rv} + \frac{v'^2}{Rv^2} = 0,$$
$$v'' + (Q - \frac{R'}{R})v' + PRv = 0.$$

これは2階線形方程式である. (一般には解を求積法では求められないことに注意.)

■リッカチ方程式の例（その2）■

$$1 + v' - x - \frac{1}{x}(x+v) + \frac{1}{x}(x+v)^2 = 1 + v' - x - 1 - \frac{v}{x} + \left(x + 2v + \frac{v^2}{x}\right) = 0,$$
$$v' + \left(2 - \frac{1}{x}\right)v = -\frac{1}{x}v^2.$$

これは $n=2$ のベルヌーイ型だから $w = v^{1-2} = v^{-1}$ として $v' = -w'w^{-2}$. よって

$$-w'w^{-2} + \left(2 - \frac{1}{x}\right)w^{-1} = -\frac{1}{x}w^{-2}, \quad w' + \left(\frac{1}{x} - 2\right)w = \frac{1}{x}.$$

これは1階線形. よって

$$w = e^{-\int^x dt \left(\frac{1}{t} - 2\right)} \left(C + \int^x dt \frac{1}{t} e^{\int^t dt' \left(\frac{1}{t'} - 2\right)}\right)$$
$$= x^{-1}e^{2x}\left(C - \frac{1}{2}e^{-2x}\right) = x^{-1}\left(Ce^{2x} - \frac{1}{2}\right).$$

これから $v = \frac{x}{(Ce^{2x} - \frac{1}{2})}$,

$$y = x + \frac{x}{(Ce^{2x} - \frac{1}{2})} = x\frac{(Ce^{2x} + \frac{1}{2})}{(Ce^{2x} - \frac{1}{2})}. \quad \square$$

1.7.3 クレーロー微分方程式（特異解を持つ）

$$y = xy' + f(y'). \quad (f \text{ の関数形は与えられている})$$

$p = y'$ として両辺 x で微分してみると，

$$y' = y' + xy'' + f'(y')y''.$$

書き直して

$$0 = y''(x + f'(y')) = \frac{dp}{dx}\left(x + \frac{df(p)}{dp}\right).$$

よって

- 一般解

$$\frac{dp}{dx} = 0 \implies p = C \text{ としてもとの微分方程式に } y' = C \text{ を代入して}$$

$$y = Cx + f(C), \quad C : \text{任意定数}.$$

- 特異解

$$\begin{cases} x + f'(p) = 0 \\ y = xp + f(p) \end{cases}$$

から p を消去．(p をパラメター表示とした曲線を考える．)
このようにクレーロー方程式は一般解では表現できない特異解を持つことが

■包絡線■

t でパラメター付けされた曲線群 $C_0 : f(x,y,t)$ に対して曲線 C がつねに接しているとき，C を C_0 の包絡線という．

特にパラメターが t のときの接点を $(x,y) = (x(t), y(t))$ とすればこれが包絡線のパラメター表示となり，ここでの接線方向の微小量 $dx = x'dt, dy = y'dt$ は

$$f_x(x,y,t)dx + f_y(x,y,t)dy = (f_x(x,y,t)x' + f_y(x,y,t)y')dt = 0$$

をみたすので

$$f_x(x,y,t)x' + f_y(x,y,t)y' = 0.$$

さらに $(x(t), y(t))$ は曲線上にあるから

$$f(x(t), y(t), t) = 0.$$

これを t で微分すれば

$$f_x(x,y,t)x' + f_y(x,y,t)y' + f_t(x,y,t) = 0.$$

よって包絡線は次の方程式を満たす．(注釈に関しては次に議論する．)

包絡線の方程式

$$f(x,y,t) = 0, \quad f_t(x,y,t) = 0 \quad \text{ただし，} \quad f_x = f_y = 0 \text{ の場合をのぞく．}$$

特徴である.

> **例題 1.11** 次の微分方程式を解け.
> $$y = xy' + \frac{1}{y'}$$

解答 この方程式を x で微分すると

$$y' = y' + xy'' - \frac{y''}{y'^2}, \quad 0 = y''\left(x - \frac{1}{y'^2}\right).$$

よって $y'' = 0$ または $x = \frac{1}{y'^2}$.

- $y'' = 0$ のとき

  $y' = C = $ 定数. これをもとの微分方程式に代入すれば

  $$y = Cx + \frac{1}{C}.$$

  これが一般解.

- $x = \frac{1}{y'^2}$ のとき

  $y' = p$ と書きもとの微分方程式と併記して

  $$\begin{pmatrix} x \\ y \end{pmatrix} = \begin{pmatrix} \frac{1}{p^2} \\ xp + \frac{1}{p} \end{pmatrix} = \begin{pmatrix} \frac{1}{p^2} \\ \frac{2}{p} \end{pmatrix}.$$

■**包絡線の方程式と特異点**■

$$f(x, y, t) = 0, \quad f_t(x, y, t) = 0.$$

前ページとは逆にこの条件から t ごとに定まる曲線 $C : (x, y) = (x(t), y(t))$ を考える. まず最初の式を t で微分して

$$f_x x'(t) + f_y y'(t) + f_t = 0.$$

よって

$$f_x x'(t) + f_y y'(t) = 0.$$

すなわち C 上の点では $(f_x, f_y) \perp (x', y')$. よって

$$f_x = f_y = 0$$

で定義される特異点以外では C は曲線群 $C_0 : f(x, y, t)$ に接する. つまり当初の 2 つの式は包絡線と特異点の集合を与える.

これをパラメター p による表示とみて消去すれば

$$y^2 = 4x.$$

これが一般解に含まれない特異解である．□

> **例題 1.12**
> $$y = xp + \sqrt{1+p^2}, \quad p = y'$$
> を解け．

解答 x で微分して

$$p = p + xp' + p'\frac{p}{\sqrt{1+p^2}}, \quad p'\left(x + \frac{p}{\sqrt{1+p^2}}\right) = 0.$$

$p' = 0$ のとき，$p = C$ として

$$y = Cx + \sqrt{1+C^2}.$$

これが一般解．$x = -\dfrac{p}{\sqrt{1+p^2}}$ のときは

$$y = -\frac{p^2}{\sqrt{1+p^2}} + \sqrt{1+p^2} = \frac{-p^2 + 1 + p^2}{\sqrt{1+p^2}} = \frac{1}{\sqrt{1+p^2}}.$$

p を消去するために $x^2 + y^2$ を計算すると

━━━━━━━━━■包絡線とクレーローの方程式■━━━━━━━━━

クレーロー方程式の一般解を C でパラメター付けされた曲線群と考えると

$$F(x, y, C) = Cx - y + f(C) = 0$$

が曲線群の式となる．よってその包絡線は

$$F_C = x + f'(C) = 0$$

を満たす．これはクレーロー方程式の特異解が定める曲線を与える．なお $F_y = -1 \neq 0$ より特異点はない．

$$x^2 + y^2 = 1.$$

これが特異解となる．□

1.7.4 同次型微分方程式

$$y' = f\left(\frac{y}{x}\right), \quad f(t): t \text{ のある関数}.$$

$u = \frac{y}{x}$ として u に関する微分方程式を考える．($y = ux$, $y' = u'x + u$.)

> **例題 1.13**
> $$(x^2 - y^2)(1 + y') = 2xy(1 - y')$$
> の一般解を求めよ．

解答 微分方程式を $\frac{x^2-y^2}{2xy}(1+y') = 1-y'$ と書けばわかるようにこれは同次型に書ける．具体的には

$$y'(x^2 - y^2 + 2xy) = -x^2 + y^2 + 2xy, \quad y' = \frac{-1 + 2\left(\frac{y}{x}\right) + \left(\frac{y}{x}\right)^2}{1 + 2\left(\frac{y}{x}\right) - \left(\frac{y}{x}\right)^2}.$$

$$\frac{y}{x} = u,\ y = ux \quad \text{として} \quad y' = u'x + u = \frac{-1 + 2u + u^2}{1 + 2u - u^2},$$

$$x\frac{du}{dx} = \frac{-1 + 2u + u^2 - u - 2u^2 + u^3}{1 + 2u - u^2} = \frac{(u-1)(u^2+1)}{1 + 2u - u^2}.$$

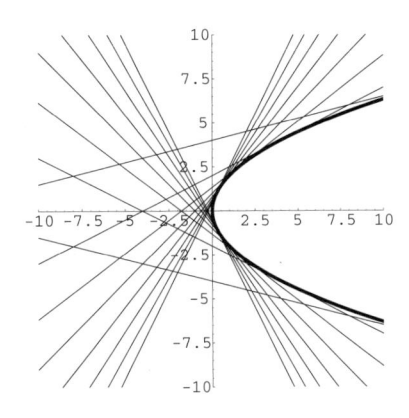

■クレーローの方程式の例■

本文中の例であるクレーロー方程式の一般解

$$y = Cx + \frac{1}{C}$$

と特異解（太線）

$$y^2 = 4x$$

を図示してみた．一般解が与える曲線群の包絡線が特異解である様子がみてとれるだろう．

$$-\int \frac{dx}{x} = \int du\left(-\frac{1}{u-1} + \frac{2u}{u^2+1}\right),$$

$$-\log|x| + C = \log\left|\frac{u^2+1}{u-1}\right|, \quad \frac{u^2+1}{u-1} = \pm e^C \frac{1}{x},$$

$$\frac{(\frac{y}{x})^2+1}{\frac{y}{x}-1} = \frac{x^2+y^2}{xy-x^2} = \frac{C'}{x}, \quad (C' = \pm e^C),$$

$$x^2 + y^2 = C'(y-x). \quad \square$$

1.7.5 完全微分型

$$P(x,y)dx + Q(x,y)dy = 0 \quad \text{（次式を意味する）}$$
$$P(x,y) + Q(x,y)\frac{dy}{dx} = 0$$
$$P(x,y), Q(x,y) : x, y \text{ のある関数}.$$

この形の微分方程式が次の「**積分可能条件**」を満たすとき完全微分型という．

$$\frac{\partial P}{\partial y} = \frac{\partial Q}{\partial x}.$$

この積分可能条件が満たされるとき，x, y の関数で

$$\frac{\partial \Phi}{\partial x} = P(x,y), \quad \frac{\partial \Phi}{\partial y} = Q(x,y),$$

を満たす $\Phi(x,y)$ が存在し，微分方程式より $d\Phi = \frac{\partial \Phi}{\partial x}dx + \frac{\partial \Phi}{\partial y}dy = 0$ と書ける．これは x, y の関数が x, y を変化させても変化しないことを意味する

■**完全微分形と熱力学**■

閉じた系で体積変化のみが可能な場合，系の内部エネルギー U，圧力 p，体積 V，絶体温度 T としたとき，**熱力学第一法則**より，無限小のある過程に対して系に流入する無限小の熱量を $d'Q$ として

$$d'Q = dU + pdV$$

となる．一般にはここで d' は左辺が無限小の量であることを意味するだけで何かある状態量の全微分であるとは限らないことを意味する．実際熱量 Q は状態空間 V-p 上の点の座標だけでは決まらず，履歴に依存する．一方**熱力学第二法則**によれば可逆な準静的過程を考える限り状態空間上のある経路 C にそった線積分

$$\int_C \frac{d'Q}{T}$$

はその経路には依存せず，C の始点 (V_i, p_i) と終点 (V_f, p_f) にのみ依存する．これより

$$\frac{d'Q}{T} = dS$$

となる状態量 $S(V,p)$ が存在し（エントロピーと呼ばれる）

$$dU = TdS - pdV$$

なる関係式が成立する．これは無限小の熱量 $d'Q$ にとって $\frac{1}{T}$ が積分因子であったことを意味する．なお熱平衡状態においては絶体温度 T は「**状態方程式**」により状態変数 (V, p) で一意的に定まる．

から微分方程式の一般解は

$$\Phi(x,y) = C, \quad C は任意定数$$

となる．なおこの Φ は具体的には

$$\Phi(x,y) = \int_{x_0}^{x} dx_1 P(x_1,y) + \int_{y_0}^{y} dy_1 Q(x_0,y_1), \quad x_0, y_0 は任意$$

と求められる．ここでこの Φ について $\Phi = C$ より

$$\begin{aligned}0 = d\Phi &= \frac{\partial \Phi}{\partial x} dx + \frac{\partial \Phi}{\partial y} dy \\ &= P(x,y)dx + \left\{ \int_{x_0}^{x} dx_1 \frac{\partial P(x_1,y)}{\partial y} + Q(x_0,y) \right\} dy.\end{aligned}$$

dy の係数は積分可能条件が成立すれば

$$\begin{aligned}\{\} &= \int_{x_0}^{x} dx_1 \frac{\partial Q(x_1,y)}{\partial x_1} + Q(x_0,y) \\ &= Q(x,y) - Q(x_0,y) + Q(x_0,y) = Q(x,y)\end{aligned}$$

となりもとの微分方程式の成立が確かめられる．

もし積分可能条件が成り立たない場合でもある関数 $M(x,y)$（**積分因子**）が存在し

$$\frac{\partial (MP)}{\partial y} = \frac{\partial (MQ)}{\partial x}$$

となる場合，$MPdx + MQdy = 0$ を考えることにより解が求められる．

1.8 章末問題

1.1 次の微分方程式を解け．
  (a) $y' + 2\frac{y}{x} = x$
  (b) $y''' + 3y'' + 3y' + y = e^x$
  (c) $y'' + 2y = \sin x$
  (d) $y' + y = \sin x$
  (e) $y = y'x - (y')^2$

1.2 パウリ行列 $\boldsymbol{\sigma} = (\sigma_x, \sigma_y, \sigma_z)$

$$\sigma_x = \begin{pmatrix} 0 & 1 \\ 1 & 0 \end{pmatrix}, \ \sigma_y = \begin{pmatrix} 0 & -i \\ i & 0 \end{pmatrix}, \ \sigma_z = \begin{pmatrix} 1 & 0 \\ 0 & -1 \end{pmatrix}$$

としてシュレディンガー方程式と呼ばれる微分方程式

$$i\frac{d}{dt}\boldsymbol{\psi} = H\boldsymbol{\psi},$$
$$H = \boldsymbol{B} \cdot \boldsymbol{\sigma} = B_x \sigma_x + B_y \sigma_y + B_z \sigma_z$$

の一般解を求めよ．ここで 2 行の列ベクトル $\boldsymbol{\psi}(t) = \begin{bmatrix} \psi_1(t) \\ \psi_2(t) \end{bmatrix}$ は波動関数と呼ばれる．

（ヒント　$B = |\boldsymbol{B}|$ として

$$B_x = B\sin\theta\cos\varphi, \ B_y = B\sin\theta\sin\varphi, \ B_z = B\cos\theta$$

とおき，H の固有値が $\pm B$，対応する固有ベクトルが

$$\boldsymbol{v}_1 = \begin{bmatrix} \cos\dfrac{\theta}{2} \\ e^{i\varphi}\sin\dfrac{\theta}{2} \end{bmatrix}, \boldsymbol{v}_2 = \begin{bmatrix} -e^{-i\varphi}\sin\dfrac{\theta}{2} \\ \cos\dfrac{\theta}{2} \end{bmatrix}$$

であることを確認せよ．）

ベクトル解析

　物理，および工学における現象は基本的に3次元におけるものであり，何らかの解析を行う際，物理量はいくつかの成分を持つある種のベクトル量（正確にはテンソル量）として記述される．これらを扱う基礎となる現実的な手法についてここでは説明する．ここでも数学的，形式的完全性にはこだわらず，具体的に使える算術の方法としての説明をしたい．

　またコラムにはややすすんだ話題や物理的に興味ある現象を幾つか，ベクトル解析により議論する例としてあげた．

本章の内容
2.1　基本的な定義と記号
2.2　場の量とその演算
2.3　積分定理
2.4　ベクトルポテンシャルとスカラーポテンシャル
2.5　直交曲線座標系

2.1 基本的な定義と記号

まず基本的な事実の幾つかを復習することから始めよう．

- **基本ベクトル**

  3次元ベクトル $\boldsymbol{A}$ を右手系の**基本ベクトル** $\boldsymbol{e}_1, \boldsymbol{e}_2, \boldsymbol{e}_3$ を用いて次のように展開し A_i を成分と呼ぼう．

  $$\boldsymbol{A} = \begin{bmatrix} A_1 \\ A_2 \\ A_3 \end{bmatrix} = A_1\boldsymbol{e}_1 + A_2\boldsymbol{e}_2 + A_3\boldsymbol{e}_3,$$

  $$\boldsymbol{e}_1 = \begin{bmatrix} 1 \\ 0 \\ 0 \end{bmatrix}, \ \boldsymbol{e}_2 = \begin{bmatrix} 0 \\ 1 \\ 0 \end{bmatrix}, \ \boldsymbol{e}_3 = \begin{bmatrix} 0 \\ 0 \\ 1 \end{bmatrix}.$$

- **内積**

  このときベクトル $\boldsymbol{A}, \boldsymbol{B}$ の内積は

  $$\boldsymbol{A} \cdot \boldsymbol{B} = \sum_{i=1}^{3} A_i B_i$$

  となる．以下このような和が頻繁に現れるが，その際 $\sum$ の記号を省略し2度現れる添字については和をとることと約束する．これは**アインシュタインの規約**と呼ばれる．以下この約束に従うと

■ **3次元の基本ベクトル $\boldsymbol{e}_i, i = x, y, z$ について** ■

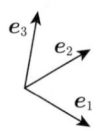

- **基底ベクトルの完全性**

  任意のベクトル $\boldsymbol{A}$ に対して

  $$\boldsymbol{A} = \sum_i \boldsymbol{e}_i (\boldsymbol{e}_i, \boldsymbol{A})$$

  を成分で書いて

  $$A_\alpha = \sum_i \sum_\beta (\boldsymbol{e}_i)_\alpha (\boldsymbol{e}_i)_\beta A_\beta = \sum_\beta \left\{ \sum_i (\boldsymbol{e}_i)_\alpha (\boldsymbol{e}_i)_\beta \right\} A_\beta = \sum_\beta \delta_{\alpha\beta} A_\beta.$$

  A_β は任意だから $\sum_i (\boldsymbol{e}_i)_\alpha (\boldsymbol{e}_i)_\beta = \delta_{\alpha\beta}$ （基底ベクトルの完全性）．

- **基底ベクトルの規格直交性**

  $$\delta_{ij} = (\boldsymbol{e}_i, \boldsymbol{e}_j) = \sum_\alpha (\boldsymbol{e}_i)_\alpha (\boldsymbol{e}_j)_\alpha.$$

2.1 基本的な定義と記号

内積
$$\boldsymbol{A} \cdot \boldsymbol{B} = A_i B_i$$

となる．少しなれるとこれは非常に便利であることがわかるであろう．基本ベクトルの間の内積は次のようになる．

$$\boldsymbol{e}_i \cdot \boldsymbol{e}_j = \delta_{ij} = \begin{cases} 1 & (i \text{と} j \text{が等しいとき}) \\ 0 & (\text{それ以外}) \end{cases}$$

ここで定義した δ_{ij} は**クロネッカーのデルタ**と呼ばれよく使われる．なお

$$\boldsymbol{A} \cdot \boldsymbol{B} = |\boldsymbol{A}||\boldsymbol{B}|\cos\theta \quad (\theta : \boldsymbol{A}\text{と}\boldsymbol{B}\text{のなす角})$$

にも注意しておこう．

- **外積**

同様にベクトル $\boldsymbol{A}, \boldsymbol{B}$ の**外積**を次のように定義しよう．

$$\boldsymbol{A} \times \boldsymbol{B} = \det \begin{bmatrix} \boldsymbol{e}_1 & \boldsymbol{e}_2 & \boldsymbol{e}_3 \\ A_1 & A_2 & A_3 \\ B_1 & B_2 & B_3 \end{bmatrix}$$
$$= (A_2 B_3 - A_3 B_2)\boldsymbol{e}_1 + (A_3 B_1 - A_1 B_3)\boldsymbol{e}_2 + (A_1 B_2 - A_2 B_1)\boldsymbol{e}_3$$

実際には次のように「たすきにかけて引く」ルールが覚えておくのに便利である．

■**縮約（その1）**■

次の関係式を確認しよう．

$$\epsilon_{iab}\epsilon_{icd} = \sum_{i=1}^{3} \epsilon_{iab}\epsilon_{icd} = \delta_{ac}\delta_{bd} - \delta_{ad}\delta_{bc}.$$

まず両辺の対称性をまず調べよう．a, b の入れ換えで両辺とも反対称だから $(a, b) = (1, 2), (2, 3), (3, 1)$ について確認すればよい．また c, d の入れ換えでも両辺とも反対称なので $(c, d) = (1, 2), (2, 3), (3, 1)$ について確認すればよい．さらに (a, b) と (c, d) との同時の入れ換えで両辺とも対称なので次の6通りを確認すればよい．

$$(a, b) = (c, d) = (1, 2), (2, 3), (3, 1),$$
$$(a, b) = (1, 2), \ (c, d) = (2, 3),$$
$$(a, b) = (2, 3), \ (c, d) = (3, 1),$$
$$(a, b) = (3, 1), \ (c, d) = (2, 3).$$

$$
\begin{array}{ccccccc}
A_1 & {}_z & A_2 & {}_x & A_3 & {}_y & A_1 \\
& \times & & \times & & \times & \\
B_1 & & B_2 & & B_3 & & B_1
\end{array}
$$

また以下の外積が関係する計算は次のように定義されるエディングトンのエプシロンといわれる記号 ϵ_{ijk} を使うと便利である．

$$\epsilon_{ijk} : \begin{cases} \epsilon_{123} = \epsilon_{231} = \epsilon_{312} = 1 \\ \epsilon_{321} = \epsilon_{213} = \epsilon_{132} = -1 \\ \epsilon_{ijk} = 0 \quad \text{それ以外} \end{cases}$$

これは次の性質を満たす．

$$\epsilon_{ijk} = \epsilon_{jki} = \epsilon_{kij} \quad \text{(周期性)},$$
$$\epsilon_{ijk} = -\epsilon_{jik} = -\epsilon_{ikj} = -\epsilon_{kji} \quad \text{(完全反対称性)}.$$

この記号を用いると基本ベクトルの間の外積が次のように表せる．

$$\boldsymbol{e}_i \times \boldsymbol{e}_j = \epsilon_{ijk} \boldsymbol{e}_k$$

ここでも和の記号（k について）が省略されていることに注意しよう．これから一般に $\boldsymbol{A}$ と $\boldsymbol{B}$ の間の外積の i 成分が次のようになることも覚えておこう．

▆▆
■縮約（その 2）■

まず $(a,b) = (c,d) = (1,2)$ の場合

$$\epsilon_{iab}\epsilon_{icd} = \epsilon_{i12}\epsilon_{i12} = \sum_{i=1}^{3} \epsilon_{i12}\epsilon_{i12} = 1,$$
$$\delta_{ac}\delta_{bd} - \delta_{ad}\delta_{bc} = \delta_{11}\delta_{22} - \delta_{12}\delta_{21} = 1$$

で両辺は等しい．

$(a,b) = (c,d) = (2,3),(3,1)$ の場合も同様．

$(a,b) = (1,2), (c,d) = (2,3)$ の場合

$$\epsilon_{iab}\epsilon_{icd} = \epsilon_{i12}\epsilon_{i23} = \sum_{i=1}^{3} \epsilon_{i12}\epsilon_{i23} = 0,$$
$$\delta_{ac}\delta_{bd} - \delta_{ad}\delta_{bc} = \delta_{12}\delta_{23} - \delta_{13}\delta_{22} = 0$$

で両辺は等しい．

$(a,b) = (2,3), (c,d) = (3,1)$ の場合および $(a,b) = (3,1), (c,d) = (2,3)$ の場合も同様．

これで $\epsilon_{iab}\epsilon_{icd} = \delta_{ac}\delta_{bd} - \delta_{ad}\delta_{bc}$ が示された．

> **外積**
> $$(\boldsymbol{A} \times \boldsymbol{B})_i = \epsilon_{ijk} A_j B_k$$

エディングトンの ϵ は次の自明でない関係式をみたす．通常のベクトル解析の公式はこの公式から形式的に導かれるものが非常に多いのでこれだけは覚れておこう．証明もコラムに具体的に与えておく．

> **縮約**
> $$\epsilon_{iab}\epsilon_{icd} = \delta_{ac}\delta_{bd} - \delta_{ad}\delta_{bc}$$
> $$\epsilon_{ija}\epsilon_{ijb} = 2\delta_{ab}$$
> $$\epsilon_{ijk}\epsilon_{ijk} = 6$$

外積の大きさについては

$$|\boldsymbol{A} \times \boldsymbol{B}| = |\boldsymbol{A}||\boldsymbol{B}|\sin\theta$$

となる．なぜならば

$$|\boldsymbol{A} \times \boldsymbol{B}| = (\boldsymbol{A} \times \boldsymbol{B}) \cdot (\boldsymbol{A} \times \boldsymbol{B})$$
$$= \epsilon_{iab}\epsilon_{icd} A_a B_b A_c B_d = (\delta_{ac}\delta_{bd} - \delta_{ad}\delta_{bc}) A_a B_b A_c B_d$$
$$= A_a B_b A_a B_b - A_a B_b A_b B_a = (\boldsymbol{A} \cdot \boldsymbol{A})(\boldsymbol{B} \cdot \boldsymbol{B}) - (\boldsymbol{A} \cdot \boldsymbol{B})^2$$
$$= |\boldsymbol{A}||\boldsymbol{B}|(1 - \cos^2\theta) = |\boldsymbol{A}||\boldsymbol{B}|\sin^2\theta.$$

━━━━━━━━━━━━━━━━━━━━━━━━━━━━━━━━━━━━━━
■縮約（その3）■

これは任意の $\boldsymbol{A}, \boldsymbol{B}, \boldsymbol{C}, \boldsymbol{D}$ に対して次の等式を示したこととなる．

$$(\boldsymbol{A} \times \boldsymbol{B}) \cdot (\boldsymbol{C} \times \boldsymbol{D}) = (\boldsymbol{A} \cdot \boldsymbol{C})(\boldsymbol{B} \cdot \boldsymbol{D}) - (\boldsymbol{A} \cdot \boldsymbol{D})(\boldsymbol{B} \cdot \boldsymbol{C}).$$

$$\because \quad \epsilon_{ijk} A_j B_k \epsilon_{i\ell m} C_\ell D_m = (\delta_{j\ell}\delta_{km} - \delta_{jm}\delta_{k\ell}) A_j B_k C_\ell D_m$$
$$= A_j B_k C_j D_k - A_j B_k C_k D_j = (\boldsymbol{A} \cdot \boldsymbol{C})(\boldsymbol{B} \cdot \boldsymbol{D}) - (\boldsymbol{A} \cdot \boldsymbol{D})(\boldsymbol{B} \cdot \boldsymbol{C}).$$

$\epsilon_{iab}\epsilon_{icd} = \delta_{ac}\delta_{bd} - \delta_{ad}\delta_{bc}$ について更に $a = c = j$ としてこれについても和をとると

$$\epsilon_{ijb}\epsilon_{ijd} = \sum_{j=1}^{3}\left(\delta_{jj}\delta_{bd} - \delta_{jd}\delta_{bj}\right) = 3\delta_{bd} - \delta_{bd} = 2\delta_{bd}.$$

もう一度 $b = d = k$ としてこれについても和をとると

$$\epsilon_{ijk}\epsilon_{ijk} = 2\sum_{k=1}^{3}\delta_{kk} = 2 \cdot 3 = 6$$

となる．なおこの種の操作は一般に縮約と呼ばれることを覚えておこう．

2. ベクトル解析

また向きは $e_1 \times e_2 = e_3$ よりわかるように $A \times B$ は A から B にまわる向きに回転させるとき右ネジのすすむ向きである.

- **スカラー三重積**

  ベクトル3個の積として次のものがよく現れる.

  $$a \cdot (b \times c) = b \cdot (c \times a) = c \cdot (a \times b) = \det \begin{bmatrix} a_x & a_y & a_z \\ b_x & b_y & b_z \\ c_x & c_y & z_z \end{bmatrix}$$

  $= a, b, c$ からなる平行六面体の体積.

- **ベクトル三重積**

  $$a \times (b \times c) = (a \cdot c)b - (a \cdot b)c.$$

- **ヤコビの恒等式**

  $$a \times (b \times c) + b \times (c \times a) + c \times (a \times b) = 0.$$

■スカラー三重積とベクトル三重積■

$$c \cdot (a \times b) = \det \begin{bmatrix} e_1 & e_2 & e_3 \\ a_1 & a_2 & a_3 \\ b_1 & b_2 & b_3 \end{bmatrix} \cdot (c_1 e_1 + c_2 e_2 + c_3 e_3)$$

(これを展開した形を考え $e_i \cdot e_j = \delta_{ij}$ を使うと)

$$= \det \begin{bmatrix} c_1 & c_2 & c_3 \\ a_1 & a_2 & a_3 \\ b_1 & b_2 & b_3 \end{bmatrix} = \det \begin{bmatrix} a_1 & a_2 & a_3 \\ b_1 & b_2 & b_3 \\ c_1 & c_2 & c_3 \end{bmatrix} = \det \begin{bmatrix} b_1 & b_2 & b_3 \\ c_1 & c_2 & c_3 \\ a_1 & a_2 & a_3 \end{bmatrix}.$$

これより

$$a \cdot (b \times c) = b \cdot (c \times a) = c \cdot (a \times b)$$

となる.

また

$$(A \times (B \times C))_i = \epsilon_{ilm} A_l \epsilon_{mnp} B_n C_p = \epsilon_{mil} \epsilon_{mnp} A_l B_n C_p \quad (\epsilon_{ilm} = \epsilon_{mil} を使った)$$

$$= (\delta_{in}\delta_{lp} - \delta_{ip}\delta_{ln}) A_l B_n C_p = A_l B_i C_l - A_l B_l C_i = (A \cdot C)B_i - (A \cdot B)C_i.$$

2.2 場の量とその演算

空間の各点 r ごとに関数値が決まる $\phi(r)$ のようなスカラー量,ベクトルが定まる $A(r)$ のような量を考え,場の量(スカラー場,ベクトル場)と呼ぶ.(正確にはその座標変換に関する変換性を議論する必要がある.) この場の量に対する演算を説明する.

以下
$$\partial_x = \frac{\partial}{\partial x},\ \partial_y = \frac{\partial}{\partial y},\ \partial_z = \frac{\partial}{\partial z},\ 一般に\ \partial_i = \frac{\partial}{\partial x_i},$$
などの記法を適宜用いる.

- **勾配(gradient)**

  与えられたスカラー場 $\phi(r)$ に対してベクトル場を次のように与える.

  ---- スカラー場の勾配 ----
  $$\operatorname{grad}\phi = \nabla\phi = \begin{bmatrix} \frac{\partial\phi}{\partial x} \\ \frac{\partial\phi}{\partial y} \\ \frac{\partial\phi}{\partial z} \end{bmatrix},\ \nabla = \begin{bmatrix} \frac{\partial}{\partial x} \\ \frac{\partial}{\partial y} \\ \frac{\partial}{\partial z} \end{bmatrix}$$
  $$(\operatorname{grad}\phi)_i = (\nabla\phi)_i = \frac{\partial\phi}{\partial x_i} = \partial_i\phi$$

∇ はナブラと呼ぶ.

■二,三の公式と補足■

添字を使った量の計算の練習に公式の証明をここでくわしく示してみよう.

$$\bigl(\nabla(fg)\bigr)_i = \partial_i(fg) = f\partial_i g + (\partial_i f)g = \bigl(f\nabla g + (\nabla f)g\bigr)_i.$$

$$\operatorname{div} f\boldsymbol{A} = \partial_i(fA_i) = (\partial_i f)A_i + f\partial_i A_i = \nabla f \cdot \boldsymbol{A} + f\operatorname{div}\boldsymbol{A}.$$

$$\bigl(\operatorname{rot} f\boldsymbol{A}\bigr)_i = \epsilon_{ijk}\partial_j(fA_k) = \epsilon_{ijk}(\partial_j f)A_k + f\epsilon_{ijk}\partial_j A_k = \bigl(\nabla f \times \boldsymbol{A} + f\operatorname{rot}\boldsymbol{A}\bigr)_i.$$

$$\begin{aligned}\Delta(fg) &= \operatorname{div}\nabla(fg) = \operatorname{div}(f\nabla g + (\nabla f)g) \\ &= \nabla f \cdot \nabla f + f\operatorname{div}\nabla g + (\operatorname{div}\nabla f)g + \nabla\cdot f\nabla g. \\ &= f\Delta g + g\Delta f + 2\nabla f \cdot \nabla g.\end{aligned}$$

補足 座標変換に対して不変なものをスカラー場,$\boldsymbol{A}\cdot d\boldsymbol{r}, \boldsymbol{A}\cdot d\boldsymbol{S}$ が不変なとき $\boldsymbol{A}$ をベクトル場と呼ぶ.($d\boldsymbol{r}$ は線素,$d\boldsymbol{S}$ は面積要素.)

> **例題 2.1** $\nabla \dfrac{1}{r}$ を計算せよ．
>
> ここで $r = |\boldsymbol{r}|, \boldsymbol{r} = \begin{bmatrix} x \\ y \\ z \end{bmatrix}$ である．

解答

$$\partial_x \left(\frac{1}{\sqrt{x^2 + y^2 + z^2}} \right) = -\frac{2x}{2(x^2 + y^2 + z^2)^{\frac{3}{2}}} = -\frac{x}{r^3}.$$

他の成分も同様だから

$$\nabla \frac{1}{r} = -\frac{\boldsymbol{r}}{r^3} = -\frac{\hat{\boldsymbol{r}}}{r^2}$$

ここで $\hat{\boldsymbol{r}} = \dfrac{\boldsymbol{r}}{r}$ は $\boldsymbol{r}$ 方向の単位ベクトルを表す．なお $r = 0$ ではこの解析は成り立たないことに注意しておこう． □

- **発散（divergence）**

与えられたベクトル場 $\boldsymbol{A}(\boldsymbol{r})$ に対してスカラー場を次のように与える．

---- ベクトル場の発散 ----

$$\operatorname{div} \boldsymbol{A} = \nabla \cdot \boldsymbol{A} = \frac{\partial A_x}{\partial x} + \frac{\partial A_y}{\partial y} + \frac{\partial A_z}{\partial z} = \frac{\partial A_i}{\partial x_i} = \partial_i A_i$$

■微分形式（その 1）■

古典的なベクトル解析はより現代的な微分形式と外微分として理解できることが知られている．ここではその細部は参考書たとえば [9][17] にゆずり要点のみを 3 次元のベクトル解析と対応のつく範囲で限定的に，しかし具体的に微分形式に関してまとめてみよう．まず **0 形式**（0-ベクトル）$\omega_0 = \mathcal{F}(\boldsymbol{r})$ とは各点ごとに値を定める規則のことでありスカラー場と呼ばれる．

次に **1 形式**（1-ベクトル）とは次のように「微分」（dx, dy, dz など）の線形結合で

$$\omega_1 = \omega_i dx_i$$

と書かれるものである．特にベクトル場 $\boldsymbol{A} = (A_x, A_y, A_z)$ に対して基底を dx, dy, dz として

$$\mathcal{A} = A_i dx_i = A_x dx + A_y dy + A_z dz$$

とすればベクトル場 $\boldsymbol{A}$ は 1 形式 $\mathcal{A}$ と同一視できる．

このとき 0-形式（スカラー場）の **外微分** $d f$ を 1 形式（1-ベクトル）として次のように定める．

$$\begin{aligned} d\mathcal{F} &= \frac{\partial \mathcal{F}}{\partial x_i} dx_i = \frac{\partial \mathcal{F}}{\partial x} dx + \frac{\partial \mathcal{F}}{\partial y} dy + \frac{\partial \mathcal{F}}{\partial z} dz \\ &= (\nabla \mathcal{F})_i dx_i. \end{aligned}$$

これはベクトル解析における勾配を 1 形式と同一視したことになる．

2.2 場の量とその演算

例題 2.2 $\boldsymbol{E} = \dfrac{\boldsymbol{r}}{r^3}$ の発散を計算せよ.

解答
$$\mathrm{div}\,\boldsymbol{E} = \partial_i(x_i r^{-3}) = \delta_{ii} r^{-3} + x_i(-3) r^{-4} \partial_i r$$
$$= 3r^{-3} - 3r^{-4} x_i \frac{x_i}{r} = 3r^{-3} - 3r^{-4} \cdot r = 0.$$
$$\left(\partial_i r = \partial_i (x_j x_j)^{1/2} = \frac{1}{2}(x_j x_j)^{-1/2} 2x_i = \frac{x_i}{r}.\right)$$

これも $r \neq 0$ を仮定している. □

- **回転 (rotation)**

与えられたベクトル場 $\boldsymbol{A}(\boldsymbol{r})$ に対してベクトル場 を次のように与える.

ベクトル場の回転

$$\mathrm{rot}\,\boldsymbol{A} = \mathrm{curl}\,\boldsymbol{A} = \nabla \times \boldsymbol{A} = \begin{bmatrix} \partial_y A_z - \partial_z A_y \\ \partial_z A_x - \partial_x A_z \\ \partial_x A_y - \partial_y A_z \end{bmatrix}$$

$$(\mathrm{rot}\,\boldsymbol{A})_i = \epsilon_{ijk} \partial_j A_k$$

例題 2.3 $\boldsymbol{A} = B\left(-\dfrac{y}{2}, \dfrac{x}{2}, 0\right)$ の回転を求めよ.

■微分形式（その 2）■

さらにより一般に 1 形式 dx_i の間の**外積** $\wedge$ から 2 形式 (2-ベクトル) ω_2, 3 形式 (3-ベクトル) ω_3 を次のように定義する.

$$\omega_2 = \omega_{ij} dx_i \wedge dx_j, \qquad \omega_3 = \omega_{ijk} dx_i \wedge dx_j \wedge dx_k.$$

ここで 1 形式 (微分) $dx_i = dx, dy, dz$ の間の外積 $\wedge$ は次のように反対称に定義されるものとする.

$$dx_i \wedge dx_j = -dx_j \wedge dx_i, \quad dx \wedge dy = -dy \wedge dx, \quad dy \wedge dz = -dz \wedge dy, \quad dz \wedge dx = -dx \wedge dz.$$

また一般の p 形式

$$\omega = \omega_{i\cdots} dx_i \wedge \cdots$$

に対する**外微分** $d\omega$ を次のように定義する.

$$\omega = \frac{\partial \omega_{i\cdots}}{\partial x_l} dx_l (\wedge dx_i \wedge \cdots).$$

すると 2 回外微分をとる操作は偏微分の順序入れ換えと外積の反可換性より $d^2 \omega = dd\omega = \dfrac{\partial^2 \omega_{i\cdots}}{\partial x_l \partial m} dx_l \wedge dx_m (\wedge dx_i \wedge \cdots) = 0$ となる. これは

$$d^2 = 0$$

とまとめられる.

解答

$$\begin{array}{cccccc} \partial_x & & \partial_y & & \partial_z & & \partial_x \\ & \times & & \times & & \times & \\ -\frac{y}{2}B & & \frac{x}{2}B & & 0 & & -\frac{y}{2}B \end{array} \quad \text{より} \quad \text{rot}\,\boldsymbol{A} = (0,0,B). \quad \square$$

- **ラプラシアン**

与えられたスカラー場 $\phi(\boldsymbol{r})$ に対してスカラー場を次のように与える．

―― スカラー場のラプラシアン ――
$$\Delta\phi = \text{div}\,\text{grad}\,\phi = \nabla\cdot\nabla\phi = \nabla^2\phi = \frac{\partial^2\phi}{\partial x^2} + \frac{\partial^2\phi}{\partial y^2} + \frac{\partial^2\phi}{\partial z^2} = \partial_i\partial_i\phi$$

例題 2.4 $\Delta\dfrac{1}{r}$ を求めよ．

解答

$$\Delta\frac{1}{r} = \text{div}\,\text{grad}\,\frac{1}{r} = -\text{div}\,\frac{\boldsymbol{r}}{r^3} = 0.$$

これも $r \neq 0$ を仮定している．$\square$

ここで定義したこれらの演算の物理的意味は後で述べる積分定理から理解される．

■微分形式（その 3）■

さらに記号の準備として，3 次元における**共役演算** $*$ を次のとおり定義する．

$$*1 = dx \wedge dy \wedge dz.$$
$$*dx = dy \wedge dz, \; *dy = dz \wedge dx, \; *dz = dx \wedge dy, \; \text{まとめて} \; *dx_i = \epsilon_{ijk}dx_j \wedge dx_k.$$
$$*(dx \wedge dy) = dz, \; *(dy \wedge dz) = dx, \; *(dz \wedge dx) = dy, \; \text{まとめて} \; *(dx_i \wedge dx_j) = \epsilon_{ijk}dx_k.$$
$$*(dx \wedge dy \wedge dz) = 1.$$

特に 3 次元では $** = 1$．

ここで 1 形式 $\mathcal{A} = A_i dx_i$ に対しその外微分は

$$d\mathcal{A} = \partial_j A_i dx_j \wedge dx_i = \left(\frac{\partial A_y}{\partial x} - \frac{\partial A_x}{\partial y}\right)dx \wedge dy + \left(\frac{\partial A_z}{\partial y} - \frac{\partial A_y}{\partial z}\right)dy \wedge dz + \left(\frac{\partial A_x}{\partial z} - \frac{\partial A_z}{\partial x}\right)dz \wedge dx$$

と与えられることに注意し，この共役演算を使うと $*d\mathcal{A}$ はやはり 1 形式（ベクトル場）で

$$*d\mathcal{A} = *(\partial_j A_i dx_j \wedge dx_i) = \partial_j A_i \epsilon_{jik} dx_k$$
$$= (\text{rot}\,\boldsymbol{A})_k dx_k \equiv \text{rot}\,\mathcal{A}$$

と 1 形式の外微分によりベクトル場の回転が 1 形式として得られることとなる．

2.2.1 場の演算子の間の関係式

以上のように定義された場の量に関する演算に対していくつかの関係式が成り立つ．それを以下説明しよう．

$$\boxed{\begin{array}{c} d^2 = 0 \\[4pt] \mathrm{rot\ grad}\ \phi = \mathbf{0} \quad \text{勾配は回転なし} \\ \mathrm{div\ rot}\ \boldsymbol{A} = 0 \quad \text{回転は発散なし} \end{array}}$$

この2つは極めて基本的であり以下のように簡単に示せる．

$$\begin{aligned}
(\mathrm{rot\ grad}\ \phi)_i &= \epsilon_{ijk}\partial_j\partial_k\phi = \sum_{j,k}\epsilon_{ijk}\partial_j\partial_k\phi \\
&= \sum_{j<k}\epsilon_{ijk}\partial_j\partial_k\phi + \sum_{j>k}\epsilon_{ijk}\partial_j\partial_k\phi \\
&= \sum_{j<k}\epsilon_{ijk}\partial_j\partial_k\phi + \sum_{k'>j'}\epsilon_{ik'j'}\partial_{k'}\partial_{j'}\phi \quad \begin{array}{l}\text{(第2項では}j'=k,\\ k'=j\text{とした)}\end{array} \\
&= \sum_{j<k}\epsilon_{ijk}\partial_j\partial_k\phi + \sum_{j<k}\epsilon_{ikj}\partial_k\partial_j\phi \quad \begin{array}{l}(j'\text{を}j\text{と,}k'\text{を}k\text{と}\\ \text{書いた)}\end{array} \\
&= \sum_{j<k}(\epsilon_{ijk}+\epsilon_{ikj})\partial_j\partial_k\phi \\
&= 0.
\end{aligned}$$

■微分形式（その4）■

ここで 0 形式 $\mathcal{F}$ に対して $d^2\mathcal{F}=0$ を書き直すと $d\mathcal{F}=(\nabla\mathcal{F})_i dx_i$ に注意して $d^2\mathcal{F}=0$ より

$$\mathrm{rot}\,d\mathcal{F} = *dd\mathcal{F} = 0 = (\mathrm{rot}\,\nabla\mathcal{F})_i dx_i.$$

これはベクトル解析の公式 $\mathrm{rot\,grad}\,\mathcal{F}=0$ を意味する．

また 1 形式 $\mathcal{A}=A_i dx_i$ に対してその共役 $*d\mathcal{A}$ を考えその外微分を計算してみると

$$\begin{aligned}
\mathcal{A} &= A_i dx_i = A_x dx + A_y dy + A_z dz, \\
*\mathcal{A} &= A_x dy\wedge dz + A_y dz\wedge dx + A_z dx\wedge dy, \\
d*\mathcal{A} &= \frac{\partial A_x}{\partial x}dx\wedge dy\wedge dz + \frac{\partial A_y}{\partial y}dy\wedge dz\wedge dx + \frac{\partial A_z}{\partial z}dz\wedge dx\wedge dy \\
&= \mathrm{div}\,\boldsymbol{A}\, dx\wedge dy\wedge dz.
\end{aligned}$$

よって

$$\mathrm{div}\,\boldsymbol{A} = *d*\mathcal{A} \equiv \mathrm{div}\,\mathcal{A}$$

となる．特に今 $**=1$ だから

$$\mathrm{div\,rot}\,\mathcal{A} = *d*(*d\mathcal{A}) = *d^2\mathcal{A} = 0.$$

これはベクトル解析の公式 $\mathrm{div\,rot}\,\boldsymbol{A}=0$ を意味する．

（念のため詳しく書いた．）同じく

$$\mathrm{div}\,\mathrm{rot}\,\boldsymbol{A} = \partial_i \epsilon_{ijk} \partial_j A_k = \epsilon_{ijk} \partial_i \partial_j A_k = 0.$$

（もう詳しく書かなくてもよいだろう．）

同様に次の関係式が成り立つ．
- $\mathrm{grad}\,fg = f\,\mathrm{grad}\,g + g\,\mathrm{grad}\,f$
- $\mathrm{div}\,f\boldsymbol{A} = \mathrm{grad}\,f \cdot \boldsymbol{A} + f\,\mathrm{div}\,\boldsymbol{A}$
- $\mathrm{rot}\,f\boldsymbol{A} = \mathrm{grad}\,f \times \boldsymbol{A} + f\,\mathrm{rot}\,\boldsymbol{A}$
- $\Delta(fg) = f\Delta g + g\Delta f + 2\,\mathrm{grad}\,f \cdot \mathrm{grad}\,g$
- $\mathrm{rot}\,\mathrm{rot}\,\boldsymbol{A} = \mathrm{grad}\,\mathrm{div}\,\boldsymbol{A} - \Delta\boldsymbol{A}$
- $\mathrm{div}\,(\boldsymbol{A} \times \boldsymbol{B}) = \boldsymbol{B} \cdot \mathrm{rot}\,\boldsymbol{A} - \boldsymbol{A} \cdot \mathrm{rot}\,\boldsymbol{B}$

■微分形式（その5）■

最後に微分形式に対するラプラシアンの対応物を議論しよう．まず，0形式 f のラプラシアン Δ_0 は

$$\text{通常の} \quad \Delta_0 f = \frac{\partial^2 f}{\partial x^2} + \frac{\partial^2 f}{\partial y^2} + \frac{\partial^2 f}{\partial z^2} = \mathrm{div}\,\nabla f = *d*(df).$$

つまり $\Delta_0 = *d*d$. 一般に p 形式に対するラプラシアン Δ を $\omega = \omega_{i\ldots}dx_i \wedge \cdots$, $\Delta\omega = (\Delta_0\omega_{i\ldots})dx_i \wedge \cdots$ とし 1 形式 $\mathcal{A} = A_i dx_i$ に対するラプラシアン Δ_1 を考える．そのためにまず，$\mathcal{A} = adx$ として次の量を計算しよう．

$$d*d*(adx) = d*d(ady \wedge dz) = d*\left(\frac{\partial a}{\partial x}dx \wedge dy \wedge dz\right) = d\frac{\partial a}{\partial x} = \frac{\partial^2 a}{\partial x^2}dx + \frac{\partial^2 a}{\partial x \partial y}dy + \frac{\partial^2 a}{\partial x \partial z}dz.$$

また $*d*d(adx) = *d*\left(\frac{\partial a}{\partial y}dy \wedge dx + \frac{\partial a}{\partial z}dz \wedge dx\right) = *d\left(-\frac{\partial a}{\partial y}dz + \frac{\partial a}{\partial z}dy\right)$

$$= *\left(-\frac{\partial^2 a}{\partial y \partial x}dx \wedge dz - \frac{\partial^2 a}{\partial y^2}dy \wedge dz + \frac{\partial^2 a}{\partial z \partial x}dx \wedge dy + \frac{\partial^2 a}{\partial z^2}dz \wedge dy\right)$$

$$= \frac{\partial^2 a}{\partial y \partial x}dy - \frac{\partial^2 a}{\partial y^2}dx + \frac{\partial^2 a}{\partial z \partial x}dz - \frac{\partial^2 a}{\partial z^2}dx.$$

よって $(d*d* - *d*d)(adx) = (\Delta_0 a)dx$. ady, adz に関しても同様に成り立つので $\Delta_1 = d*d* - *d*d$. これは $\mathrm{div}\,\mathcal{A} = *d*\mathcal{A}$, $\mathrm{rot}\,\mathcal{A} = *d\mathcal{A}$, より $\mathrm{grad}\,\mathrm{div}\,\mathcal{A} - \mathrm{rot}\,\mathrm{rot}\,\mathcal{A} = \Delta_1\mathcal{A}$ を意味し，ベクトル解析の公式 $\mathrm{grad}\,\mathrm{div}\,\boldsymbol{A} - \mathcal{A}\,\mathrm{rot}\,\boldsymbol{A} = \Delta\boldsymbol{A}$ を導く．

2.3 積分定理

この節では積分定理といわれる一連の定理を説明する．これは 1 変数の場合の微積分の基本定理

$$f(b) - f(a) = \int_a^b dx \frac{df}{dx}$$

の拡張であり応用上も非常に重要である．まずベクトル場に関する積分についての説明からはじめよう．

2.3.1 線積分

線積分とは曲線に沿った積分のことである．具体的には曲線のパラメター表示 C $(x,y,z) = (x(t), y(t), z(t))$ $t \in [a,b]$ が与えられ，任意のベクトル場 $\boldsymbol{A}(\boldsymbol{r}) = \begin{bmatrix} X(\boldsymbol{r}) \\ Y(\boldsymbol{r}) \\ Z(\boldsymbol{r}) \end{bmatrix}$ が与えられたとき曲線 C に沿った線積分を

$$\int_C dx X(x,y,z) = \int_a^b dt \frac{dx}{dt} X(x(t), y(t), z(t)),$$
$$\int_C dy Y(x,y,z) = \int_a^b dt \frac{dy}{dt} Y(x(t), y(t), z(t)),$$
$$\int_C dz Z(x,y,z) = \int_a^b dt \frac{dz}{dt} Z(x(t), y(t), z(t)),$$

■ベクトル場の勾配■

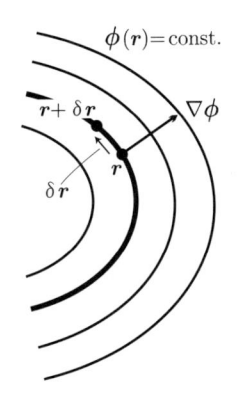

関数 $\phi(\boldsymbol{r})$ の等高線を示し，$\nabla \phi$ との関係を考えると $\nabla \phi$ は等高線に各点で直交することがわかる（p.57）．

$$\int_C d\boldsymbol{r} \cdot \boldsymbol{A} = \int_C X dx + Y dy + Z dz$$

と定義する.

> **例題 2.5** ベクトル場 $\boldsymbol{A} = {}^t\left(-\dfrac{y}{2}B, \dfrac{x}{2}B, 0\right)$ に対して, $(1,0,0)$ と $(-1,0,0)$ を結ぶ 2 つの曲線
> $$C_1 : (a\cos t, a\sin t, 0),\ t : 0 \to \pi,$$
> $$C_2 : (a\cos t, a\sin t, 0),\ t : 0 \to -\pi$$
> に沿っての次の線積分 I_1, I_2 を求めよ.
> $$I_1 = \int_{C_1} d\boldsymbol{r} \cdot \boldsymbol{A}(\boldsymbol{r}), \quad I_2 = \int_{C_2} d\boldsymbol{r} \cdot \boldsymbol{A}(\boldsymbol{r}).$$

解答 曲線に沿って
$$d\boldsymbol{r} = adt\left(\frac{d}{dt}\cos t, \frac{d}{dt}\sin t\right) = a(-dt\sin t, dt\cos t).$$

よって
$$I_1 = a^2 \int_0^\pi dt \left(\frac{B}{2}\sin^2 t + \frac{B}{2}\cos^2 t\right) = \frac{1}{2}B\pi a^2,$$
$$I_2 = a^2 \int_0^{-\pi} dt \left(\frac{B}{2}\sin^2 t + \frac{B}{2}\cos^2 t\right) = -\frac{1}{2}B\pi a^2. \quad \square$$

線積分に関して第一の積分公式というべき次の式が成立する.

■方向微分■

空間の各点ごとに値の定まる関数 $f(\boldsymbol{r})$ に関してある方向 $\hat{\boldsymbol{n}} = (n_x, n_y, n_z)$ $(|\hat{\boldsymbol{n}}| = 1$) への微分 $\dfrac{\partial f}{\partial \hat{\boldsymbol{n}}}$ を次のように定める.

$$\frac{\partial f}{\partial \hat{\boldsymbol{n}}} = \hat{\boldsymbol{n}} \cdot \nabla f.$$

この意味は次の関係より理解できるであろう.
$$F(s) = f(\boldsymbol{r} + s\hat{\boldsymbol{n}}),$$
$$\frac{dF}{ds} = n_x \frac{\partial f}{\partial x} + n_y \frac{\partial f}{\partial y} + n_z \frac{\partial f}{\partial z} = \hat{\boldsymbol{n}} \cdot \nabla f(\boldsymbol{r} + s\hat{\boldsymbol{n}}),$$
$$\frac{d^n F}{ds^n} = (\hat{\boldsymbol{n}} \cdot \nabla)^n f(\boldsymbol{r} + s\hat{\boldsymbol{n}}).$$

よって
$$\frac{\partial f}{\partial \hat{\boldsymbol{n}}} = \left.\frac{dF}{ds}\right|_{s=0}.$$

さらに $F(s)$ を $s=0$ のまわりでテイラー展開すると多変数関数 $f(\boldsymbol{r})$ のテイラー展開が得られる.

$$f(\boldsymbol{r} + s\hat{\boldsymbol{n}}) = \sum_{n=0}^\infty \frac{s^n}{n!}(\hat{\boldsymbol{n}} \cdot \nabla)^n f(\boldsymbol{r}).$$

2.3 積分定理

線積分と勾配
$$\int_C d\boldsymbol{r} \cdot \nabla \phi = \phi(\boldsymbol{b}) - \phi(\boldsymbol{a}), \qquad \oint_C d\boldsymbol{r} \cdot \nabla \phi = 0$$

なぜなら，$C : \boldsymbol{r}(t), t : t_{\boldsymbol{a}} \to t_{\boldsymbol{b}};\ \boldsymbol{r}(t_{\boldsymbol{a}}) = \boldsymbol{a}, \boldsymbol{r}(t_{\boldsymbol{b}}) = \boldsymbol{b}$ として，

$$\begin{aligned}\int_C d\boldsymbol{r} \cdot \nabla \phi &= \int_{t_{\boldsymbol{a}}}^{t_{\boldsymbol{b}}} dt \frac{d\boldsymbol{r}}{dt} \cdot \nabla \phi(x(t), y(t), z(t)) \\ &= \int_{t_{\boldsymbol{a}}}^{t_{\boldsymbol{b}}} dt \frac{d}{dt} \phi(x(t), y(t), z(t)) \\ &= \phi(x(t_{\boldsymbol{b}}), y(t_{\boldsymbol{b}}), z(t_{\boldsymbol{b}})) - \phi(x(t_{\boldsymbol{a}}), y(t_{\boldsymbol{a}}), z(t_{\boldsymbol{a}})).\end{aligned}$$

ただし $\oint_C d\boldsymbol{r}$ は閉曲線に関しての線積分で始点と終点が等しいことを意味する．($\phi(\boldsymbol{r})$ は一価関数とする．)

特に $\phi(\boldsymbol{r}) = $ 一定 の曲線群に対して図（コラム：ベクトル場の勾配）のように微小ベクトル $\delta \boldsymbol{r}$ を曲線群に沿ってとると

$$0 = \phi(\boldsymbol{r} + \delta \boldsymbol{r}) - \phi(\boldsymbol{r}) = \int_{\boldsymbol{r}}^{\boldsymbol{r} + \delta \boldsymbol{r}} d\boldsymbol{r} \cdot \nabla \phi(\boldsymbol{r}) = \delta \boldsymbol{r} \cdot \nabla \phi.$$

つまり「$\nabla \phi$ は $\phi = $ 定数の曲線に垂直である」ことがわかる．

2.3.2 面積分

曲面は一般に平面上の2次元領域 S' を動くパラメター (u, v) を用いて次のようにパラメター表示できる．

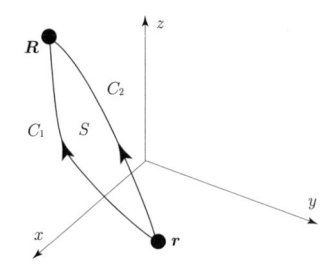

■ストークスの定理と線積分■

図のような2つの経路 C_1, C_2 に沿った線積分を考えこれらが囲む領域を S とする．ここで S の境界は向きを含めて次のようになることに注意しよう．$\partial S = -C_1 + C_2$．よって

$$\int d\boldsymbol{S} \cdot \operatorname{rot} \operatorname{grad} \phi = \int_{\partial S} d\boldsymbol{r} \cdot \operatorname{grad} \phi = \int_{-C_1 + C_2} d\boldsymbol{r} \cdot \operatorname{grad} \phi = -\int_{C_1} d\boldsymbol{r} \cdot \operatorname{grad} \phi + \int_{C_2} d\boldsymbol{r} \cdot \operatorname{grad} \phi.$$

ここで $\operatorname{rot} \operatorname{grad} = 0$ だから $\int_{C_1} d\boldsymbol{r} \cdot \operatorname{grad} \phi = \int_{C_2} d\boldsymbol{r} \cdot \operatorname{grad} \phi$.

すなわち $\int_C d\boldsymbol{r} \cdot \operatorname{grad} \phi$ は経路によらず $\phi(\boldsymbol{R}) - \phi(\boldsymbol{r})$ となる．ここで経路を変形する際よぎる領域（ここでの S）すべてでベクトル場が定義されていることが必要であった．領域 S に特異点を含む場合はこの限りではない．

$$(x,y,z) = (x(u,v), y(u,v), z(u,v)), \quad (u,v) \in S'.$$

この曲面上 r における 2 つの接線ベクトル $\frac{\partial r}{\partial u}du$、$\frac{\partial r}{\partial v}dv$ のつくる平行四辺形の面積をその長さとする無限小の法線ベクトルを面積要素 dS とする. 具体的には次のように書ける.

---- 面積要素 ----

$$dS = \frac{\partial r}{\partial u} \times \frac{\partial r}{\partial v} dudv = n dS$$

(n は $\frac{\partial r}{\partial u} \times \frac{\partial r}{\partial v}$ 方向の単位法線ベクトル)

ただし (u,v), を (v,u) ととる自由度に対応して面の向きを定める自由度が残っていることに注意しよう.

これを用いて任意のベクトル場 B の曲面 S 上での面積分を以下のように定義する.

---- 面積分 ----

$$\iint_S dS \cdot B = \iint_{S'} dudv \left(\frac{\partial r}{\partial u} \times \frac{\partial r}{\partial v} \right) \cdot B(x(u,v), y(u,v), z(u,v))$$

特に曲面が $z = f(x,y)$ と与えられたとき、$r = (x, y, f(x,y))$ で $\frac{\partial r}{\partial x} = (1, 0, \frac{\partial f}{\partial x})$, $\frac{\partial r}{\partial y} = (0, 1, \frac{\partial f}{\partial y})$. よって

■面積要素■

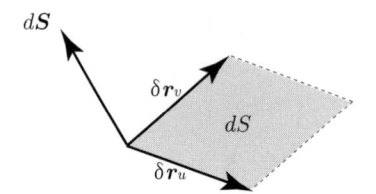

面積要素 dS は曲面のパラメーター表示を用いて次のように書ける.

$$dS = dr_u \times dr_v,$$
$$dr_u = \frac{\partial r(u,v)}{\partial u} du,$$
$$dr_v = \frac{\partial r(u,v)}{\partial v} dv.$$

$$dS = \frac{\partial \boldsymbol{r}}{\partial x} \times \frac{\partial \boldsymbol{r}}{\partial y} dxdy = (-f_x, -f_y, 1)\, dxdy,$$

$$dS = \sqrt{1+f_x^2+f_y^2}\, dxdy.$$

> **例題 2.6** 上半球面 $S:(x,y,\sqrt{R^2-(x^2+y^2)})$, $x^2+y^2 \leq R^2$, ベクトル場 $\boldsymbol{B}=(0,0,B)$ について次の面積分を求めよ．ただし球面の面積要素の向きは球面上外向きととる．
> $$I = \int_S d\boldsymbol{S} \cdot \boldsymbol{B}.$$

解答 $\boldsymbol{r}=(x,y,\sqrt{R^2-(x^2+y^2)})$ に対して $\frac{\partial}{\partial x}\boldsymbol{r} = \left(1,0,-\frac{x}{\sqrt{R^2-(x^2+y^2)}}\right)$, $\frac{\partial}{\partial y}\boldsymbol{r} = \left(0,1,-\frac{y}{\sqrt{R^2-(x^2+y^2)}}\right)$. よって

$$\frac{\partial \boldsymbol{r}}{\partial x} \times \frac{\partial \boldsymbol{r}}{\partial y} = \left(\frac{x}{\sqrt{R^2-(x^2+y^2)}}, \frac{y}{\sqrt{R^2-(x^2+y^2)}}, 1\right).$$

向きを考えて

$$d\boldsymbol{S} = \left(\frac{x}{\sqrt{R^2-(x^2+y^2)}}, \frac{y}{\sqrt{R^2-(x^2+y^2)}}, 1\right) dxdy.$$

よって

$$I = \iint_{x^2+y^2 \leq R^2} dxdy\, B = B \iint_{x^2+y^2 \leq R^2} dxdy = B\pi R^2$$

となる． □

■曲面の面積の例■

> **例題 2.7** 上半球面 $S:(x,y,\sqrt{R^2-(x^2+y^2)})$, $x^2+y^2 \leq R^2$ の面積を求めよ．

解答
$$d\boldsymbol{S} = \left(\frac{x}{\sqrt{R^2-(x^2+y^2)}}, \frac{y}{\sqrt{R^2-(x^2+y^2)}}, 1\right) dxdy$$

より

$$|d\boldsymbol{S}| = \sqrt{\frac{x^2+y^2+R^2-x^2-y^2}{(R^2-r^2)}}\, d\theta rdr = \sqrt{\frac{R^2}{(R^2-r^2)}}\, d\theta rdr, \quad r^2 = x^2+y^2.$$

よって

$$S = \int_S |d\boldsymbol{S}| = \int_0^{2\pi} d\theta \int_0^R dr\, rR\frac{1}{\sqrt{R^2-r^2}} = 2\pi R(-1)\sqrt{R^2-r^2}\Big|_0^R = 2\pi R^2$$

となる． □

面積要素は外積の定義からわかるようにその絶対値が面積を与えるから面積分の重要な応用として曲面の面積は次のように与えられることとなる．

---- **曲面の面積** ----

$$\iint_S |d\boldsymbol{S}| = \iint_{S'} dudv \left|\frac{\partial \boldsymbol{r}}{\partial u} \times \frac{\partial \boldsymbol{r}}{\partial v}\right| \quad \text{(曲面の面積)}$$

2.3.3　2次元ガウス–ストークスの定理

---- **2次元ガウス–ストークスの定理** ----

なめらかな2次元のベクトル場と $(X(x,y), Y(x,y))$ に対して次の関係式が成り立つ．

$$\iint_D dxdy \left(\frac{\partial Y}{\partial x} - \frac{\partial X}{\partial y}\right) = \oint_{\partial D} Xdx + Ydy$$

ただし D は閉曲線 ∂D で囲まれた領域，$S = \partial D$ をその境界とする．ここでは基本的な場合を説明しよう．D は凸であるとし，$S(=\partial D)$ を図（コラム：2次元ガウスの定理）のように2つの部分 S_+ と S_- とに分ける．（凸でない領域に対しても適当に分割すればよい．）

そこで次の2重積分を考えてみよう．

■**2次元ガウス–ストークスの定理**■

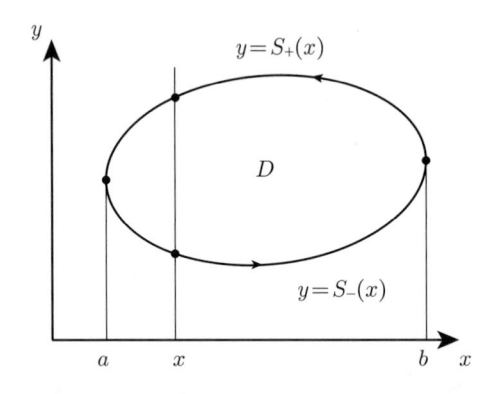

ここではこの図のように凸な領域に限って議論するが一般の凸でない領域でも凸な領域に分割しそれぞれの領域についての結果を足し合わせることで全体の凸でない領域に対して示せる．

なお，領域 D が凸とは，D 内の任意の2点を結ぶ直線が D に含まれることをいう．

$$\int_D dxdy \left(-\frac{\partial X}{\partial y}\right) = \int_a^b dx \int_{S_-(x)}^{S_+(x)} dy \left(-\frac{\partial X}{\partial y}\right)$$
$$= \int_a^b dx \left(-X(x, S_+(x)) + X(x, S_-(x))\right)$$
$$= \int_b^a dx\, X(x, S_+(x)) + \int_a^b dx\, X(x, S_-(x)) = \int_S dx\, X.$$

同様にして

$$\int_D dxdy \left(\frac{\partial Y}{\partial x}\right) = \int_{\partial D = S} dy\, Y.$$

これで 2 次元のガウス–ストークスの定理が示せたことになる.

また $\boldsymbol{A} = (A_x, A_y) = (Y, -X)$ として曲線を $(x, y) = (x(s), y(s))$ と弧長 s でパラメーター表示したとき[*1] 外向きの単位法線ベクトル $\boldsymbol{n} = \left(\frac{dy}{ds}, -\frac{dx}{ds}\right)$ として[*2] これを用いて 2 次元の発散 $\operatorname{div}_2 \boldsymbol{A} = \frac{\partial A_x}{\partial x} + \frac{\partial A_y}{\partial y} = \frac{\partial Y}{\partial x} - \frac{\partial X}{\partial y}$ に対して

$$\boldsymbol{A} \cdot \boldsymbol{n}\, ds = \left(Y \frac{dy}{ds} - (-1)X \frac{dx}{ds}\right) ds = X\, dx + Y\, dy$$

[*1] $s = \int^s ds' \sqrt{\left(\frac{dx}{ds'}\right)^2 + \left(\frac{dy}{ds'}\right)^2}$, $1 = \frac{ds}{ds} = \sqrt{\left(\frac{dx}{ds}\right)^2 + \left(\frac{dy}{ds}\right)^2}$.

[*2] $(dx, dy) = \left(\frac{dx}{ds} ds, \frac{dy}{ds} ds\right)$ より $(dx, dy) \cdot \boldsymbol{n} = 0$.

■ 2 次元ガウスの定理：別な形 ■

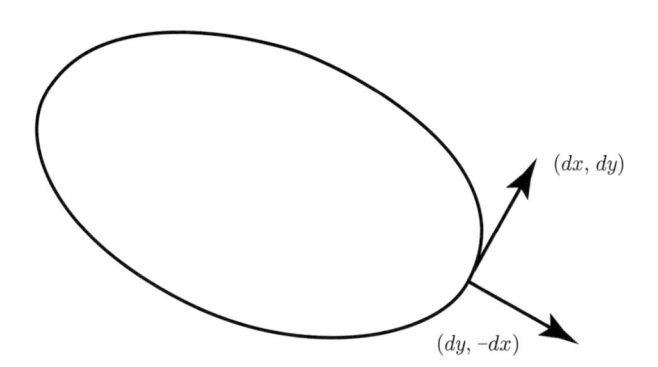

となるので 2 次元ガウス–ストークスの定理は次のようにも書ける．

---- 2 次元ガウス–ストークスの定理（別の形）----

$$\iint_D dxdy \, \mathrm{div}_2 \, \boldsymbol{A} = \oint_{\partial D} \boldsymbol{A} \cdot \boldsymbol{n} ds$$

例題 2.8 2 次元ベクトル場 $\left(-\frac{y}{2}, \frac{x}{2}\right)$ にガウス–ストークスの定理を使い平面図形の面積の公式を得よ．

解答 問のベクトル場についてはガウス–ストークスの定理を使うと $\frac{\partial Y}{\partial x} - \frac{\partial X}{\partial y} = 1$ だから

$$\text{面積 } D = \int_D dxdy \cdot 1 = \frac{1}{2} \oint_{\partial D} (xdy - ydx). \quad \square$$

2.3.4 ストークスの定理

---- ストークスの定理 ----

なめらかなベクトル場 $\boldsymbol{A}$ について次の関係式が成立する．

$$\iint_S d\boldsymbol{S} \cdot \mathrm{rot} \, \boldsymbol{A} = \oint_{\partial S} d\boldsymbol{r} \cdot \boldsymbol{A}$$

ただし S を平面上の領域 S' を動くパラメターで表示される曲面，∂S を向きをつけたその境界とする．（証明はコラムで．）

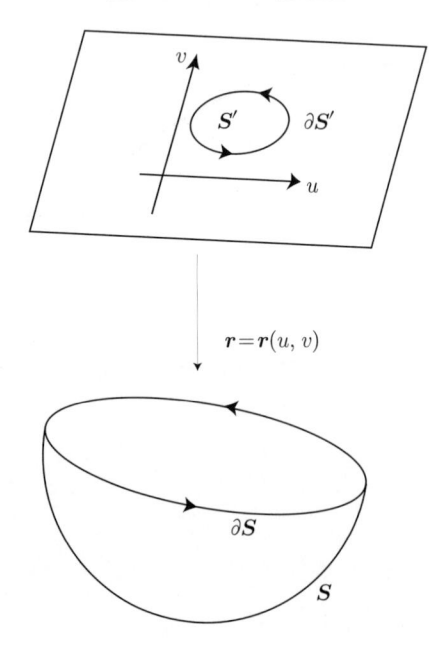

■ストークスの定理■

> **例題 2.9** $\boldsymbol{A} = B(-\frac{y}{2}, \frac{x}{2}, 0)$, $\boldsymbol{B} = \operatorname{rot}\boldsymbol{A} = (0, 0, B)$, 半径 R の上半球面 S についてストークスの定理を確認せよ．

解答 前の例題 2.6 より，
$$\int_S d\boldsymbol{S} \cdot \operatorname{rot}\boldsymbol{A} = \int_S d\boldsymbol{S} \cdot \boldsymbol{B} = B\pi R^2.$$
一方例題 2.8 を使って，円 $x^2 + y^2 = R^2$ の面積は πR^2 だから
$$\oint_{\partial S} d\boldsymbol{r} \cdot \boldsymbol{A} = \oint_{x^2+y^2=R^2} \frac{B}{2}(-ydx + xdy) = B\pi R^2. \quad \square$$

2.3.5 3次元ガウスの定理

― **3次元ガウスの定理** ―

なめらかなベクトル場に関して次の関係式が成立する．
$$\iiint_V dV \operatorname{div}\boldsymbol{A} = \iint_{\partial V} d\boldsymbol{S} \cdot \boldsymbol{A}, \quad (dV = dxdydz)$$

ただし V を単純な 3 次元領域, ∂V を向きをつけたその境界（表面）とする．
これを以下説明する．まず曲面を $(x, y, f(x,y))$ と書いたとき面積要素は次の関係を満たすことに注意しよう．ただし $\hat{z} = (0, 0, 1)$ 等と表す．

$$d\boldsymbol{S} = (1, 0, \partial_x f) \times (0, 1, \partial_y f) dxdy = (-\partial_x f, -\partial_y f, 1)dxdy,$$
$$\hat{z} \cdot d\boldsymbol{S} = dxdy.$$

■**ストークスの定理の説明**■

曲面のパラメター表示を $\boldsymbol{r} = (x_1, x_2, x_3)$, $x_i = x_i(u, v)$, $(u, v) \in S'$ としてこの定理を説明してみよう．まず

$$d\boldsymbol{S} \cdot \operatorname{rot}\boldsymbol{A} = (\partial_u \boldsymbol{r} \times \partial_v \boldsymbol{r})_i \epsilon_{ilm} \partial_l A_m \, dudv = \epsilon_{iab}\epsilon_{ilm} \partial_u x_a \partial_v x_b \partial_l A_m \, dudv$$
$$= (\delta_{al}\delta_{bm} - \delta_{am}\delta_{bl})\partial_u x_a \partial_v x_b \partial_l A_m \, dudv = \{\partial_u x_a \partial_v x_b \partial_a A_b - \partial_u x_a \partial_v x_b \partial_b A_a\} \, dudv$$
$$= \left\{\partial_v x_b \frac{\partial x_a}{\partial u}\frac{\partial A_b}{\partial x_a} - \partial_u x_a \frac{\partial x_b}{\partial v}\frac{\partial A_a}{\partial x_b}\right\} dudv = \{\partial_v x_b \partial_u A_b - \partial_u x_a \partial_v A_a\} \, dudv \quad \text{（合成関数の微分公式）}$$
$$= \{\partial_u (A_b \partial_v x_b) - \partial_v (A_a \partial_u x_a)\} \, dudv. = \left(\frac{\partial(A_b \partial_v x_b)}{\partial u} - \frac{\partial(A_a \partial_u x_a)}{\partial v}\right) dudv.$$

これに 2 次元のガウスの定理を使って
$$\iint_S d\boldsymbol{S} \cdot \operatorname{rot}\boldsymbol{A} = \int_{(u,v) \in S'} dudv \left(\frac{\partial(A_b \partial_v x_b)}{\partial u} - \frac{\partial(A_a \partial_u x_a)}{\partial v}\right)$$
$$= \oint_{\partial S'} du(A_a \partial_u x_a) + dv(A_b \partial_v x_b) = \oint_{\partial S} d\boldsymbol{r} \cdot \boldsymbol{A}.$$

ここで最後に曲面上では
$$d\boldsymbol{r} = \frac{\partial \boldsymbol{r}}{\partial u}du + \frac{\partial \boldsymbol{r}}{\partial v}dv, \quad dx_a = du\partial_u x_a + dv \partial_v x_a$$
が成り立つことを使った．

同様に考えて
$$dS = \hat{x}(\hat{x} \cdot dS) + \hat{y}(\hat{y} \cdot dS) + \hat{z}(\hat{z} \cdot dS) = dydz\hat{x} + dzdx\hat{y} + dxdy\hat{z}.$$
よって
$$dS \cdot A = A_x dydz + A_y dzdx + A_z dxdy.$$
となる．よってガウスの定理は
$$\int dxdydz\left(\frac{\partial A_x}{\partial x} + \frac{\partial A_y}{\partial y} + \frac{\partial A_z}{\partial z}\right) = \int \left(A_x dydz + A_y dzdx + A_z dxdy\right)$$
と書けるが各項を独立に考えて例えば
$$\int dxdydz\frac{\partial A_z}{\partial z} = \int dxdy\left(\int dz\frac{\partial A_z}{\partial z}\right) = \int dxdy(A_z(+) - A_z(-))$$
は微積分の基本定理（定積分の定義）より明らかであろう．($\pm$) は閉曲面 ∂V の上下の境界面を意味する．

> **例題 2.10** 3次元ガウスの定理から
> $$\int_S dS \cdot \mathrm{rot}\, A$$
> がその境界での値から決まることを示せ．

▌▌
■ストークスの定理の例（例題 2.6, 2.9）■

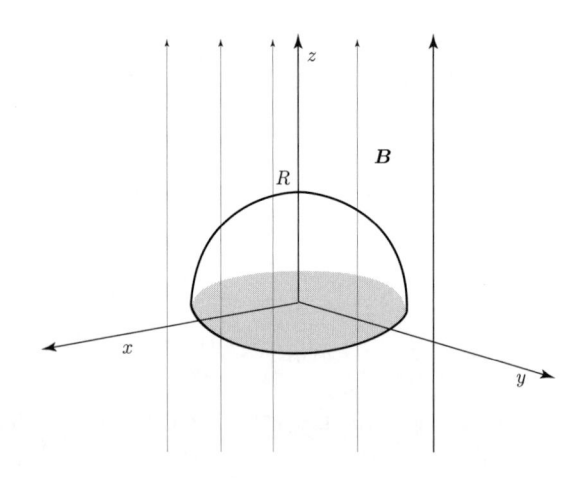

解答 図（コラム：3次元ガウスの定理とストークスの定理の関係）のように任意の2つの曲面 S_1, S_2（向きを考えて）を考えそれらでで挟まれる3次元領域を V とする．

このとき V の境界が $\partial V = S_1 - S_2$ であることに注意してガウスの定理を使うと

$$\int_{S_1} d\boldsymbol{S} \cdot \operatorname{rot} \boldsymbol{A} - \int_{S_2} d\boldsymbol{S} \cdot \operatorname{rot} \boldsymbol{A} = \int_{S_1-S_2} d\boldsymbol{S} \cdot \operatorname{rot} \boldsymbol{A} = \int_{\partial V} d\boldsymbol{S} \cdot \operatorname{rot} \boldsymbol{A}$$
$$= \int_V dV \operatorname{div} \operatorname{rot} \boldsymbol{A} = 0.$$

よって

$$\int_{S_1} d\boldsymbol{S} \cdot \operatorname{rot} \boldsymbol{A} = \int_{S_2} d\boldsymbol{S} \cdot \operatorname{rot} \boldsymbol{A}.$$

つまり $\partial S_1 = \partial S_2 = C$ であれば曲線 C を張る面には依存しない．ただしここでも考えている領域全てでベクトル場が定義されていることに注意しよう．□

最後に部分積分の拡張と考えられるグリーンの公式を説明しよう．

グリーンの公式

ガウスの定理で $\boldsymbol{A} = u\nabla v$ として，$\operatorname{div} \boldsymbol{A} = \nabla u \cdot \nabla v + u\Delta v$ より，

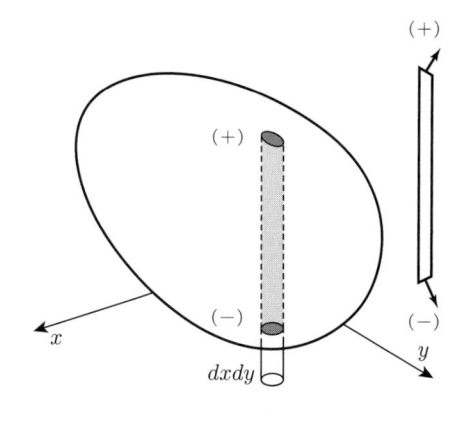

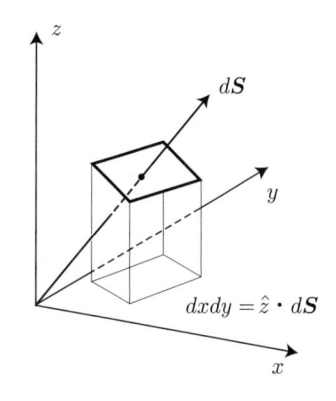

■ 3次元のガウスの定理 ■

> **グリーンの公式**
> $$\int_V dV\left(\nabla u \cdot \nabla v + u\Delta v\right) = \int_{\partial V} d\boldsymbol{S} \cdot u\nabla v$$

特に境界からの面積分が消える場合

> **グリーンの公式（境界項が消える場合）**
> $$\int_V dV\, \nabla u \cdot \nabla v = -\int_V dV\, u\Delta v = -\int_V dV\, v\Delta u$$

■ **3次元ガウスの定理とストークスの定理の関係** ■

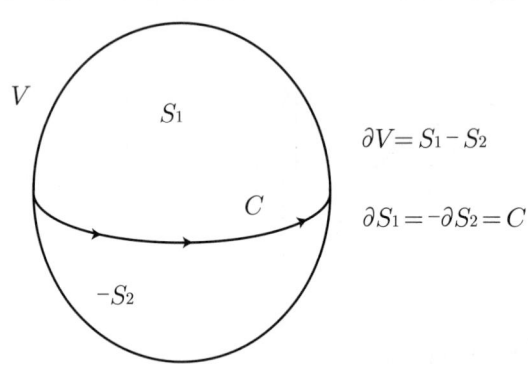

$\partial V = S_1 - S_2$

$\partial S_1 = -\partial S_2 = C$

$$\begin{aligned}
0 &= \int_V dV\, \mathrm{div}\,\mathrm{rot}\,\boldsymbol{A} \\
&= \int_{S_1-S_2} d\boldsymbol{S} \cdot \mathrm{rot}\,\boldsymbol{A} = \left(\int_{S_1} d\boldsymbol{S} - \int_{S_2} d\boldsymbol{S}\right) \cdot \mathrm{rot}\,\boldsymbol{A}.
\end{aligned}$$

$$\int_{S_1} \mathrm{rot}\,\boldsymbol{A} \cdot d\boldsymbol{S} = \int_{S_2} \mathrm{rot}\,\boldsymbol{A} \cdot d\boldsymbol{S}.$$

2.4　ベクトルポテンシャルとスカラーポテンシャル

ベクトル場の分解とヘルムホルツの定理

全空間で定義されるなめらかなベクトル場 $\boldsymbol{X}$ は

$$\boldsymbol{X} = \boldsymbol{X}_T + \boldsymbol{X}_L$$

と分解でき，それぞれ

$$\mathrm{div}\,\boldsymbol{X}_T = 0$$
$$\mathrm{rot}\,\boldsymbol{X}_L = 0$$

であり，スカラーポテンシャル $\phi(\boldsymbol{r})$, ベクトルポテンシャル $\boldsymbol{A}(\boldsymbol{r})$ が存在し次のように書ける

$$\boldsymbol{X}_T = \mathrm{rot}\,\boldsymbol{A} = \nabla \times \boldsymbol{A}$$
$$\boldsymbol{X}_L = -\mathrm{grad}\,\phi = -\nabla \phi$$

(ヘルムホルツの定理)

ここで $\boldsymbol{X}_L$, $\boldsymbol{X}_T$ はそれぞれ縦成分 (longitude), 横成分 (transverse) という．さらに $\boldsymbol{A}(\boldsymbol{r})$ をベクトルポテンシャル，$\phi(\boldsymbol{r})$ をスカラーポテンシャル

■**完全系の条件**■

$$\boldsymbol{e}_{\boldsymbol{k}\sigma=0} = \frac{\boldsymbol{k}}{k}, \quad \boldsymbol{e}_{\boldsymbol{k}\sigma=1}, \quad \boldsymbol{e}_{\boldsymbol{k}\sigma=2}$$

を右手系の基底ベクトルとして次の完全系の条件が成り立つ．

$$\sum_{\sigma}(\boldsymbol{e}_{\boldsymbol{k}\sigma})_\alpha (\boldsymbol{e}_{\boldsymbol{k}\sigma})_\beta = \frac{k_\alpha k_\beta}{k^2} + \sum_{\sigma=1,2}(\boldsymbol{e}_{\boldsymbol{k}\sigma})_\alpha (\boldsymbol{e}_{\boldsymbol{k}\sigma})_\beta = \delta_{\alpha\beta}.$$

よって

$$\sum_{\sigma=1,2}(\boldsymbol{e}_{\boldsymbol{k}\sigma})_\alpha (\boldsymbol{e}_{\boldsymbol{k}\sigma})_\beta = \delta_{\alpha\beta} - \frac{k_\alpha k_\beta}{k^2}$$

となる．これは次の議論から従う．任意のベクトル $\boldsymbol{v}$ に関して

$$\boldsymbol{v} = (\boldsymbol{v} \cdot \boldsymbol{e}_\sigma)\boldsymbol{e}_\sigma, \quad v_\alpha = v_\beta (\boldsymbol{e}_\sigma)_\beta (\boldsymbol{e}_\sigma)_\alpha$$

より

$$(\boldsymbol{e}_\sigma)_\beta (\boldsymbol{e}_\sigma)_\alpha = \delta_{\alpha\beta}.$$

関数展開における類似の公式は規格直交列 $\{\varphi_j(x)\}$ に対して完全性の条件

$$\sum_j \varphi_j(x)\varphi_j^*(x') = \delta(x-x')$$

である．

と呼ぶ．これらは次のようにフーリエ展開によると理解しやすい．まず任意のベクトル場を

$$\boldsymbol{X}(\boldsymbol{r}) = \sum_{\boldsymbol{k}} \boldsymbol{X}_{\boldsymbol{k}} e^{i\boldsymbol{k}\cdot\boldsymbol{r}}$$

とフーリエ展開したとき，

$$\mathrm{div}\,\boldsymbol{X} = \sum_{\boldsymbol{k}} i\boldsymbol{k}\cdot\boldsymbol{X}_{\boldsymbol{k}} e^{i\boldsymbol{k}\cdot\boldsymbol{r}},$$

$$\mathrm{rot}\,\boldsymbol{X} = \sum_{\boldsymbol{k}} i\boldsymbol{k}\times\boldsymbol{X}_{\boldsymbol{k}} e^{i\boldsymbol{k}\cdot\boldsymbol{r}}$$

となることより，右手系の規格直交系として次のものをとると

$$\boldsymbol{e}_{\boldsymbol{k}\sigma=0} = \frac{\boldsymbol{k}}{k}, \ \ \boldsymbol{e}_{\boldsymbol{k}\sigma=1}, \ \ \boldsymbol{e}_{\boldsymbol{k}\sigma=2},$$

$$\boldsymbol{X}_L = \sum_{\boldsymbol{k}} (\boldsymbol{X}_{\boldsymbol{k}}\cdot\boldsymbol{e}_{\boldsymbol{k}0})\boldsymbol{e}_{\boldsymbol{k}0} e^{i\boldsymbol{k}\cdot\boldsymbol{r}} = \sum_{\boldsymbol{k}} \frac{(\boldsymbol{X}_{\boldsymbol{k}}\cdot\boldsymbol{k})\boldsymbol{k}}{k^2} e^{i\boldsymbol{k}\cdot\boldsymbol{r}},$$

$$\boldsymbol{X}_T = \sum_{\boldsymbol{k}}\sum_{\sigma=1,2} (\boldsymbol{X}_{\boldsymbol{k}}\cdot\boldsymbol{e}_{\boldsymbol{k}\sigma})\boldsymbol{e}_{\boldsymbol{k}\sigma} e^{i\boldsymbol{k}\cdot\boldsymbol{r}} = \sum_{\boldsymbol{k}} \left(\boldsymbol{X}_{\boldsymbol{k}} - \frac{(\boldsymbol{X}_{\boldsymbol{k}}\cdot\boldsymbol{k})\boldsymbol{k}}{k^2}\right) e^{i\boldsymbol{k}\cdot\boldsymbol{r}}$$

として

■波数ごとの完全系■

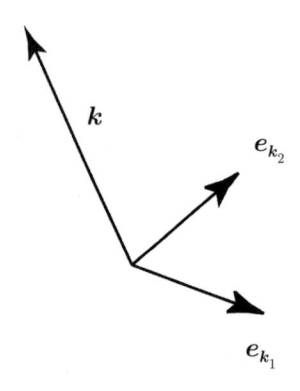

$$\mathrm{rot}\,\boldsymbol{X}_L = \sum_{\boldsymbol{k}} \frac{(\boldsymbol{X}_{\boldsymbol{k}}\cdot\boldsymbol{k})(i\boldsymbol{k}\times\boldsymbol{k})}{k^2} e^{i\boldsymbol{k}\cdot\boldsymbol{r}} = \boldsymbol{0},$$

$$\mathrm{div}\,\boldsymbol{X}_T = \sum_{\boldsymbol{k}} \left(i\boldsymbol{k}\cdot\boldsymbol{X}_{\boldsymbol{k}} - \frac{(\boldsymbol{X}_{\boldsymbol{k}}\cdot\boldsymbol{k})(ik^2)}{k^2}\right) e^{i\boldsymbol{k}\cdot\boldsymbol{r}} = 0.$$

$$\text{div}\,\boldsymbol{X}_T = 0,$$
$$\text{rot}\,\boldsymbol{X}_L = \boldsymbol{0}.$$

ベクトルポテンシャルとスカラーポテンシャルの具体的な構成はコラムに与えておこう．

2.5 直交曲線座標系

2.5.1 基底ベクトル

ベクトルの基底としては固定された基底 $\boldsymbol{e}_1, \boldsymbol{e}_2, \boldsymbol{e}_3$ をとっていたが問題によっては基底としてそれ以外 (例えば極座標) をとるのが自然な場合も多い．この節ではこのような異なる座標系におけるベクトル解析について説明する．いままで

$$\boldsymbol{A} = A_x \boldsymbol{e}_x + A_y \boldsymbol{e}_y + A_z \boldsymbol{e}_z$$
$$= (A_x, A_y, A_z)$$

とベクトルを表してきたが独立な変数をかえて，それを u_1, u_2, u_3 としよう．とくに u_i 以外を固定して u_i を変えた曲線

$$\boldsymbol{r} = \boldsymbol{r}(u_1, u_2, u_3) = x\boldsymbol{e}_x + y\boldsymbol{e}_y + z\boldsymbol{e}_z$$

■ ヘルムホルツの定理 (その1) ■

$\boldsymbol{X}$ が無限遠で十分速く 0 となるときは次のように考えられる．

$$\boldsymbol{X} = -\text{grad}\,\phi + \text{rot}\,\boldsymbol{A}$$

とするとまず $\text{div}\,\boldsymbol{X} = -\Delta\phi$．これからラプラス方程式のグリーン関数 $G(\boldsymbol{r})$ $(-\Delta G = \delta(\boldsymbol{r}), G(\boldsymbol{r}) = \frac{1}{4\pi}\frac{1}{r})$ を使って

$$\phi(\boldsymbol{r}) = \int d^3 r'\, G(\boldsymbol{r}-\boldsymbol{r}')\text{div}\,\boldsymbol{X}(\boldsymbol{r}')$$
$$= \frac{1}{4\pi}\int d^3 r' \frac{\text{div}\,\boldsymbol{X}(\boldsymbol{r}')}{\sqrt{(x-x')^2 + (y-y')^2 + (z-z')^2}}.$$

次に $\text{rot}\,\boldsymbol{X} = \text{rot}\,\text{rot}\,\boldsymbol{A} = \text{grad}\,\text{div}\,\boldsymbol{A} - \Delta\boldsymbol{A}$. これより

$$\text{grad}\,\text{div}\,\boldsymbol{A} = 0$$

と仮定すれば同じくラプラス方程式のグリーン関数より

$$\boldsymbol{A}(\boldsymbol{r}) = \int d^3 r'\, G(\boldsymbol{r}-\boldsymbol{r}')\text{rot}\,\boldsymbol{X}(\boldsymbol{r}')$$
$$= \frac{1}{4\pi}\int d^3 r' \frac{\text{rot}\,\boldsymbol{X}(\boldsymbol{r}')}{\sqrt{(x-x')^2 + (y-y')^2 + (z-z')^2}}.$$

と，その接線ベクトル $\frac{\partial \boldsymbol{r}}{\partial u_i}$ を考えて（u_i のみ変化させる）

基底ベクトル

$$\boldsymbol{E}_1 = \frac{1}{h_1}\frac{\partial \boldsymbol{r}}{\partial u_1}, \quad \boldsymbol{E}_2 = \frac{1}{h_2}\frac{\partial \boldsymbol{r}}{\partial u_2}, \quad \boldsymbol{E}_3 = \frac{1}{h_3}\frac{\partial \boldsymbol{r}}{\partial u_3},$$

$$\boldsymbol{E}_i = \frac{1}{h_i}\left(\frac{\partial x}{\partial u_i}\boldsymbol{e}_x + \frac{\partial y}{\partial u_i}\boldsymbol{e}_y + \frac{\partial z}{\partial u_i}\boldsymbol{e}_z\right).$$

$$h_1 = \left|\frac{\partial \boldsymbol{r}}{\partial u_1}\right|, \quad h_2 = \left|\frac{\partial \boldsymbol{r}}{\partial u_2}\right|, \quad h_3 = \left|\frac{\partial \boldsymbol{r}}{\partial u_3}\right|.$$

をベクトルの基底ととることとする．ただし h_i は規格化定数である．更に $\boldsymbol{E}_1, \boldsymbol{E}_2, \boldsymbol{E}_3$ は互いに直交する右手系の単位ベクトルであると仮定する．

$$\frac{\partial \boldsymbol{r}}{\partial u_i} \cdot \frac{\partial \boldsymbol{r}}{\partial u_j} = g_{ij} = h_i \delta_{ij} h_j \; (i,j \text{ についての和はとらない}).$$

この場合の u_1, u_2, u_3 を直交曲線座標系という．

$$\boldsymbol{E}_i \cdot \boldsymbol{E}_j = \delta_{ij},$$

$$\boldsymbol{E}_i \times \boldsymbol{E}_j = \epsilon_{ijk} \boldsymbol{E}_k.$$

とくに $d\boldsymbol{r}$ の大きさである線素および体積要素 dV は次のように与えられる．

■ヘルムホルツの定理（その2）■

この $\boldsymbol{A}$ に対して

$$\left(\operatorname{grad}\operatorname{div}\boldsymbol{A}(\boldsymbol{r})\right)_i = \frac{\partial}{\partial r_i}\int d^3r'\,(\operatorname{rot}_{r'}\boldsymbol{X}(\boldsymbol{r}')\cdot \nabla_r)G(\boldsymbol{r}-\boldsymbol{r}')$$

$$= \int d^3r'\,(\operatorname{rot}_{r'}\boldsymbol{X}(\boldsymbol{r}')\cdot \nabla_r)\frac{\partial}{\partial r_i}G(\boldsymbol{r}-\boldsymbol{r}')$$

$$= \int d^3r'\,(\operatorname{rot}_{r'}\boldsymbol{X}(\boldsymbol{r}')\cdot \nabla_{r'})\frac{\partial}{\partial r'_i}G(\boldsymbol{r}-\boldsymbol{r}')$$

$$= \int d^3r'\left[\operatorname{div}_{r'}\left(\operatorname{rot}_{r'}\boldsymbol{X}(\boldsymbol{r}')\frac{\partial}{\partial r'_i}G(\boldsymbol{r}-\boldsymbol{r}')\right) - (\operatorname{div}_{r'}\operatorname{rot}_{r'}\boldsymbol{X}(\boldsymbol{r}'))\left(\frac{\partial}{\partial r'_i}G(\boldsymbol{r}-\boldsymbol{r}')\right)\right]$$

$$= \int d^3r'\,\operatorname{div}_{r'}\left(\operatorname{rot}_{r'}\boldsymbol{X}(\boldsymbol{r}')\frac{\partial}{\partial r'_i}G(\boldsymbol{r}-\boldsymbol{r}')\right)$$

$$= \int d\boldsymbol{S}'\cdot \operatorname{rot}_{r'}\boldsymbol{X}(\boldsymbol{r}')\frac{\partial}{\partial r'_i}G(\boldsymbol{r}-\boldsymbol{r}') = 0.$$

最後で境界からの寄与はないことを使った．よって仮定も成立する．更にラプラス方程式の解の一意性よりこの表示は一意で

$$\boldsymbol{X}_L = -\operatorname{grad}\phi, \quad \boldsymbol{X}_T = \operatorname{rot}\boldsymbol{A}$$

となる．

まず線素に関しては

$$ds^2 = d\bm{r} \cdot d\bm{r} = \frac{\partial \bm{r}}{\partial u_j} du_j \cdot \frac{\partial \bm{r}}{\partial u_k} du_k$$
$$= h_j h_k \bm{E}_j \cdot \bm{E}_k du_j du_k = h_i^2 du_i^2.$$

体積要素は

$$dV = \left|\frac{\partial \bm{r}}{\partial u_1}\right| du_1 \left|\frac{\partial \bm{r}}{\partial u_2}\right| du_2 \left|\frac{\partial \bm{r}}{\partial u_3}\right| du_3 = h_1 h_2 h_3 du_1 du_2 du_3.$$

―― 線素と体積要素 ――

$$ds^2 = dx^2 + dy^2 + dz^2 = dx_i dx_i = h_i^2 du_i^2$$
$$dV = dxdydz = h_1 h_2 h_3 \, du_1 du_2 du_3$$

次にベクトルの成分について

$$\bm{A} = A_x \bm{e}_x + A_y \bm{e}_y + A_z \bm{e}_z$$
$$= \tilde{A}_1 \bm{E}_1 + \tilde{A}_2 \bm{E}_2 + \tilde{A}_3 \bm{E}_3$$

より

$$A_x = \sum_i \tilde{A}_i \frac{1}{h_i} \frac{\partial x}{\partial u_i}, \ A_y = \sum_i \tilde{A}_i \frac{1}{h_i} \frac{\partial y}{\partial u_i}, \ A_z = \sum_i \tilde{A}_i \frac{1}{h_i} \frac{\partial z}{\partial u_i},$$

■ ベクトルポテンシャルの構成 (その1) ■

前コラムでの議論とは別に具体的にベクトルポテンシャルを構成してみよう．

まず，条件 $\mathrm{div}\,\bm{X}_T = \partial_x X_{T,x} + \partial_y X_{T,y} + \partial_z X_{T,z} = 0$ の下で

$$\mathrm{rot}\,\bm{A} = \bm{X}_T, \quad \text{つまり}$$

$$\partial_y A_z - \partial_z A_y = X_{T,x}, \ \partial_z A_x - \partial_x A_z = X_{T,y}, \ \partial_x A_y - \partial_y A_x = X_{T,z}$$

を満たす $\bm{A}$ を求めよう．ゲージ変換の自由度があるので完全には決まらないから $A_x = 0$ として解を探そう．このとき

$$X_{T,x} = \partial_y A_z - \partial_z A_y, \quad X_{T,y} = -\partial_x A_z, \quad X_{T,z} = \partial_x A_y,$$

あとの2式より

$$A_z(x,y,z) = -\int_0^x dx' \, X_{T,y}(x',y,z) + f(y,z),$$
$$A_y(x,y,z) = \int_0^x dx' \, X_{T,z}(x',y,z) + g(y,z)$$

と書ける．f, g は x には依存しないある関数である．

これを最初の関係式に代入すれば（その2へ続く）

$$\begin{bmatrix} A_x \\ A_y \\ A_z \end{bmatrix} = \begin{bmatrix} \frac{1}{h_1}\frac{\partial x}{\partial u_1} & \frac{1}{h_2}\frac{\partial x}{\partial u_2} & \frac{1}{h_3}\frac{\partial x}{\partial u_3} \\ \frac{1}{h_1}\frac{\partial y}{\partial u_1} & \frac{1}{h_2}\frac{\partial y}{\partial u_2} & \frac{1}{h_3}\frac{\partial y}{\partial u_3} \\ \frac{1}{h_1}\frac{\partial z}{\partial u_1} & \frac{1}{h_2}\frac{\partial z}{\partial u_2} & \frac{1}{h_3}\frac{\partial z}{\partial u_3} \end{bmatrix} \begin{bmatrix} \tilde{A}_1 \\ \tilde{A}_2 \\ \tilde{A}_3 \end{bmatrix}.$$

この行列は直交行列だから逆が容易にもとまり

$$\begin{bmatrix} \tilde{A}_1 \\ \tilde{A}_2 \\ \tilde{A}_3 \end{bmatrix} = \begin{bmatrix} \frac{1}{h_1}\frac{\partial x}{\partial u_1} & \frac{1}{h_1}\frac{\partial y}{\partial u_1} & \frac{1}{h_1}\frac{\partial z}{\partial u_1} \\ \frac{1}{h_2}\frac{\partial x}{\partial u_2} & \frac{1}{h_2}\frac{\partial y}{\partial u_2} & \frac{1}{h_2}\frac{\partial z}{\partial u_2} \\ \frac{1}{h_3}\frac{\partial x}{\partial u_3} & \frac{1}{h_3}\frac{\partial y}{\partial u_3} & \frac{1}{h_3}\frac{\partial z}{\partial u_3} \end{bmatrix} \begin{bmatrix} A_x \\ A_y \\ A_z \end{bmatrix}.$$

まとめて

ベクトルの座標変換

$$\boldsymbol{A} = A_x \boldsymbol{e}_x + A_y \boldsymbol{e}_y + A_z \boldsymbol{e}_z$$
$$= \tilde{A}_1 \boldsymbol{E}_1 + \tilde{A}_2 \boldsymbol{E}_2 + \tilde{A}_3 \boldsymbol{E}_3$$

$$\begin{bmatrix} \tilde{A}_1 \\ \tilde{A}_2 \\ \tilde{A}_3 \end{bmatrix} = \begin{bmatrix} \frac{1}{h_1}\frac{\partial x}{\partial u_1} & \frac{1}{h_1}\frac{\partial y}{\partial u_1} & \frac{1}{h_1}\frac{\partial z}{\partial u_1} \\ \frac{1}{h_2}\frac{\partial x}{\partial u_2} & \frac{1}{h_2}\frac{\partial y}{\partial u_2} & \frac{1}{h_2}\frac{\partial z}{\partial u_2} \\ \frac{1}{h_3}\frac{\partial x}{\partial u_3} & \frac{1}{h_3}\frac{\partial y}{\partial u_3} & \frac{1}{h_3}\frac{\partial z}{\partial u_3} \end{bmatrix} \begin{bmatrix} A_x \\ A_y \\ A_z \end{bmatrix}$$

次に2つの重要な例を例題としてあげる.

■ベクトルポテンシャルの構成(その2)■

$$X_{T,x}(x,y,z) = -\int_0^x dx'\, \partial_y X_{T,y}(x',y,z) + \partial_y f(y,z) - \int_0^x dx'\, \partial_z X_{T,z}(x',y,z) - \partial_z g(y,z)$$
$$= \int_0^x dx'\, \partial_x X_{T,x}(x',y,z) + \partial_y f(y,z) - \partial_z g(y,z), \quad (\partial_x X_{T,x} + \partial_y X_{T,y} + \partial_z X_{T,z} = 0)$$
$$= X_{T,x}(x,y,z) - X_{T,x}(0,y,z) + \partial_y f(y,z) - \partial_z g(y,z).$$
$$0 = -X_{T,x}(0,y,z) + \partial_y f(y,z) - \partial_z g(y,z)$$

が成り立たなければならない. 例えばこの解として

$$f = 0, \quad g(y,z) = -\int_0^z dz'\, X_{T,x}(0,y,z')$$

とすればすべての条件が満たされる. つまり

$$A_x = 0,$$
$$A_y = \int_0^x dx'\, X_{T,z}(x',y,z) - \int_0^z dz'\, X_{T,x}(0,y,z'),$$
$$A_z = -\int_0^x dx'\, X_{T,y}(x',y,z)$$

がひとつのベクトルポテンシャルを与える.

極座標（3次元）

独立な変数 (u_1, u_2, u_3) として図の (r, φ, θ) をとり、

$$\boldsymbol{r} = (x, y, z) = (r\cos\varphi\sin\theta, r\sin\varphi\sin\theta, r\cos\theta)$$
$$\boldsymbol{E}_r = (\sin\theta\cos\varphi, \sin\theta\sin\varphi, \cos\theta)$$
$$\boldsymbol{E}_\theta = (\cos\theta\cos\varphi, \cos\theta\sin\varphi, -\sin\theta)$$
$$\boldsymbol{E}_\varphi = (-\sin\varphi, \cos\varphi, 0)$$
$$: \boldsymbol{E}_r, \boldsymbol{E}_\theta, \boldsymbol{E}_\varphi \text{ の順で右手系}$$
$$h_r = 1, \ h_\theta = r, \ h_\varphi = r\sin\theta$$
$$ds^2 = dr^2 + r^2 d\theta^2 + r^2\sin^2\theta \, d\varphi^2$$
$$dV = r^2\sin\theta \, drd\theta d\varphi$$
$$\boldsymbol{A} = A_r \boldsymbol{E}_r + A_\theta \boldsymbol{E}_\theta + A_\varphi \boldsymbol{E}_\varphi$$
$$A_r = A_x \sin\theta\cos\varphi + A_y \sin\theta\sin\varphi + A_z \cos\theta$$
$$A_\theta = A_x \cos\theta\cos\varphi + A_y \cos\theta\sin\varphi - A_z \sin\theta$$
$$A_\varphi = -A_x \sin\varphi + A_y \cos\varphi$$

例題 2.11 極座標における線素, 体積要素, 座標変換が上式のようになることを確認せよ.

■スカラーポテンシャルの構成■

次にスカラーポテンシャル ϕ を $\text{rot}\, \boldsymbol{X}_L = \boldsymbol{0}$ つまり $\partial_y X_{L,z} - \partial_z X_{L,y} = 0$, $\partial_z X_{L,x} - \partial_x X_{L,z} = 0$, $\partial_x X_{L,y} - \partial_y X_{L,x} = 0$ のもとで $\boldsymbol{X}_L = -\nabla\phi$ を満たすように具体的に構成しよう. まず、C を原点から x 方向に $(x,0,0)$ を通り次に y 方向へ $(x,y,0)$ まで伸びそのあと z 方向へ (x,y,z) までつながる折線からなる曲線とすると一般論より $\phi(x,y,z) = -\int_C d\boldsymbol{r}' \cdot \boldsymbol{X}_L(\boldsymbol{r}')$ となるはずである.

実際 $\phi(x,y,z) = -\int_0^x dx' X_{L,x}(x',0,0) - \int_0^y dy' X_{L,y}(x,y',0) - \int_0^z dz' X_{L,z}(x,y,z')$ に対して

$$\partial_x\phi = -X_{L,x}(x,0,0) - \int_0^y dy' \, \partial_x X_{L,y}(x,y',0) - \int_0^z dz' \, \partial_x X_{L,z}(x,y,z')$$
$$= -X_{L,x}(x,0,0) - \int_0^y dy' \, \partial_y X_{L,x}(x,y',0) - \int_0^z dz' \, \partial_z X_{L,x}(x,y,z')$$
$$= -X_{L,x}(x,0,0) - \{X_{L,x}(x,y,0) - X_{L,x}(x,0,0)\} - \{X_{L,x}(x,y,z) - X_{L,x}(x,y,0)\}$$
$$= -X_{L,x}(x,y,z),$$
$$\partial_y\phi = -X_{L,y}(x,y,0) - \int_0^z dz' \, \partial_y X_{L,z}(x,y,z') = -X_{L,y}(x,y,0) - \int_0^z dz' \, \partial_z X_{L,y}(x,y,z')$$
$$= -X_{L,y}(x,y,0) - \{X_{L,y}(x,y,z) - X_{L,y}(x,y,0))\} = -X_{L,y}(x,y,z),$$
$$\partial_z\phi = -X_{L,z}(x,y,z)$$

と確かに成り立っている.

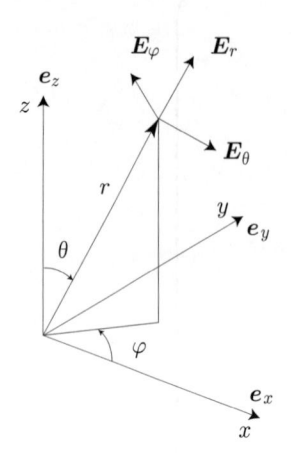

極座標での基底ベクトル

解答 $\boldsymbol{r} = (x, y, z) = (r\cos\varphi\sin\theta, r\sin\varphi\sin\theta, r\cos\theta)$ から

$$\frac{\partial \boldsymbol{r}}{\partial r} = (\sin\theta\cos\varphi, \sin\theta\sin\varphi, \cos\theta),$$

$$\frac{\partial \boldsymbol{r}}{\partial \theta} = (r\cos\theta\cos\varphi, r\cos\theta\sin\varphi, -r\sin\theta),$$

$$\frac{\partial \boldsymbol{r}}{\partial \varphi} = (-r\sin\theta\sin\varphi, r\sin\theta\cos\varphi, 0).$$

規格化して

■点電荷とデルタ関数■

スカラーポテンシャル $\phi(\boldsymbol{r}) = \frac{1}{4\pi}\frac{1}{r}$ に対して電場 $\boldsymbol{E} = -\nabla\phi = \frac{1}{4\pi}\frac{\boldsymbol{r}}{r^3}$ であり，$r \neq 0$ である限り $-\Delta\phi = -\nabla\cdot\nabla\phi = 0$ である．

別法として極座標では $\Delta\frac{1}{r} = \frac{1}{r^2}\frac{\partial}{\partial r}\left(r^2\frac{\partial}{\partial r}\frac{1}{r}\right) = +\frac{1}{r^2}\frac{\partial}{\partial r}1 = 0.$

一方ガウスの定理から原点周りの半径 R の球 V とその表面の球面 $S = \partial V$ について

$$\int_V dV \operatorname{div}\boldsymbol{E} = \int_S d\boldsymbol{S}\cdot\boldsymbol{E} = 4\pi R^2 \cdot \frac{1}{4\pi}\frac{1}{R^2} = 1$$

これより3次元のラプラシアンの主要解（境界条件を定めないグリーン関数） G_3 は $\phi(\boldsymbol{r})$ で与えられまとめると次のようになる．(無限遠で 0 となる境界条件を満たす．)

3次元のラプラシアンの主要解

$$-\Delta_3 G_3 = -\left(\frac{\partial^2}{\partial x^2} + \frac{\partial^2}{\partial y^2} + \frac{\partial^2}{\partial z^2}\right)G_3 = \delta^{(3)}(\boldsymbol{r})$$

$$G_3 = \frac{1}{4\pi r} = \frac{1}{4\pi\sqrt{x^2+y^2+z^2}}$$

なお物理的には ϕ は点電荷によるスカラーポテンシャル，$\boldsymbol{E}$ はその電場ベクトルを意味する．

$$\boldsymbol{E}_r = (\sin\theta\cos\varphi, \sin\theta\sin\varphi, \cos\theta),$$
$$\boldsymbol{E}_\theta = (\cos\theta\cos\varphi, \cos\theta\sin\varphi, -\sin\theta),$$
$$\boldsymbol{E}_\varphi = (-\sin\varphi, \cos\varphi, 0),$$
$$h_r = \left|\frac{\partial\boldsymbol{r}}{\partial r}\right| = 1, h_\theta = \left|\frac{\partial\boldsymbol{r}}{\partial\theta}\right| = r, h_\varphi = \left|\frac{\partial\boldsymbol{r}}{\partial\varphi}\right| = r\sin\theta. \quad\square$$

---- 円柱座標 ----

独立な変数 (u_1, u_2, u_3) として (r, θ, z) をとり (θ は xy 面内の偏角)

$$\boldsymbol{r} = (x, y, z) = (r\cos\theta, r\sin\theta, z)$$
$$\boldsymbol{E}_r = (\cos\theta, \sin\theta, 0), \quad \boldsymbol{E}_\theta = (-\sin\theta, \cos\theta, 0), \quad \boldsymbol{E}_z = (0, 0, 1)$$
$$h_r = \left|\frac{\partial\boldsymbol{r}}{\partial r}\right| = 1, h_\theta = \left|\frac{\partial\boldsymbol{r}}{\partial\theta}\right| = r, h_z = \left|\frac{\partial\boldsymbol{r}}{\partial z}\right| = 1$$
$$ds^2 = dr^2 + r^2 d\theta^2 + dz^2$$
$$dV = r\, dr\, d\theta\, dz$$
$$\boldsymbol{A} = A_r \boldsymbol{E}_r + A_\theta \boldsymbol{E}_\theta + A_z \boldsymbol{E}_z$$
$$A_r = A_x\cos\theta + A_y\sin\theta, \quad A_\theta = -A_x\sin\theta + A_y\cos\theta$$
$$A_z = A_z$$

■2次元対数ポテンシャルとデルタ関数■

今度は円柱座標で $\phi = -\frac{1}{2\pi}\log r$ とすると

$$\boldsymbol{E} = -\nabla\phi = \left(\frac{1}{2\pi}\frac{\partial}{\partial r}\log r\right)\hat{\boldsymbol{E}}_r = \frac{1}{2\pi r}\hat{\boldsymbol{E}}_r$$
$$-\Delta\phi = -\mathrm{div}\,\nabla\phi = \frac{1}{r}\frac{\partial}{\partial r}\left(r\cdot\frac{1}{2\pi r}\right) = 0$$

であり、$r \neq 0$ である限り $-\Delta\phi = 0$ である. 一方高さ 1 半径 R の円柱 V に対してガウスの定理を用いると円柱の側面を S として

$$\int_V dV\,\mathrm{div}\,\boldsymbol{E} = \int_S d\boldsymbol{S}\cdot\boldsymbol{E} = 1\cdot 2\pi R\cdot\frac{1}{2\pi R} = 1.$$

よって 2 次元のラプラシアンの主要解（境界条件を定めないグリーン関数）G_2 は次のようになる.

---- 2次元のラプラシアンの主要解 ----

$$-\Delta_2 G_2 = -\left(\frac{\partial^2}{\partial x^2} + \frac{\partial^2}{\partial y^2}\right)G_2 = \delta^{(2)}(\boldsymbol{r})$$
$$G_2 = -\frac{1}{2\pi}\log r$$

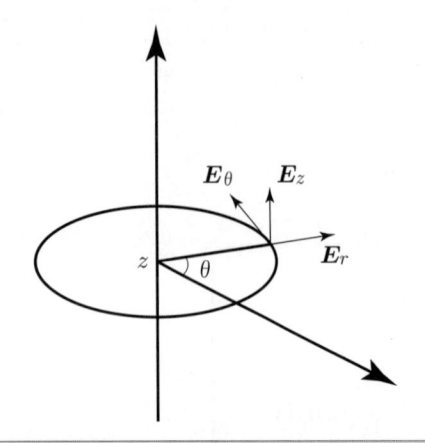

円柱座標での基底ベクトル

> **例題 2.12** 円柱座標における線素, 体積要素, 座標変換が上式のようになることを確認せよ.

解答 $r = (x, y, z) = (r\cos\theta, r\sin\theta, z)$ から

$$\frac{\partial r}{\partial r} = (\cos\theta, \sin\theta, 0), \quad \frac{\partial r}{\partial \theta} = (-r\sin\theta, r\cos\theta, 0), \quad \frac{\partial r}{\partial z} = (0, 0, 1).$$

規格化して

$$E_r = (\cos\theta, \sin\theta, 0), \quad E_\theta = (-\sin\theta, \cos\theta, 0),$$
$$E_z = (0, 0, 1),$$

■ 1 次元ラプラシアンの主要解 ■

前コラムに対応して 1 次元ラプラシアン $-\Delta = -\frac{d^2}{dx^2}$ の主要解を求めよう. $G_1(x) = -\frac{|x|}{2}$ とすれば明らかに $x \neq 0$ で $\frac{d^2}{dx^2}|x| = 0$ であり

$$\frac{d}{dx}\frac{|x|}{2} = \begin{cases} \frac{1}{2} & x > 0 \\ -\frac{1}{2} & x < 0 \end{cases}$$

より $x = 0$ を含む任意の区間 $[a, b], a < 0, b > 0$ に対して

$$\int_a^b dx\,(-1)\frac{d^2}{dx^2}G_1(x) = \left(\frac{d}{dx}\frac{|x|}{2}\right)\bigg|_a^b = \frac{1}{2} - (-)\frac{1}{2} = 1 = \int_a^b dx\,\delta(x).$$

よってこれは 1 次元のラプラシアンの主要解（境界条件を定めないグリーン関数）G_1 が

---- 1 次元のラプラシアンの主要解 ----

$$-\Delta_1 G_1 = -\frac{d^2}{dx^2}G_1 = \delta(x)$$
$$G_1 = -\frac{|x|}{2}$$

となることを意味する.

$$h_r = \left|\frac{\partial \boldsymbol{r}}{\partial r}\right| = 1, h_\theta = \left|\frac{\partial \boldsymbol{r}}{\partial \theta}\right| = r, h_z = \left|\frac{\partial \boldsymbol{r}}{\partial z}\right| = 1. \quad \Box$$

次にベクトル場の演算を新しい座標で書き換えてみよう．

2.5.2　勾配

直交曲線座標系での勾配

$$\begin{aligned}
\operatorname{grad} f = \nabla f &= \sum_i \boldsymbol{E}_i \frac{1}{h_i} \frac{\partial f}{\partial u_i} \\
&= \boldsymbol{E}_1 \frac{1}{h_1} \frac{\partial f}{\partial u_1} + \boldsymbol{E}_2 \frac{1}{h_2} \frac{\partial f}{\partial u_2} + \boldsymbol{E}_3 \frac{1}{h_3} \frac{\partial f}{\partial u_3}
\end{aligned}$$

これは次のように考えればよい．スカラー場の $f(\boldsymbol{r})$ の勾配を新しい座標で展開しよう．

$$\nabla f = \boldsymbol{e}_i \frac{\partial f}{\partial x_i} = \boldsymbol{E}_j (\tilde{\nabla} f)_j.$$

$\boldsymbol{E}_j$ との内積をとって

$$(\tilde{\nabla} f)_j = \boldsymbol{E}_j \cdot \boldsymbol{e}_i \frac{\partial f}{\partial x_i}.$$

ここで

$$\boldsymbol{E}_j = \frac{1}{h_j} \frac{\partial \boldsymbol{r}}{\partial u_j} \quad (\text{和はとらない}) = \frac{1}{h_j} \sum_k \boldsymbol{e}_k \frac{\partial x_k}{\partial u_j}.$$

■ゲージ変換■

電磁気学において電場 $\boldsymbol{E}(\boldsymbol{r})$ ならびに磁場 $\boldsymbol{B}(\boldsymbol{r})$ はスカラーポテンシャル $\phi(\boldsymbol{r})$，ベクトルポテンシャル $\boldsymbol{A}(\boldsymbol{r})$ から次のように与えられる．

$$\begin{aligned}
\boldsymbol{E} &= -\nabla \phi - \frac{\partial \boldsymbol{A}}{\partial t}, \\
\boldsymbol{B} &= \operatorname{rot} \boldsymbol{A}.
\end{aligned}$$

ここで $\chi(\boldsymbol{r}, t)$ を任意の時空間の関数として次のゲージ変換

$$\begin{aligned}
\boldsymbol{A} &\to \boldsymbol{A}' = \boldsymbol{A} + \nabla \chi, \\
\phi &\to \phi' = \phi - \frac{\partial \chi}{\partial t}
\end{aligned}$$

をおこなっても $\operatorname{rot} \operatorname{grad} = \operatorname{rot} \nabla = 0$ であるから対応する物理量 $\boldsymbol{E}, \boldsymbol{B}$ は次のように不変である．

$$\begin{aligned}
\boldsymbol{E}' &\equiv -\nabla \phi' - \frac{\partial \boldsymbol{A}'}{\partial t} \\
&= -\nabla \phi + \nabla \frac{\partial \chi}{\partial t} - \frac{\partial}{\partial t}\left(\boldsymbol{A} + \nabla \chi\right) = \boldsymbol{E}, \\
\boldsymbol{B}' &\equiv \operatorname{rot} \boldsymbol{A}' = \operatorname{rot}(\boldsymbol{A} + \nabla \chi) = \boldsymbol{B}.
\end{aligned}$$

よって
$$(\tilde{\nabla} f)_j = \sum_{k,i} \frac{1}{h_j} \frac{\partial x_k}{\partial u_j}(\boldsymbol{e}_k \cdot \boldsymbol{e}_i) \frac{\partial f}{\partial x_i} = \sum_i \frac{1}{h_j} \frac{\partial x_i}{\partial u_j} \frac{\partial f}{\partial x_i}$$
$$= \frac{1}{h_j} \frac{\partial f}{\partial u_j} \quad (j \text{ についての和はとらない}).$$

特に $f = u_i$ ととると
$$\nabla u_i = \frac{1}{h_i} \boldsymbol{E}_i.$$

2.5.3 発散

───── 直交曲線座標系での発散 ─────

$$\boldsymbol{A} = A_i \boldsymbol{E}_i = A_1 \boldsymbol{E}_1 + A_2 \boldsymbol{E}_2 + A_3 \boldsymbol{E}_3$$

に対して

$$\operatorname{div} \boldsymbol{A} = \nabla \cdot \boldsymbol{A} = \frac{1}{h_1 h_2 h_3} \left\{ \frac{\partial (A_1 h_2 h_3)}{\partial u_1} + \frac{\partial (A_2 h_3 h_1)}{\partial u_2} + \frac{\partial (A_3 h_1 h_2)}{\partial u_3} \right\}$$

まずベクトル場を次のように書き直しておこう．

■単磁極■

極座標表示のベクトルポテンシャル $\boldsymbol{A} = \dfrac{\sin\theta}{r(1+\cos\theta)} \boldsymbol{E}_\varphi$ に関して

$$\boldsymbol{B} = \operatorname{rot} \boldsymbol{A} = \frac{1}{r\sin\theta} \frac{\partial}{\partial \theta}\left(\frac{\sin^2\theta}{r(1+\cos\theta)}\right) \boldsymbol{E}_r = \frac{1}{r^2 \sin\theta} \frac{\partial}{\partial \theta}(1-\cos\theta)\, \boldsymbol{E}_r$$
$$= \frac{1}{r^2 \sin\theta} \sin\theta\, \boldsymbol{E}_r = \frac{1}{r^2}\, \boldsymbol{E}_r = \frac{\boldsymbol{r}}{r^3}.$$

すなわちこのベクトルポテンシャルによる磁束ベクトルは点電荷の場合の電場ベクトルに等しい．また点電荷の場合と同じく $\operatorname{div} \boldsymbol{B} = \operatorname{div} \dfrac{\boldsymbol{r}}{r^3} = 0 \ (r \neq 0)$ となりガウスの定理を用いた考察より原点を含めて

$$\operatorname{div} \boldsymbol{B} = 4\pi \delta(\boldsymbol{r})$$

となる．これを単磁極と呼ぶ．なお

$$\boldsymbol{A}' = -\frac{\sin\theta}{r(1-\cos\theta)} \boldsymbol{E}_\varphi$$

に関しても磁場ベクトルは等しく $\boldsymbol{B}' = \operatorname{rot} \boldsymbol{A}' = \boldsymbol{B}$．これは $\boldsymbol{A}$ と $\boldsymbol{A}'$ が次のように $\chi = 2\varphi$ のゲージ変換で次のように結びついていることから理解できる．

$$\boldsymbol{A} - \boldsymbol{A}' = 2\frac{1}{r\sin\theta} \boldsymbol{E}_\varphi = \frac{2}{r\sin\theta} \frac{\partial}{\partial \varphi}(\varphi)\, \boldsymbol{E}_\varphi = \nabla \chi.$$

$$\begin{aligned}
\boldsymbol{A} &= A_1\boldsymbol{E}_1 + A_2\boldsymbol{E}_2 + A_3\boldsymbol{E}_3 \\
&= A_1\boldsymbol{E}_2 \times \boldsymbol{E}_3 + A_2\boldsymbol{E}_3 \times \boldsymbol{E}_1 + A_3\boldsymbol{E}_1 \times \boldsymbol{E}_2 \\
&= A_1 h_2 h_3 \nabla u_2 \times \nabla u_3 + A_2 h_3 h_1 \nabla u_3 \times \nabla u_1 + A_3 h_1 h_2 \nabla u_1 \times \nabla u_2.
\end{aligned}$$

これに対して

$$\begin{aligned}
\nabla \cdot \boldsymbol{A} &= \nabla(A_1 h_2 h_3) \cdot (\nabla u_2 \times \nabla u_3) + \nabla(A_2 h_3 h_1) \cdot (\nabla u_3 \times \nabla u_1) \\
&\quad + \nabla(A_3 h_1 h_2) \cdot (\nabla u_1 \times \nabla u_2) \\
&\quad + (A_1 h_2 h_3)\nabla \cdot (\nabla u_2 \times \nabla u_3) + (A_2 h_3 h_1)\nabla \cdot (\nabla u_3 \times \nabla u_1) \\
&\quad + (A_3 h_1 h_2)\nabla \cdot (\nabla u_1 \times \nabla u_2) \\
&= \frac{1}{h_2 h_3}\boldsymbol{E}_1 \cdot \nabla(A_1 h_2 h_3) + \frac{1}{h_3 h_1}\boldsymbol{E}_2 \cdot \nabla(A_2 h_3 h_1) \\
&\quad + \frac{1}{h_1 h_2}\boldsymbol{E}_3 \cdot \nabla(A_3 h_1 h_2) \\
&\qquad (\nabla \cdot (\nabla u_i \times \nabla u_j) = 0, \quad i \neq j) \\
&= \frac{1}{h_2 h_3}\boldsymbol{E}_1 \cdot \frac{1}{h_i}\boldsymbol{E}_i \frac{\partial(A_1 h_2 h_3)}{\partial u_i} + \frac{1}{h_3 h_1}\boldsymbol{E}_2 \cdot \frac{1}{h_i}\boldsymbol{E}_i \frac{\partial(A_2 h_3 h_1)}{\partial u_i} \\
&\quad + \frac{1}{h_1 h_2}\boldsymbol{E}_3 \cdot \frac{1}{h_i}\boldsymbol{E}_i \frac{\partial(A_3 h_1 h_2)}{\partial u_i} \\
&= \frac{1}{h_1 h_2 h_3}\left\{\frac{\partial(A_1 h_2 h_3)}{\partial u_1} + \frac{\partial(A_2 h_3 h_1)}{\partial u_2} + \frac{\partial(A_3 h_1 h_2)}{\partial u_3}\right\}.
\end{aligned}$$

勾配と発散の表式から

■単磁極についての計算■

今度は3次元直交座標で次の量の回転を求めよう。

$$\boldsymbol{A} = \frac{1}{r}\frac{1}{z+r}(-y, x, 0).$$

$$\begin{aligned}
(\operatorname{rot}\boldsymbol{A})_x &= -\partial_z \frac{x}{r(z+r)} = \frac{x}{r^2(z+r)^2}\left(r + z\frac{z}{r} + 2z\right) = \frac{x}{r^2(z+r)^2}\frac{r^2+z^2+2zr}{r} = \frac{x}{r^3}, \\
(\operatorname{rot}\boldsymbol{A})_y &= -\partial_z \frac{y}{r(z+r)} = \frac{y}{r^3}, \\
(\operatorname{rot}\boldsymbol{A})_z &= \partial_x \frac{x}{r(z+r)} + \partial_y \frac{y}{r(z+r)} \\
&= \frac{1}{r^2(z+r)^2}\left(r(z+r) - x\left(z\frac{x}{r} + 2x\right) + r(z+r) - y\left(z\frac{y}{r} + 2y\right)\right) \\
&= \frac{1}{r^2(z+r)^2}\frac{1}{r}\left(r^2(z+r) - x^2 z - 2x^2 r + r^2(z+r) - y^2 z - 2y^2 r\right) \\
&= \frac{1}{r^3(z+r)^2}(2r^2(z+r) - (r^2-z^2)z - 2r(r^2-z^2)) \\
&= \frac{1}{r^3(z+r)}(2r^2 - (r-z)z - 2r(r-z)) = \frac{1}{r^3(z+r)}(z^2+zr) = \frac{z}{r^3}.
\end{aligned}$$

あわせて $\operatorname{rot}\boldsymbol{A} = \dfrac{\boldsymbol{r}}{r^3}$.

---------- ラプラシアン ----------

$$\Delta \phi = \frac{1}{h_1 h_2 h_3} \left\{ \frac{\partial}{\partial u_1} \left(\frac{h_2 h_3}{h_1} \frac{\partial \phi}{\partial u_1} \right) + \frac{\partial}{\partial u_2} \left(\frac{h_3 h_1}{h_2} \frac{\partial \phi}{\partial u_2} \right) \right.$$
$$\left. + \frac{\partial}{\partial u_3} \left(\frac{h_1 h_2}{h_3} \frac{\partial \phi}{\partial u_3} \right) \right\}$$

2.5.4 回転

---------- 直交曲線座標系での回転 ----------

$$\boldsymbol{A} = A_i \boldsymbol{E}_i = A_1 \boldsymbol{E}_1 + A_2 \boldsymbol{E}_2 + A_3 \boldsymbol{E}_3$$

に対して

$$\mathrm{rot}\,\boldsymbol{A} = \nabla \times \boldsymbol{A}$$
$$= \det \begin{bmatrix} \frac{1}{h_2 h_3} \boldsymbol{E}_1 & \frac{1}{h_3 h_1} \boldsymbol{E}_2 & \frac{1}{h_1 h_2} \boldsymbol{E}_3 \\ \frac{\partial}{\partial u_1} & \frac{\partial}{\partial u_2} & \frac{\partial}{\partial u_3} \\ h_1 A_1 & h_2 A_2 & h_3 A_3 \end{bmatrix}$$
$$= \boldsymbol{E}_i \epsilon_{ijk} \frac{1}{h_j h_k} \frac{\partial (h_k A_k)}{\partial u_j}$$

■単磁極の図■

点電荷による電場と同様の磁場が原点中心としてわき出ている.

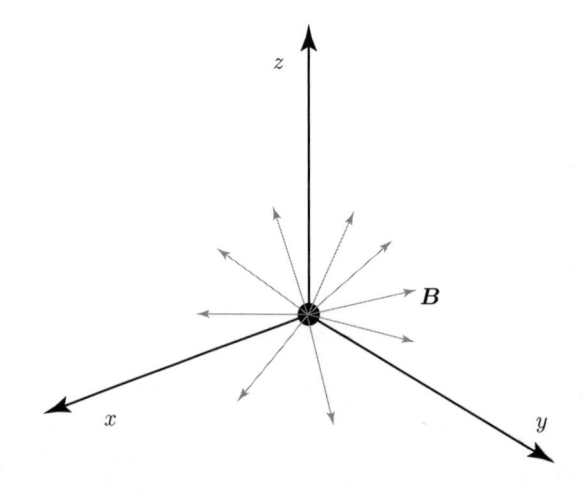

これは次のように計算して確認できる.

$$
\begin{aligned}
\operatorname{rot} \boldsymbol{A} &= \nabla \times \left(A_1 h_1 \nabla u_1 + A_2 h_2 \nabla u_2 + A_3 h_3 \nabla u_3 \right) \\
&= \nabla(A_1 h_1) \times \nabla u_1 + \nabla(A_2 h_2) \times \nabla u_2 + \nabla(A_3 h_3) \times \nabla u_3 \\
&\quad + A_1 h_1 \nabla \times \nabla u_1 + A_2 h_2 \nabla \times \nabla u_2 + A_3 h_3 \nabla \times \nabla u_3 \\
&= \nabla(A_1 h_1) \times \frac{1}{h_1} \boldsymbol{E}_1 + \nabla(A_2 h_2) \times \frac{1}{h_2} \boldsymbol{E}_2 + \nabla(A_3 h_3) \times \frac{1}{h_3} \boldsymbol{E}_3 \\
&= \frac{1}{h_j} \boldsymbol{E}_j \frac{\partial A_i h_i}{\partial u_j} \times \frac{1}{h_i} \boldsymbol{E}_i \\
&= \epsilon_{kji} \boldsymbol{E}_k \frac{\partial A_i h_i}{\partial u_j} \frac{1}{h_i h_j}.
\end{aligned}
$$

▰▰

■磁束のチューブによる磁場の計算(その1)■

直交座標と円柱座標で次の量の回転を求めてみよう.

$$\boldsymbol{A} = \frac{\hat{z} \times \boldsymbol{r}}{r^2}.$$

まず直交座標で

$$\boldsymbol{A} = \frac{(-y, x, 0)}{x^2 + y^2}, \qquad (\operatorname{rot} \boldsymbol{A})_x = 0, \quad (\operatorname{rot} \boldsymbol{A})_y = 0,$$

$$
\begin{aligned}
(\operatorname{rot} \boldsymbol{A})_z &= \partial_x \frac{x}{x^2 + y^2} + \partial_y \frac{y}{x^2 + y^2} \\
&= \frac{(x^2 + y^2) - x(2x)}{(x^2 + y^2)^2} + \frac{(x^2 + y^2) - y(2y)}{(x^2 + y^2)^2} = 0.
\end{aligned}
$$

また円柱座標では

$$\boldsymbol{A} = \frac{1}{r} \boldsymbol{E}_\theta$$

より

$$\operatorname{rot} \boldsymbol{A} = \frac{1}{r} \frac{\partial}{\partial r} \left(\frac{1}{r} r \right) \boldsymbol{E}_z = \boldsymbol{0}.$$

ここでも $r \neq 0$ としたことに注意しよう.

2.5.5 具体的な例

以下 3 次元極座標，円柱座標，2 次元極座標での具体例をあげる．

(1) 3 次元極座標

$$x = r\sin\theta\cos\varphi, \quad y = r\sin\theta\sin\varphi, \quad z = r\cos\theta,$$

$$h_r = 1, \quad h_\theta = r, \quad h_\varphi = r\sin\theta, \quad dxdydz = r^2\sin\theta dr d\theta d\varphi.$$

極座標でのベクトル場の演算

$$\text{grad}\,\phi = \frac{\partial \phi}{\partial r}\boldsymbol{E}_r + \frac{1}{r}\frac{\partial \phi}{\partial \theta}\boldsymbol{E}_\theta + \frac{1}{r\sin\theta}\frac{\partial \phi}{\partial \varphi}\boldsymbol{E}_\varphi$$

$$\boldsymbol{A} = A_r \boldsymbol{E}_r + A_\theta \boldsymbol{E}_\theta + A_\varphi \boldsymbol{E}_\varphi$$

$$\text{div}\,\boldsymbol{A} = \frac{1}{r^2}\frac{\partial A_r r^2}{\partial r} + \frac{1}{r\sin\theta}\frac{\partial A_\theta \sin\theta}{\partial \theta} + \frac{1}{r\sin\theta}\frac{\partial A_\varphi}{\partial \varphi},$$

$$\text{rot}\,\boldsymbol{A} = \frac{1}{r\sin\theta}\left\{\frac{\partial(A_\varphi \sin\theta)}{\partial \theta} - \frac{\partial A_\theta}{\partial \varphi}\right\}\boldsymbol{E}_r$$
$$+ \frac{1}{r}\left\{\frac{1}{\sin\theta}\frac{\partial A_r}{\partial \varphi} - \frac{\partial(A_\varphi r)}{\partial r}\right\}\boldsymbol{E}_\theta$$
$$+ \frac{1}{r}\left\{\frac{\partial(A_\theta r)}{\partial r} - \frac{\partial A_r}{\partial \theta}\right\}\boldsymbol{E}_\varphi$$

$$\Delta\phi = \frac{1}{r^2}\frac{\partial}{\partial r}\left(r^2\frac{\partial \phi}{\partial r}\right) + \frac{1}{r^2\sin\theta}\frac{\partial}{\partial \theta}\left(\sin\theta\frac{\partial \phi}{\partial \theta}\right) + \frac{1}{r^2\sin^2\theta}\frac{\partial^2 \phi}{\partial \varphi^2}$$

■磁束のチューブによる磁場の計算（その 2）■

一方で z 軸を 1 回周る閉曲線 C について C に膜を張った曲面 S $(\partial S = C)$ に対するストークスの定理より

$$\int_C d\boldsymbol{r}\cdot\boldsymbol{A} = \int_S d\boldsymbol{S}\cdot\text{rot}\,\boldsymbol{A}$$
$$= \int_{S_0} d\boldsymbol{S}\cdot\text{rot}\,\boldsymbol{A}$$
$$= \int_{C_0} d\boldsymbol{A} = 2\pi R\frac{1}{R} = 2\pi.$$

ここで C_0 は原点中心，半径 R の xy 面内の円，S_0 はそれに膜を張った曲面である．また $r \neq 0$ ならば $\text{rot}\,\boldsymbol{A} = \boldsymbol{0}$. よってこの表式はこのベクトルポテンシャルに対応する磁束が磁束のチューブであることを示す．

$$\text{rot}\,\boldsymbol{A} = 2\pi\delta^{(2)}(\boldsymbol{r}) = 2\pi\delta(x)\delta(y).$$

(2) 円柱座標

$$x = r\cos\theta,\ y = r\sin\theta,\ z = z,$$

$$h_r = 1,\ h_\theta = r,\ h_z = 1,\quad dxdydz = rdrd\theta dz.$$

--- 円柱座標でのベクトル場の演算 ---

$$\mathrm{grad}\,\phi = \frac{\partial \phi}{\partial r}\boldsymbol{E}_r + \frac{1}{r}\frac{\partial \phi}{\partial \theta}\boldsymbol{E}_\theta + \frac{\partial \phi}{\partial z}\boldsymbol{E}_z$$

$$\boldsymbol{A} = A_r \boldsymbol{E}_r + A_\theta \boldsymbol{E}_\theta + A_z \boldsymbol{E}_z$$

$$\mathrm{div}\,\boldsymbol{A} = \frac{1}{r}\frac{\partial (A_r r)}{\partial r} + \frac{1}{r}\frac{\partial A_\theta}{\partial \theta} + \frac{\partial A_z}{\partial z}$$

$$\mathrm{rot}\,\boldsymbol{A} = \left\{\frac{1}{r}\frac{\partial A_z}{\partial \theta} - \frac{\partial A_\theta}{\partial z}\right\}\boldsymbol{E}_r$$

$$+\left\{\frac{\partial A_r}{\partial z} - \frac{\partial A_z}{\partial r}\right\}\boldsymbol{E}_\theta$$

$$+\frac{1}{r}\left\{\frac{\partial (A_\theta r)}{\partial r} - \frac{\partial A_r}{\partial \theta}\right\}\boldsymbol{E}_z$$

$$\Delta \phi = \frac{1}{r}\frac{\partial}{\partial r}\left(r\frac{\partial \phi}{\partial r}\right) + \frac{1}{r^2}\frac{\partial^2 \phi}{\partial \theta^2} + \frac{\partial^2 \phi}{\partial z^2}$$

■磁束のチューブ■

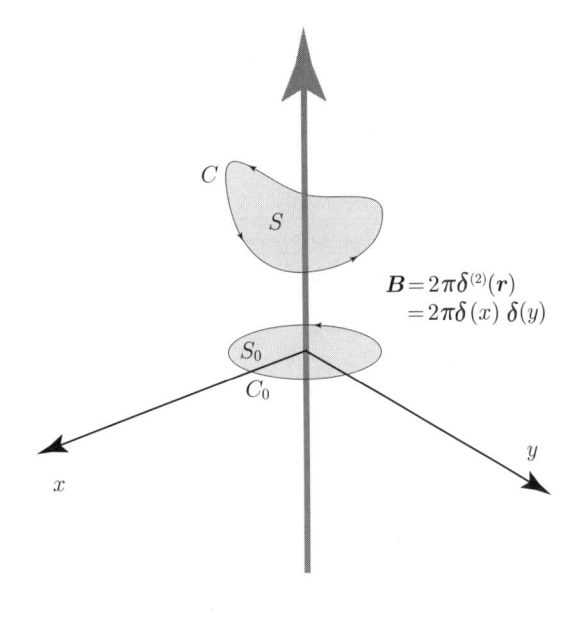

$$\boldsymbol{B} = 2\pi\delta^{(2)}(\boldsymbol{r})$$
$$= 2\pi\delta(x)\,\delta(y)$$

(3) 2次元極座標

$$x = r\cos\varphi, \quad y = r\sin\varphi, \quad dxdy = rdrd\varphi.$$

2次元極座標でのベクトル場の演算

$$\operatorname{grad}\phi = \frac{\partial \phi}{\partial r}\bm{E}_r + \frac{1}{r}\frac{\partial \phi}{\partial \varphi}\bm{E}_\varphi$$

$$\Delta\phi = \frac{1}{r}\frac{\partial}{\partial r}\left(r\frac{\partial \phi}{\partial r}\right) + \frac{1}{r^2}\frac{\partial^2 \phi}{\partial \varphi^2}$$

2.6 章末問題

2.1 次のベクトルポテンシャルに対してその回転をもとめよ．

(a) $\bm{A}_1 = B(-y/2, x/2, 0)$

(b) $\bm{A}_2 = B(0, x, 0)$

次に $\bm{A}_1 - \bm{A}_2 = \nabla\chi$ となる $\chi(\bm{r})$ を求めよ．

2.2 原点にある電荷 e の点電荷が作るスカラーポテンシャルは $e\phi(r) = e\frac{1}{\sqrt{x^2+y^2+z^2}}$ であることから原点近傍 $\pm\bm{a}/2$ にある $\pm e$ の電荷を持つ電荷対の作るポテンシャルは $e(\phi(\bm{r}-\bm{a}/2) - \phi(\bm{r}+\bm{a}/2))$ となる．ここで $\bm{p} = e\bm{a}$ と書いて $\bm{a} \to 0$ の極限をとったとき $\bm{p}$ を電気双極子モーメントと呼ぶ．

(a) このときのスカラーポテンシャル ϕ_p は次のようになるがこれを具体的に計算せよ．

$$\phi_p = -\bm{p}\cdot\nabla\phi.$$

(b) 電気双極子が作る電場 $\bm{E}_p = -\nabla\phi_p$ を計算せよ．

2.3 原点にある強さ m の単磁極が作るベクトルポテンシャルとして次のもの，

$$m\bm{A}(\bm{r}) = m\frac{(-y, x, 0)}{(z+\sqrt{x^2+y^2+z^2})\sqrt{x^2+y^2+z^2}}$$

がとれることから，z 軸上，原点近傍 $(0, 0, \pm a/2)$ にある $\pm m$ の単磁極が共存する系はベクトルポテンシャル $m(\bm{A}(x,y,z-a/2) - \bm{A}(x,y,z+a/2))$ を持つ．ここで $\bm{\mu}_z = m\bm{a} = m(0,0,a)$ と書いて $\bm{a} \to 0$ の極限をとったとき $\bm{\mu}_z$ を z 方向の磁気双極子モーメントと呼ぶ．

(a) このときのベクトルポテンシャル $\bm{A}(\mu_z)$ は次のようになるがこれを計算し確認せよ．

$$\bm{A}(\mu_z) = -\mu_z\left(\frac{\partial A_x}{\partial z}, \frac{\partial A_y}{\partial z}, 0\right) = m_z(-y, x, 0)\frac{1}{r^3}.$$

これより対称性から一般の方向の磁気双極子 $\boldsymbol{\mu}$ を作るベクトルポテンシャルとして次のものがとれる.

$$\boldsymbol{A}(\boldsymbol{\mu}) = \frac{\boldsymbol{\mu} \times \boldsymbol{r}}{r^3}.$$

(b) $\boldsymbol{A}(\boldsymbol{\mu})$ から生ずる磁場 $\operatorname{rot} \boldsymbol{A}(\boldsymbol{\mu})$ を計算せよ.

3 変 分 法

　関数値の最大最小，そして極大極小の問題を考えるとき，「微分」の概念が有用であることはよく知られている．この微分のある種の拡張がいわゆる変分の概念であり，物理科学において微分の概念と同様の重要性を持つ．ここでも数学的，形式的完全性にはこだわらず，算術の方法としての説明をしたい．さらに最後にその応用として現代科学の基礎である量子力学において必須な部分の解析力学についても変分法の応用としての視点から簡単に導入する．

　コラムでは解析力学を変分法の重要な応用であるとの観点から量子力学との関連に注意しつつその要点を述べた．

本章の内容

3.1 汎関数と変分
3.2 基本的なオイラー・ラグランジュ方程式
3.3 種々の場合のオイラー・ラグランジュ方程式
3.4 境界条件
3.5 束縛条件とラグランジュの未定乗数法
3.6 変分法と固有値問題，近似解

3.1 汎関数と変分

まず次のような例を考えてみよう．

> **例題 3.1** 平面上の 2 点 A(a,c), B(b,d) を結ぶ曲線を $y=f(x)$ としたとき曲線の長さを関数 $f(x)$ を用いて表せ．

解答 図のように座標系をとって曲線を $y=f(x), (a \leqq x \leqq b)$ とすると図より曲線の長さ L は微小区間の長さ $ds = \sqrt{dx^2+dy^2} = \sqrt{1+\left(\frac{dy}{dx}\right)^2}dx = \sqrt{1+f'^2}dx$ を集めればよく

$$L = I[f] = \int_a^b dx\sqrt{1+f'^2}$$

と書ける．ここで曲線の長さ L は関数 $y=f(x)$ を一つ定めると決まることに注意して $I[f]$ と書いた．□

この例のように

> ある関数 $f(x)$ を一つ与えると一つの値 $I[f]$ が決まる

という状況が物理，工学の問題では頻繁におこる．一般の関数 $g(x)$ とは，

> 何か一つの値 x を与えると一つの値 $g(x)$ が決まる

ものであったことに対応してこの $I[f]$ を**汎関数**と呼ぶ．

ここでまた最初の例に戻って A と B とを結ぶ最短の曲線を求めることを

■傾きと微係数■

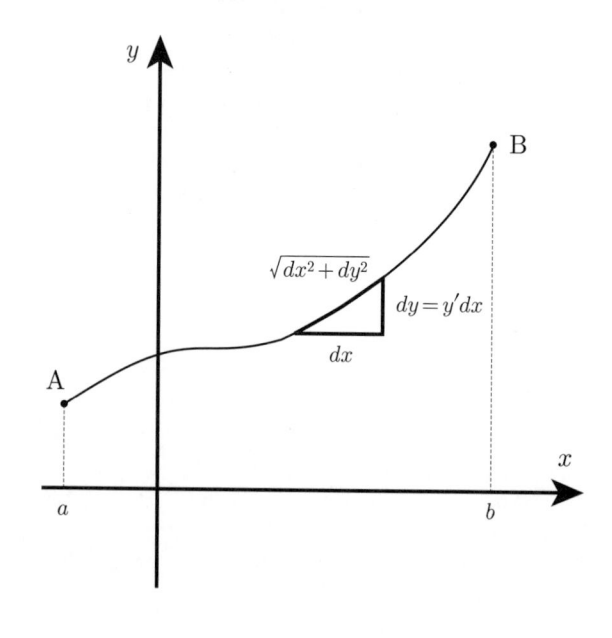

考えてみよう．つまり $L = I[f]$ の最小を求めることを考える．ここで関数の最小値を与える点を求める方法をまず復習しよう．

一般に最小値を与える点を直接決めるのは難しいので極値を与える点を探すことから始めよう．関数 $g(x)$ の極値を探すときは x を少し δx だけ動かして関数値の変化 δg を検討する．つまり

$$\delta g(x) = g(x+\delta x) - g(x) \approx \frac{dg}{dx}\delta x$$

から，任意の変化分 δx に対して $\delta g = 0$ となるところが極値を与える点であり，具体的には

$$\frac{dg}{dx} = g'(x) = 0$$

を満たす点を求める．

なお $\approx$ は**与えた変化（ここでは δx）について 1 次までとることを意味する**こととしよう．

同様の議論を汎関数 $I[f]$ について行おう．つまり最小にする関数 $f(x)$ を直接求めるのは困難なので関数を少し $\delta f = \delta f(x)$ だけ変化させたときの汎関数の変化分 $\delta I[f]$ を考えよう

$$\delta I[f] = I[f+\delta f] - I[f]$$

この $\delta I[f]$ を $dg(x)$ を微分と呼ぶことに対応して**変分**と呼ぶ．また $\delta g(x) = 0$ となる点を関数の極値と与える点と呼ぶことに対応して $\delta I[f] = 0$ を与える

■**ニュートンの運動方程式と変分原理（その 1）**■

変分法の応用としての**解析力学**をこの節のコラムに少しまとめてみよう

まず一つ粒子がポテンシャル $V(\boldsymbol{r})$ の中を運動している場合を考えよう．このときの粒子が受ける力は $-\nabla V(\boldsymbol{r})$ だからその運動方程式は粒子の質量 m として運動方程式は $m\ddot{\boldsymbol{r}} = -\nabla V$ となることはよく知られている．ただし境界条件として時刻 t_0, t_1 での粒子の位置は与えておこう．$\boldsymbol{r}(t_0) = \boldsymbol{r}_0$，$\boldsymbol{r}(t_1) = \boldsymbol{r}_1$．

一方粒子の軌跡 $\boldsymbol{r} = \boldsymbol{r}(t)$ の汎関数である作用と呼ばれる次の量を考え，その停留条件を考えよう．

$$S = \int_{t_0}^{t_1} dt \left(\frac{1}{2}m\dot{\boldsymbol{r}}^2 - V\right) = \int_{t_0}^{t_1} dt \left(\frac{1}{2}m(\dot{x}^2+\dot{y}^2+\dot{z}^2) - V\right).$$

これは独立変数は時間 t の一つ，未定関数は粒子の位置関数の 3 成分 $\boldsymbol{r}(t) = (x(t), y(t), z(t)) = (x_1(t), x_2(t), x_3(t))$ として 3 個ある変分問題と考えられる．よって変分法の一般論からこの停留条件はオイラー–ラグランジュの方程式として

$$\frac{\partial}{\partial x}\left(\frac{1}{2}m\dot{\boldsymbol{r}}^2 - V\right) - \frac{d}{dt}\frac{\partial}{\partial \dot{x}}\left(\frac{1}{2}m\dot{\boldsymbol{r}}^2 - V\right) = -\partial_x V - m\ddot{x} = 0, \quad m\ddot{x} = -\partial_x V,$$

$$\text{同様に} \quad m\ddot{y} = -\partial_y V, \quad m\ddot{z} = -\partial_z V.$$

これは **変分原理**

$$\delta S = 0$$

からニュートンの運動方程式 $m\ddot{\boldsymbol{r}} = -\nabla V$ を導いたことに対応する．

関数を汎関数 $I[f]$ の **停留値** を与える関数と呼ぶ.

― 微分と変分 ―

関数 $g(x)$ $\iff$ 汎関数 $I[f]$

独立変数 : x $\iff$ 独立関数 : $f(x)$

微分 $dg(x)$ $\iff$ 変分 $\delta I[f]$

3.2 基本的なオイラー – ラグランジュ方程式[*1]

この節では最も簡単な場合に変分計算の具体的な方法について説明しよう.

まず汎関数 $I[f]$ が

$$I[f] = \int_a^b dx\, F(x, f(x), f'(x))$$

と与えられている場合を考えよう. 前節で考えた例では $I[f] = \int_a^b dx\, \sqrt{1+f'^2}$ であるから, $F(x,f,f') = \sqrt{1+f'^2}$ と書ける. この汎関数に対して端では関数を変化させないという **固定端の条件**

$$\delta f(a) = 0, \quad \delta f(b) = 0$$

のもとで変分をとることを考えよう. ここで, 関数 $f(x)$ を $f(x) + \delta f(x)$ と

[*1] 「オイラー方程式」ともいう. 本書でもこの呼称を用いることがある.

■ ニュートンの運動方程式と変分原理 (その 2) ■

この議論を一般化してニュートンの運動方程式を次の形式で書き直すことを試みる. ただし多粒子系等の N 自由度系への拡張を考え, 拡張化された自由度を $q_j, j = 1, \cdots, N$ としておこう. 例えば先程の例では $N=3$ で $q_1=x, q_2=y, q_3=z$ である. ここで **変分原理** についてまとめよう.

― 変分原理 ―

一般化座標を $q_j = q_j(t)$ としたとき時間間隔 $[t_1, t_2]$ 間の古典系の運動は次式の「作用」呼ばれる汎関数 $S[\{q_j(t)\}] = S[q(t)]$ を最小とする条件から定まる (N 自由度まとめて q と書いた).

$$\delta S = 0, \qquad S[q(t)] = \int_{t_1}^{t_2} dt\, L(q(t), \dot{q}(t))$$

ここでの被積分関数 L は **ラグランジアン** と呼ばれる.

つまりニュートンの**運動方程式**をこの作用に対する停留条件であるオイラー – ラグランジュの式

$$\frac{\partial L}{\partial q_i} - \frac{d}{dt}\frac{\partial L}{\partial \dot{q}_i} = 0$$

から導出する L を探すことが必要となる. ポテンシャル力で相互作用する古典粒子系の場合ラグランジアンは運動エネルギーとポテンシャルエネルギーの差とすればよい. $L = T - V$, $T = \sum_i \frac{1}{2} m_i \dot{q}_i^2$ (m_i は i 番目の粒子の質量), $V = V(q)$ (ポテンシャルエネルギー). これを具体的に計算して確かに $\frac{\delta L}{\delta q_i} = -\partial_{q_i}V - m_i \ddot{q}_i = 0 \iff m_i \ddot{q}_i = -\partial_{q_i} V$ とニュートンの運動方程式が出る.

微小変化させ変化分の 1 次まで考察することとする．なお $\delta f(x)$ は「微小」な任意関数であることに注意しよう．まず

$$\delta I[f+\delta f] = \int_a^b dx\, F(x, f(x)+\delta f(x), f'(x)+\delta f'(x))$$
$$= \int_a^b dx\, \left[F(x,f,f') + \delta f(x)\frac{\partial F}{\partial f} + \delta f'(x)\frac{\partial F}{\partial f'}\right].$$
$$(\delta f \text{ の 1 次まで})$$

ここで F は関数 $f(x)$ が決まれば一意的に定まるわけでありこの関数 $f(x)$ を微小変化 $\delta f(x)$ だけ変化させたとき 1 階の微分 $f'(x)$ も対応して変化することとなる．つまり $\delta f(x)$ と $\delta f'(x)$ とは独立に変化するわけではない．そこで $\delta f'(x)$ を $\delta f(x)$ で表すために最後の項に関しては部分積分をして固定端の条件を使い，次のように変形する．

$$\int_a^b dx\, \delta f'(x)\frac{\partial F}{\partial f'} = \delta f(x)\frac{\partial F}{\partial f'}\bigg|_a^b - \int_a^b dx\, \delta f(x)\frac{d}{dx}\frac{\partial F}{\partial f'}$$
$$= -\int_a^b dx\, \delta f(x)\frac{d}{dx}\frac{\partial F}{\partial f'}.$$

よって

$$\delta I[f] = \int_a^b dx\, \left[\frac{\partial F}{\partial f} - \frac{d}{dx}\frac{\partial F}{\partial f'}\right]\delta f(x).$$

ここで $\delta f(x)$ が任意関数であったことを思い出すと停留値の条件として

━━━
■**変数変換と保存則（その 1）**■

まずラグランジアンが f 個の変数 $q_1, \cdots, q_f$ で書かれているとしよう ($L = L(q_1, \cdots, q_f; \dot{q}_1, \cdots, \dot{q}_f) = L(q;\dot{q})$)．ここで変数変換を考える．ただし独立変数の数が f から $F \geq f$ へと一般には増加する場合を許しておこう．つまり

$$q_1 = q_1(Q_1, \cdots, Q_F), \quad \cdots, \quad q_f = q_f(Q_1, \cdots, Q_F)$$

なる変換を考える．なお

$$\dot{q}_j = \frac{\partial q_j}{\partial Q_k}\dot{Q}_k$$

である．ここでラグランジアンを新しい変数 $Q, \dot{Q}$ で書いたときの関数形を $\tilde{L}$ としよう．

$$L = L(q, \dot{q}) = L(q(Q), \dot{q}(Q;\dot{Q})) = \tilde{L}(Q, \dot{Q}).$$

ここで元の変数に対するオイラー方程式

$$0 = \frac{\delta L}{\delta q_i} = \frac{\partial L}{\partial q_i} - \frac{d}{dt}\left(\frac{\partial L}{\partial \dot{q}_i}\right)$$

を仮定して新しい変数でのオイラー微分

$$\frac{\delta \tilde{L}}{\delta Q_i} = \frac{\partial \tilde{L}}{\partial Q_i} - \frac{d}{dt}\left(\frac{\partial \tilde{L}}{\partial \dot{Q}_i}\right)$$

について議論しよう．

が導かれる．もし F が $f''(x)$ などの関数でもある場合 $\delta''(x)$ からの寄与を取りこむためより複雑な項が現れる（後述）．

オイラー–ラグランジュの方程式

$$I[f] = \int_a^b dx\, F(x, f(x), f'(x)),$$

$$\delta f\bigg|_{x=a} = \delta f\bigg|_{x=b} = 0$$

この汎関数の停留条件は次のオイラー–ラグランジュの方程式で与えられる．

$$\frac{\delta F}{\delta f} \equiv \frac{\partial F}{\partial f} - \frac{d}{dx}\frac{\partial F}{\partial f'} = F_f - \frac{dF_{f'}}{dx} = 0$$

例題 3.2 平面上の 2 点 $A(a,c)$, $B(b,d)$ を結ぶ最短の曲線を求めよ．

解答 曲線を $y = f(x)$ としたとき曲線の長さは汎関数

$$I[f] = \int_a^b dx\, F(x, f, f'), \quad F = \sqrt{1 + f'^2}$$

と書ける．この汎関数の最小を求めるわけだが，まず停留とする関数を求めよ

■ **変数変換と保存則（その 2）** ■

まず $\dot{q}_j = \dfrac{\partial q_j}{\partial Q_k}\dot{Q}_k$, $\dfrac{\partial \tilde{L}}{\partial Q_i} = \dfrac{\partial L}{\partial q_j}\dfrac{\partial q_j}{\partial Q_i} + \dfrac{\partial L}{\partial \dot{q}_j}\dfrac{\partial \dot{q}_j}{\partial Q_i} = \dfrac{\partial L}{\partial q_j}\dfrac{\partial q_j}{\partial Q_i} + \dfrac{\partial L}{\partial \dot{q}_j}\dfrac{\partial^2 q_j}{\partial Q_i \partial Q_k}\dot{Q}_k.$

また $\dfrac{\partial \tilde{L}}{\partial \dot{Q}_i} = \dfrac{\partial L}{\partial q_j}\dfrac{\partial q_j}{\partial \dot{Q}_i} + \dfrac{\partial L}{\partial \dot{q}_j}\dfrac{\partial \dot{q}_j}{\partial \dot{Q}_i} = \dfrac{\partial L}{\partial \dot{q}_j}\dfrac{\partial \dot{q}_j}{\partial \dot{Q}_i} = \dfrac{\partial L}{\partial \dot{q}_j}\dfrac{\partial q_j}{\partial Q_i},$

$\dfrac{d}{dt}\dfrac{\partial \tilde{L}}{\partial \dot{Q}_i} = \dfrac{d}{dt}\left(\dfrac{\partial L}{\partial \dot{q}_j}\right)\dfrac{\partial q_j}{\partial Q_i} + \dfrac{\partial L}{\partial \dot{q}_j}\dfrac{\partial \dot{q}_j}{\partial Q_i} = \dfrac{d}{dt}\left(\dfrac{\partial L}{\partial \dot{q}_j}\right)\dfrac{\partial q_j}{\partial Q_i} + \dfrac{\partial L}{\partial \dot{q}_j}\dfrac{\partial^2 q_j}{\partial Q_k \partial Q_i}\dot{Q}_k.$

よって $\dfrac{\delta \tilde{L}}{\delta Q_i} = \left\{\dfrac{\partial L}{\partial q_j} - \dfrac{d}{dt}\left(\dfrac{\partial L}{\partial \dot{q}_j}\right)\right\}\dfrac{\partial q_j}{\partial Q_i} = \dfrac{\delta L}{\delta q_j}D_{ij}, \quad D_{ij} = \dfrac{\partial q_j}{\partial Q_i}.$ これより

オイラー–ラグランジュ方程式と変数変換

$$\frac{\delta L}{\delta q_i} = 0,\ (i = 1, \cdots, f) \implies \frac{\delta L}{\delta Q_i} = 0,\ (i = 1, \cdots, F), \quad (F \geq f)$$

つまり必要にして十分な自由度より多い数の独立変数によってラグランジアンを記述してもそのオイラー方程式はやはり成立することとなる．特に $\frac{\partial \tilde{L}}{\partial Q_a} = 0$ となる変数 Q_a があれば $\frac{d}{dt}\frac{\partial \tilde{L}}{\partial \dot{Q}_a} = 0$. つまり次のような保存量の存在を意味する．

$$\frac{\partial \tilde{L}}{\partial \dot{Q}_a} = 時間によらない定数（保存量）．$$

う．そのためにオイラー–ラグランジュの方程式を書き下すと

$$\frac{\partial F}{\partial f} - \frac{d}{dx}\frac{\partial F}{\partial f'} = -\frac{d}{dx}\frac{2f'}{2\sqrt{1+f'^2}} = 0.$$

これは容易に一度積分できて

$$\frac{f'}{\sqrt{1+f'^2}} = C \quad (\text{定数}).$$

これより $f' = \dfrac{C^2}{1-C^2} = $ 定数, $f(x) = C_1 x + C_2$ (C_1, C_2 定数)．これは直線でここでの定数は曲線（直線）が A, B を通る条件から決まる．□

この例のようにオイラー–ラグランジュの方程式を容易に積分できる場合がある．これをまとめておこう

オイラー–ラグランジュ方程式の積分

(1) $F(x, f, f')$ が f を含まない場合

$$\frac{\partial F}{\partial f'} = C \quad (\text{定数})$$

(2) $F(x, f, f')$ が x を含まない場合

$$F - f'\frac{\partial F}{\partial f'} = C \quad (\text{定数})$$

■**内力により相互作用する粒子系：保存量の例**■

例題 3.3 質量 $m_i, i = 1, \cdots, N$ の N 個の粒子が 2 体力 $V(|\boldsymbol{r}_i - \boldsymbol{r}_j|)$ で相互作用している系の運動の保存則を導け．

解答 まずラグランジアンは $L = \sum_i \frac{1}{2}m_i \dot{\boldsymbol{r}}_i^2 - \sum_{i<j} V(|\boldsymbol{r}_i - \boldsymbol{r}_j|)$ である．ここで変数変換として次の $\boldsymbol{r}_1 = \boldsymbol{R}_1 + \boldsymbol{R}_0$, $\cdots$, $\boldsymbol{r}_N = \boldsymbol{R}_N + \boldsymbol{R}_0$, つまり $3N$ 個の変数 $\{\boldsymbol{r}_1, \cdots, \boldsymbol{r}_N\}$ を $3(N+1)$ 個の変数 $\{\boldsymbol{R}_0, \boldsymbol{R}_1, \cdots, \boldsymbol{R}_N\}$ で表すことを考える．このとき明らかに

$$\frac{\partial L}{\partial R_0^x} = \frac{\partial L}{\partial R_0^y} = \frac{\partial L}{\partial R_0^z} = 0$$

だから対応する保存則が存在する．それらは

$$\frac{\partial L}{\partial \dot{R}_0^x} = m_1(\dot{R}_1^x + \dot{R}_0^x) + \cdots + m_N(\dot{R}_N^x + \dot{R}_0^x) = m_1 \dot{x}_1 + \cdots + m_N \dot{x}_N,$$

$$\frac{\partial L}{\partial \dot{R}_0^y} = = m_1 \dot{y}_1 + \cdots + m_N \dot{y}_N,$$

$$\frac{\partial L}{\partial \dot{R}_0^z} = = m_1 \dot{z}_1 + \cdots + m_N \dot{z}_N$$

であり，これらは全運動量の保存則に対応する．□

最初の例が例題で行った場合である．第2の例は次のように一般の汎関数に対する計算から次のように確認できる．

$$\frac{d}{dx}\left(F - f'\frac{\partial F}{\partial f'}\right) = \frac{\partial F}{\partial f}\frac{df}{dx} + \frac{\partial F}{\partial f'}\frac{df'}{dx} - f''\frac{\partial F}{\partial f'} - f'\frac{d}{dx}\frac{\partial F}{\partial f'}$$

$$= f'\left(\frac{\partial F}{\partial f} - \frac{d}{dx}\frac{\partial F}{\partial f'}\right)$$

$$= f'\frac{\delta F}{\delta f} = 0.$$

この第2の例として次の問題を考えておこう．

> **例題 3.4** 次の汎関数の停留条件を求めよ．
> $$I = \int_a^b dx \frac{1}{y}\sqrt{1+y'^2}$$

解答 被積分が独立変数 x を含まないので，積分の存在する例であり，

$$C_1 = F - y'\frac{\partial F}{\partial y'} = \frac{1}{y}\sqrt{1+y'^2} - y'\frac{1}{y}\frac{y'}{\sqrt{1+y'^2}}$$

$$= \frac{1}{y}\frac{1}{\sqrt{1+y'^2}}(1+y'^2 - y'^2) = \frac{1}{y}\frac{1}{\sqrt{1+y'^2}}.$$

■ **運動量とハミルトニアン形式（その1）** ■

ラグランジアン $L(q,\dot{q})$ はある1つの自由度 q とその時間微分 $\dot{q}$ の関数であるとしてきたがその意味を念のため確認しておこう．本文でも述べたように自由度 q がニュートン方程式に従い実際にたどる世界線，つまり関数 $q(t)$ が与えられたときその時間微分 $\dot{q}(t)$ は当然ながら $q(t)$ と独立に変化できるものではないが，変分計算を行う際にはラグランジアン $L(q,\dot{q})$ が q と $\dot{q}$ を通して指定されていることに注意して2つの独立な変数と考えるのである．

$$L = L(q,\dot{q}).$$

次にこの独立変数，座標 q と速度 $\dot{q}$ の代わりに変数変換で独立変数を座標と対応する運動量とすることを考えよう．

まず新しい変数である運動量 p_i を次の式で定義する．

$$p_i = \frac{\partial L}{\partial \dot{q}_i}.$$

これは1次元自由粒子の場合の

$$L = \frac{1}{2}m\dot{x}^2, \quad p = \frac{\partial L}{\partial \dot{x}} = m\dot{x} = 運動量$$

の自然な拡張になっていることに注意しよう．

$$y^2(1+y'^2) = C_1^{-2} = C_2, \quad 1+y'^2 = \frac{C_2}{y^2}, \quad y' = \pm\frac{\sqrt{C_2-y^2}}{y}.$$

$$\int dy \frac{y}{\sqrt{C_2-y^2}} = \pm\int dx, \quad -\sqrt{C_2-y^2} = \pm(x-C_3).$$

よって $(x-C_3)^2 + y^2 = C_2$, C_2, C_3 はある定数. □

最後に歴史的に有名な問題を考えよう.

例題 3.5 初速なしである曲面上 P_0 から P_1 まで摩擦なく滑り落ちる物体を考えたときその落下時間が最短となる曲面を求めよ.

解答 曲面の断面を表す曲線を鉛直下向きに x 軸をとって $y = y(x)$ とすると点 (x,y) での速度を v としてエネルギー保存則より, $mgx = \frac{1}{2}mv^2$. よって $v = \sqrt{2gx}$. また微小区間 $ds = \sqrt{dx^2 + dy^2}$ を通過するのにかかる時間は

$$dt = \frac{ds}{v} = \sqrt{\frac{1+y'^2}{2gx}}dx$$

だから全経過時間 T は

$$T = \int dt = \int_{x_0}^{x_1} \sqrt{\frac{1+y'^2}{2gx}}dx.$$

■ 運動量とハミルトニアン形式（その2）■

次にこの新しい変数で表現される物理量としてハミルトニアン H と呼ばれる物理量をいわゆるルジャンドル変換により次のように定義することとする.

$$H(q,p) = H(q_1,\cdots,q_f;p_1,\cdots,p_f) = \sum_i p_i\dot{q}_i - L(q_1,\cdots,q_f;\dot{q}_1,\cdots,\dot{q}_f).$$

ここで運動量の定義式を逆に解いて q_i の時間微分 $\dot{q}_i$ は $p_1,\cdots,p_f$ と $q_1,\cdots,q_f$ とにより $\dot{q}_i = q_i(q_1,\cdots,q_f;p_1,\cdots,p_f)$ と表されていると考え, H を表現する独立変数は $\{q_i\}$ と $\{p_i\}$ とであることに注意しよう. 1次元自由粒子の場合は運動量 $p = m\dot{x}$ から $\dot{x} = \frac{p}{m}$. よって

$$H = p\dot{x} - L = p\dot{x} - \frac{1}{2}m\dot{x}^2 = \frac{p^2}{m} - \frac{1}{2}m\left(\frac{p}{m}\right)^2 = \frac{p^2}{2m}$$

は p が実際にニュートン方程式に従って運動する粒子の運動量である場合エネルギーを与える. 一般にも $H(q,p)$ は, 座標 $q(t)$, 運動量 $p(t)$ が実際に物理系が運動方程式に従って運動する（世界線上では）エネルギーと呼ばれる. しかし次に議論するハミルトニアンの運動方程式を議論する際は q, p は実際におこる粒子の座標, 運動量とは無関係である独立な変数と考えるのである. （ラグランジアンのときの議論参照.)

これを停留とする関数を求めよう．これも関数自体を被積分関数に含まない例だから積分が存在して

$$C_1 = F_{y'} = \frac{1}{\sqrt{2gx}}\frac{y'}{\sqrt{1+y'^2}}, \quad y'^2 = C_1^2 \cdot 2gx(1+y'^2),$$

$$y'^2 = \frac{C_2 x}{1 - C_2 x}, \ (C_2 = 2gC_1^2),$$

$$y' = \sqrt{\frac{x}{C_3 - x}}, \ (C_3 = C_2^{-1}, \ y' \geq 0),$$

$$y = C_4 + \int \sqrt{\frac{x}{C_3 - x}} dx.$$

ここで

$$x = a(1 - \cos\theta), \quad a = C_3/2$$

とすると

$$C_3 - x = a(1 + \cos\theta),$$
$$dx = a\sin\theta d\theta.$$

さらに

$$\sqrt{\frac{x}{C_3 - x}} = \sqrt{\frac{1 - \cos\theta}{1 + \cos\theta}} = \frac{\sin\theta/2}{\cos\theta/2}.$$

■ハミルトンの正準方程式■

ここで $H(q,p)$ の全微分を2通りの方法で計算してみよう．

まず $\quad dH = \dfrac{\partial H}{\partial q_i}dq_i + \dfrac{\partial H}{\partial p_i}dp_i.$

また $\quad dH = dp_i \dot{q}_i + p_i\left(\dfrac{\partial \dot{q}_i}{\partial q_j}dq_j + \dfrac{\partial \dot{q}_i}{\partial p_j}dp_j\right) - \left(\dfrac{\partial L}{\partial q_i}dq_i + \dfrac{\partial L}{\partial \dot{q}_i}\dfrac{\partial \dot{q}_i}{\partial q_j}dq_j + \dfrac{\partial L}{\partial \dot{q}_i}\dfrac{\partial \dot{q}_i}{\partial p_j}dp_j\right)$

$\qquad\qquad = dp_i\dot{q}_i - \dfrac{\partial L}{\partial q_i}dq_i. \ \left(p_i = \dfrac{\partial L}{\partial \dot{q}_i}\right)$

よって $\dfrac{\partial H}{\partial q_i} = -\dfrac{\partial L}{\partial q_i}, \quad \dfrac{\partial H}{\partial p_i} = \dot{q}_i.$

ここでもしオイラー–ラグランジュ方程式が成立すれば $\frac{\partial L}{\partial q_i} = \frac{d}{dt}\frac{\partial L}{\partial \dot{q}_i} = \dot{p}_i$ となる．つまり次の方程式系がオイラー–ラグランジュ方程式，すなわち変分原理から導けた．

──── ハミルトンの正準方程式 ────

$$\frac{\partial H}{\partial q_i} = -\dot{p}_i$$
$$\frac{\partial H}{\partial p_i} = \dot{q}_i$$

以下このハミルトンの正準方程式とオイラー–ラグランジュの方程式の同等性を示そう．

よって

$$
\begin{aligned}
y &= C_4 + \int \frac{\sin\theta/2}{\cos\theta/2} a\sin\theta d\theta \\
&= 2a \int \sin^2\theta/2 \, d\theta \\
&= a(\theta - \sin\theta) + C_5.
\end{aligned}
$$

ここで初期条件として $x = y = 0$ をおけば

$$x = a(1 - \cos\theta), \quad y = a(\theta - \sin\theta).$$

この曲線を**サイクロイド**と呼ぶ. □

■ハミルトンの正準方程式と変分原理の同等性■

そのために H から逆に

$$L = p_i \dot{q}_i - H = p_i \dot{q}_i - H(q_i, p_i(\{q_j, \dot{q}_j\}))$$

と定義してみよう. ただし独立変数は q_i と $\dot{q}_i$ であり, ハミルトンの正準方程式から p_i は q_i と $\dot{q}_i$ によって解かれていると考える. このとき $\dfrac{\partial L}{\partial q_j} = \dfrac{\partial p_i}{\partial q_j}\dot{q}_i - \dfrac{\partial H}{\partial p_i}\dfrac{\partial p_i}{\partial q_j} - \dfrac{\partial H}{\partial q_j}$. これに, ハミルトンの正準方程式を使うと

$$\frac{\partial L}{\partial q_j} = -\frac{\partial H}{\partial q_j}.$$

また $\dfrac{\partial L}{\partial \dot{q}_j} = \dfrac{\partial p_i}{\partial \dot{q}_j}\dot{q}_i + p_j - \dfrac{\partial H}{\partial p_i}\dfrac{\partial p_i}{\partial \dot{q}_j}$. 再びここでハミルトンの正準方程式を使うと

$$\frac{\partial L}{\partial \dot{q}_j} = p_j.$$

よって $\qquad \dfrac{\partial L}{\partial q_j} - \dfrac{d}{dt}\dfrac{\partial L}{\partial \dot{q}_j} = -\dfrac{\partial H}{\partial q_j} - \dot{p}_j.$

この式はハミルトンの正準方程式を使うと 0 に等しい.

$$\frac{\delta L}{\delta q_j} = \frac{\partial L}{\partial q_j} - \frac{d}{dt}\frac{\partial L}{\partial \dot{q}_j} = 0.$$

つまりハミルトンの正準方程式からオイラー–ラグランジュの方程式が導かれた. これと前の議論を併せて, オイラー–ラグランジュの方程式とハミルトンの正準方程式は同値であることがわかった.

3.3　種々の場合のオイラー–ラグランジュ方程式

3.3.1　高階の微分を含む場合

ここではより広い形の汎関数に対するオイラー–ラグランジュ方程式について説明する.

高階の微分を含む場合のオイラー–ラグランジュ方程式

$$I[f] = \int_a^b dx\, F(x, f(x), f'(x), f''(x))$$

に対するオイラー–ラグランジュ方程式は

$$\begin{aligned}\frac{\delta F}{\delta f} &\equiv \frac{\partial F}{\partial f} - \frac{d}{dx}\frac{\partial F}{\partial f'} + \frac{d^2}{dx^2}\frac{\partial F}{\partial f''} \\ &= F_f - \frac{dF_{f'}}{dx} + \frac{d^2 F_{f''}}{dx^2} \\ &= 0\end{aligned}$$

ただし次の微分まで含んだ固定端の条件を用いた.

$$\delta f\Big|_{x=a} = \delta f\Big|_{x=b} = 0,$$

$$\delta f'\Big|_{x=a} = \delta f'\Big|_{x=b} = 0$$

これは次のように考えよう.

■ハミルトニアンと作用■

特に，ハミルトニアン H が明示的に時間に依存しないとき，粒子が実際に運動する世界線上で H は時間に依存しないことが，ハミルトンの運動方程式から次の通り示せる.

$$\begin{aligned}\frac{dH}{dt} &= \frac{\partial H}{\partial q_i}\dot{q}_i + \frac{\partial H}{\partial p_i}\dot{p}_i \\ &= -\dot{p}_i \dot{q}_i + \dot{p}_i \dot{q}_i = 0.\end{aligned}$$

すなわち H は（エネルギーと呼ばれる）保存量，運動の定数となる．このようにハミルトニアンが運動の定数

$$H = E\ \text{定数}$$

であるとき，作用積分 S は次のような表示を持つ.

$$\begin{aligned}S &= \int_{t_1}^{t_2} dt\, L \\ &= \int_{t_1}^{t_2} dt\left(\boldsymbol{p}\cdot\dot{\boldsymbol{q}} - H\right) \\ &= \int_{\boldsymbol{q}_1}^{\boldsymbol{q}_2} \boldsymbol{p}\cdot d\boldsymbol{q} - E(t_2 - t_1).\end{aligned}$$

$$\delta I[f] = \int_a^b dx\, \delta F(x, f, f', f'') = \int_a^b dx \left[\delta f \frac{\partial F}{\partial f} + \delta f' \frac{\partial F}{\partial f'} + \delta f'' \frac{\partial F}{\partial f''}\right].$$

$$\int_a^b dx\, \delta f' \frac{\partial F}{\partial f'} = \delta f \frac{\partial F}{\partial f'}\bigg|_a^b - \int_a^b dx\, \delta f \frac{d}{dx}\frac{\partial F}{\partial f'}$$

$$= -\int_a^b dx\, \delta f \frac{d}{dx}\frac{\partial F}{\partial f'}.$$

$$\int_a^b dx\, \delta f'' \frac{\partial F}{\partial f''} = \delta f' \frac{\partial F}{\partial f''}\bigg|_a^b - \int_a^b dx\, \delta f' \frac{d}{dx}\frac{\partial F}{\partial f''}$$

$$= \delta f' \frac{\partial F}{\partial f''}\bigg|_a^b - \delta f \frac{d}{dx}\frac{\partial F}{\partial f''}\bigg|_a^b + \int_a^b dx\, \delta f \frac{d^2}{dx^2}\frac{\partial F}{\partial f''}$$

$$= \int_a^b dx\, \delta f \frac{d^2}{dx^2}\frac{\partial F}{\partial f''}.$$

よって

$$\int_a^b dx\, \delta f(x) \left[\frac{\partial F}{\partial f} - \frac{d}{dx}\frac{\partial F}{\partial f'} + \frac{d^2}{dx^2}\frac{\partial F}{\partial f''}\right] = 0.$$

ここで $\delta f(x)$ が任意の関数であることを思い出せば高階の微分を含む場合のオイラー–ラグランジュ方程式が出る.

より高階の微分を含む場合への拡張も自明であろう.

■荷電粒子の運動とラグランジアン（その1）■

電荷 e の荷電粒子がスカラーポテンシャル $\phi(\boldsymbol{r}, t)$, ベクトルポテンシャル $\boldsymbol{A}(\boldsymbol{r}, t)$ 中にあるときのラグランジアンは次のように与えられることを確認しよう.

荷電粒子のラグランジアン

$$L(\boldsymbol{r}, \dot{\boldsymbol{r}}, t) = \frac{1}{2}m\dot{\boldsymbol{r}}^2 - e\phi(\boldsymbol{r}, t) + e\dot{\boldsymbol{r}} \cdot \boldsymbol{A}(\boldsymbol{r}, t).$$

オイラー方程式を計算すると

$$\frac{\partial L}{\partial r_\alpha} - \frac{d}{dt}\frac{\partial L}{\partial \dot{r}_\alpha} = -e\frac{\partial \phi}{\partial r_\alpha} + e\dot{r}_\beta \frac{\partial A_\beta}{\partial r_\alpha} - \frac{d}{dt}\left(m\dot{r}_\alpha + eA_\alpha\right)$$

$$= -e\frac{\partial \phi}{\partial r_\alpha} + e\dot{r}_\beta \frac{\partial A_\beta}{\partial r_\alpha} - m\ddot{r}_\alpha - e\dot{A}_\alpha - e\frac{\partial A_\alpha}{\partial r_\beta}\dot{r}_\beta$$

$$= -m\ddot{r}_\alpha - e\dot{A}_\alpha - e\partial_\alpha \phi + e\dot{r}_\beta(\partial_\alpha A_\beta - \partial_\beta A_\alpha)$$

$$= -m\ddot{r}_\alpha + eE_\alpha + e(\dot{\boldsymbol{r}} \times \boldsymbol{B})_\alpha = 0.$$

となる.（次のコラム参照.）

3.3.2 未知関数が複数の場合

> **未知関数が複数の場合**
>
> $$I[f] = \int_a^b dx\, F(x, f(x), f'(x), g(x), g'(x))$$
>
> に対するオイラー–ラグランジュ方程式は
>
> $$\frac{\delta F}{\delta f} = \frac{\partial F}{\partial f} - \frac{d}{dx}\frac{\partial F}{\partial f'} = 0,$$
> $$\frac{\delta F}{\delta g} = \frac{\partial F}{\partial g} - \frac{d}{dx}\frac{\partial F}{\partial g'} = 0$$
>
> ただし固定端の条件として
>
> $$\delta f\Big|_{x=a} = \delta f\Big|_{x=b} = 0, \quad \delta g\Big|_{x=a} = \delta g\Big|_{x=b} = 0,$$
>
> を課す.

これは次のように考えればすぐに導ける.

$$\delta I = \int_a^b dx\left[\delta f(x)\frac{\delta F}{\delta f} + \delta g(x)\frac{\delta F}{\delta g}\right] = 0.$$

この式で $\delta f(x), \delta g(x)$ が任意関数であったことを使うと必要な式が従う.

未知関数がより多くの場合の拡張もほぼ自明であろう.

■荷電粒子の運動とラグランジアン（その2）■

ここで電場と磁場は

$$\boldsymbol{E} = -\nabla\phi - \dot{\boldsymbol{A}},$$
$$\boldsymbol{B} = \operatorname{rot}\boldsymbol{A}$$

とスカラーポテンシャル，ベクトルポテンシャルにより与えられている．さらに次の計算に注意しよう．

$$(\dot{\boldsymbol{r}} \times \boldsymbol{B})_\alpha = \epsilon_{\alpha\beta\gamma}\dot{r}_\beta \epsilon_{\gamma\mu\nu}\partial_\mu A_\nu = (\delta_{\alpha\mu}\delta_{\beta\nu} - \delta_{\alpha\nu}\delta_{\beta\mu})\dot{r}_\beta \partial_\mu A_\nu$$
$$= \dot{r}_\beta \partial_\alpha A_\beta - \dot{r}_\beta \partial_\beta A_\alpha.$$

これより

$$m\ddot{\boldsymbol{r}} = e(\boldsymbol{E} + \dot{\boldsymbol{r}} \times \boldsymbol{B})$$

がオイラー方程式より従う．これはローレンツ力をうけて運動する電荷 e の粒子の運動方程式でありラグランジアンの正当性が示せたこととなる．

3.3.3 独立変数が複数の場合

ここではより広い形の汎関数に対するオイラー–ラグランジュ方程式について説明する．

独立変数が複数の場合（3 次元の場合）

$$I[f(\boldsymbol{r})] = \int_V dV\, F(f(\boldsymbol{r}), \partial_x f, \partial_y f, \partial_z f)$$

に関するオイラー–ラグランジュ方程式は

$$\begin{aligned}
\frac{\delta F}{\delta f} &= \frac{\partial F}{\partial f} - \partial_x \frac{\partial F}{\partial \partial_x f} - \partial_y \frac{\partial F}{\partial \partial_y f} - \partial_z \frac{\partial F}{\partial \partial_z f} \\
&= \frac{\partial F}{\partial f} - \partial_x \frac{\partial F}{\partial f_x} - \partial_y \frac{\partial F}{\partial f_y} - \partial_z \frac{\partial F}{\partial f_z} \\
&= \frac{\partial F}{\partial f} - \mathrm{div}\left(\frac{\partial F}{\partial f_x}, \frac{\partial F}{\partial f_y}, \frac{\partial F}{\partial f_z}\right) \\
&= 0
\end{aligned}$$

ただし境界条件として体積領域の境界 ∂V での次の固定端の条件を課す．

$$\delta f(\boldsymbol{r}) = 0, \quad \boldsymbol{r} \in \partial V$$

これはベクトル解析の簡単な応用として次のように示せる．

$$\delta I = \int_V dV \left[\delta f \frac{\partial F}{\partial f} + \delta f_x \frac{\partial F}{\partial f_x} + \delta f_y \frac{\partial F}{\partial f_y} + \delta f_z \frac{\partial F}{\partial f_z}\right].$$

ここで

■**ポテンシャル中の粒子系のハミルトニアン**■

ポテンシャル中の粒子系のハミルトニアンは，$L = \frac{m}{2}(\dot{\boldsymbol{r}})^2 - V(\boldsymbol{r})$ であるから

$$\begin{aligned}
p_i &= \frac{\partial L}{\partial \dot{r}_i} = m\dot{r}_i, \\
H &= p_i \dot{r}_i - L = \frac{m}{2}(\dot{\boldsymbol{r}})^2 + V(\boldsymbol{r})
\end{aligned}$$

より

ポテンシャル中の粒子系の運動量とハミルトニアン

$$\begin{aligned}
\boldsymbol{p} &= m\dot{\boldsymbol{r}}, \\
H &= \frac{m}{2}\dot{\boldsymbol{r}}^2 + V(\boldsymbol{r})
\end{aligned}$$

となる．実際に粒子が運動する世界線上ではエネルギーは運動エネルギー $\frac{1}{2}m\dot{\boldsymbol{r}}^2$ とポテンシャルエネルギー $V(\boldsymbol{r})$ の和となる．

$$\int_V dV \left[\delta f_x \frac{\partial F}{\partial f_x} + \delta f_y \frac{\partial F}{\partial f_y} + \delta f_z \frac{\partial F}{\partial f_z}\right]$$
$$= \int_V dV \left[\partial_x\left(\delta f \frac{\partial F}{\partial f_x}\right) - \delta f \partial_x \frac{\partial F}{\partial f_x} + \partial_y\left(\delta f \frac{\partial F}{\partial f_y}\right) - \delta f \partial_y \frac{\partial F}{\partial f_y}\right.$$
$$\left. + \partial_z\left(\delta f \frac{\partial F}{\partial f_z}\right) - \delta f \partial_z \frac{\partial F}{\partial f_z}\right]$$
$$= \int_V dV \left[\operatorname{div} \delta f \left(\frac{\partial F}{\partial f_x}, \frac{\partial F}{\partial f_y}, \frac{\partial F}{\partial f_z}\right) - \delta f \operatorname{div}\left(\frac{\partial F}{\partial f_x}, \frac{\partial F}{\partial f_y}, \frac{\partial F}{\partial f_z}\right)\right]$$
$$= \int_{\partial V} d\boldsymbol{S} \cdot \delta f \left(\frac{\partial F}{\partial f_x}, \frac{\partial F}{\partial f_y}, \frac{\partial F}{\partial f_z}\right) - \int_V dV\, \delta f \operatorname{div}\left(\frac{\partial F}{\partial f_x}, \frac{\partial F}{\partial f_y}, \frac{\partial F}{\partial f_z}\right)$$
$$= - \int_V dV\, \delta f \operatorname{div}\left(\frac{\partial F}{\partial f_x}, \frac{\partial F}{\partial f_y}, \frac{\partial F}{\partial f_z}\right).$$

よって
$$\delta I = \int_V dV\, \delta f \left[\frac{\partial F}{\partial f} - \operatorname{div}\left(\frac{\partial F}{\partial f_x}, \frac{\partial F}{\partial f_y}, \frac{\partial F}{\partial f_z}\right)\right] = 0.$$
ここで $\delta f(\boldsymbol{r})$ が任意関数であることより欲しい式が出る．

> **例題 3.6**
> $$I = \int dV(f_x^2 + f_y^2 + f_z^2)$$
> の停留条件を固定端の境界条件のもとで求めよ．

■荷電粒子系のハミルトニアン■

電磁場中の粒子の場合，
$$L = \frac{m}{2}(\dot{\boldsymbol{r}})^2 - e\phi + e\dot{\boldsymbol{r}} \cdot \boldsymbol{A}$$
であり，運動量は
$$p_\alpha = \frac{\partial L}{\partial \dot{r}_\alpha} = m\dot{r}_\alpha + eA_\alpha \quad (\alpha = x, y, z)$$
となり，ハミルトニアンは
$$H = p_\alpha \dot{r}_\alpha - L = (m\dot{r}_\alpha + eA_\alpha)\dot{r}_\alpha - \frac{m}{2}(\dot{\boldsymbol{r}})^2 + e\phi - e\dot{\boldsymbol{r}} \cdot \boldsymbol{A}$$
$$= \frac{m}{2}(\dot{\boldsymbol{r}})^2 + e\phi = \frac{1}{2m}(\boldsymbol{p} - e\boldsymbol{A})^2 + e\phi$$
となる．

> ─── 荷電粒子の運動量とハミルトニアン ───
> $$\boldsymbol{p} = m\dot{\boldsymbol{r}}_i + e\boldsymbol{A},$$
> $$H = \frac{m}{2}\dot{\boldsymbol{r}}^2 + e\phi$$
> $$= \frac{1}{2m}(\boldsymbol{p} - e\boldsymbol{A})^2 + e\phi$$

解答
$$F = f_x^2 + f_y^2 + f_z^2$$
だから
$$\frac{\delta F}{\delta f} = \text{div}\,(f_x, f_y, f_z) = \Delta f = 0. \quad \square$$

独立変数が複数の場合（2 次元の場合）

$$I[f(x,y)] = \int_S dx\,dy\, F(f(x,y), \partial_x f, \partial_y f)$$

に関するオイラー–ラグランジュ方程式は

$$\frac{\delta F}{\delta f} = \frac{\partial F}{\partial f} - \partial_x \frac{\partial F}{\partial \partial_x f} - \partial_y \frac{\partial F}{\partial \partial_y f}$$

$$= \frac{\partial F}{\partial f} - \partial_x \frac{\partial F}{\partial f_x} - \partial_y \frac{\partial F}{\partial f_y} = 0$$

ただし境界条件として面積領域の境界 ∂S での次の固定端の条件を課す．

$$\delta f(x,y) = 0, \quad (x,y) \in \partial S$$

これも 2 次元のガウスの定理を使えば同様に示せる．

■ポテンシャルとマクスウェル方程式■

電磁場は次のマクスウェル方程式に従う．

$$\text{rot}\,\boldsymbol{E} + \frac{\partial \boldsymbol{B}}{\partial t} = \boldsymbol{0},\; \text{rot}\,\boldsymbol{H} - \frac{\partial \boldsymbol{D}}{\partial t} = \boldsymbol{j},\; \text{div}\,\boldsymbol{D} = \rho,\; \text{div}\,\boldsymbol{B} = 0,$$

$$\boldsymbol{D} = \epsilon_0 \boldsymbol{E},\; \boldsymbol{H} = \frac{1}{\mu_0}\boldsymbol{B}.$$

（$\boldsymbol{j}$ は電流密度，ρ は電荷密度，ϵ_0, μ_0 は真空の誘電率と透磁率．）

ここで $\boldsymbol{E}, \boldsymbol{B}$ をポテンシャル表示 $\boldsymbol{E} = \nabla \phi - \frac{\partial \boldsymbol{A}}{\partial t}, \boldsymbol{B} = \text{rot}\,\boldsymbol{A}$ すると，

$$\text{rot}\,\boldsymbol{E} + \frac{\partial \boldsymbol{B}}{\partial t} = \text{rot}\left(\nabla \phi - \frac{\partial \boldsymbol{A}}{\partial t}\right) + \text{rot}\frac{\partial \boldsymbol{A}}{\partial t} = 0,$$

$$\because\; (\text{rot}\,\nabla \phi)_i = \epsilon_{ijk}\partial_j(\nabla\phi)_k = \epsilon_{ijk}\partial_j\partial_k\phi$$

$$= \frac{1}{2}(\epsilon_{ijk}\partial_j\partial_k\phi - \epsilon_{ikj}\partial_k\partial_j\phi) = \frac{1}{2}(\epsilon_{ijk} - \epsilon_{ikj})\partial_j\partial_k\phi = 0,$$

$$\text{div}\,\boldsymbol{B} = \text{div}\,\text{rot}\,\boldsymbol{A} = \partial_i(\text{rot}\,\boldsymbol{A})_i$$

$$= \partial_i \epsilon_{ijk}\partial_j A_k = \epsilon_{ijk}\partial_i\partial_j A_k = 0$$

となりポテンシャルを仮定することによりマクスウェル方程式の内 2 個は自動的に満たされることとなる．

3.4 境界条件

今まで境界条件としては固定端の条件のみを考えてきたが，ここでそれ以外のいくつかの境界条件について考えてみよう．まず，境界での関数の振舞いには何も条件をつけない場合を考えよう．汎関数

$$I[f] = \int_a^b dx\, F(x, f(x), f'(x))$$

に対して変分をとると

$$\begin{aligned}
\delta I &= \int_a^b dx \left[\delta f \frac{\partial F}{\partial f} + \delta f' \frac{\partial F}{\partial f'}\right] \\
&= \int_a^b dx \left[\delta f \frac{\partial F}{\partial f} - \delta f \frac{d}{dx}\frac{\partial F}{\partial f'}\right] + \delta f \frac{\partial F}{\partial f'}\bigg|_a^b \\
&= \int_a^b dx\, \delta f \frac{\delta F}{\delta f} + \delta f(b)\frac{\partial F}{\partial f'}\bigg|_{x=b} - \delta f(a)\frac{\partial F}{\partial f'}\bigg|_{x=a}.
\end{aligned}$$

ここで δf，さらに $\delta f(a), \delta f(b)$ も任意であるから

$$\frac{\delta F}{\delta f} = 0, \quad \frac{\partial F}{\partial f'}\bigg|_{x=a} = 0, \quad \frac{\partial F}{\partial f'}\bigg|_{x=b} = 0.$$

の 3 つの条件が導ける．これを自由境界における自然境界条件という．まとめて

■マクスウェルの方程式■

特に真空中の電磁場は次のマクスウェル方程式を満たす．

$$\operatorname{rot} \boldsymbol{E} + \frac{\partial \boldsymbol{B}}{\partial t} = 0, \quad \operatorname{rot} \boldsymbol{H} - \frac{\partial \boldsymbol{D}}{\partial t} = \boldsymbol{j} = 0,$$

$$\operatorname{div} \boldsymbol{D} = \rho = 0, \quad \operatorname{div} \boldsymbol{B} = 0, \quad \boldsymbol{D} = \epsilon_0 \boldsymbol{E}, \quad \boldsymbol{H} = \frac{1}{\mu_0}\boldsymbol{B}.$$

よって $\operatorname{rot}\operatorname{rot} \boldsymbol{E} = \operatorname{grad}\operatorname{div} \boldsymbol{E} - \Delta \boldsymbol{E} = -\Delta \boldsymbol{E}$

$$= -\frac{\partial}{\partial t}\operatorname{rot} \boldsymbol{B} = -\mu_0 \frac{\partial}{\partial t}\operatorname{rot} \boldsymbol{H} = -\epsilon_0 \mu_0 \frac{\partial^2}{\partial t^2}\boldsymbol{E}.$$

つまり $\Delta \boldsymbol{E} = \dfrac{1}{c^2}\dfrac{\partial^2 \boldsymbol{E}}{\partial t^2}$，と電場 $\boldsymbol{E}$ は波動方程式を満たす． $c^2 = \dfrac{1}{\epsilon_0 \mu_0}$.

また $\operatorname{rot}\operatorname{rot} \boldsymbol{H} = \operatorname{grad}\operatorname{div} \boldsymbol{H} - \Delta \boldsymbol{H} = -\Delta \boldsymbol{H}$

$$= \epsilon_0 \frac{\partial}{\partial t}\operatorname{rot} \boldsymbol{E} = -\epsilon_0 \mu_0 \frac{\partial^2}{\partial t^2}\boldsymbol{H},$$

$$\Delta \boldsymbol{H} = \frac{1}{c^2}\frac{\partial^2}{\partial t^2}\boldsymbol{H}.$$

よって真空中の電場 $\boldsymbol{E}$，磁場 $\boldsymbol{H}$ はともに波の進行速度 c の波動方程式を満たす (p.106)．これを電磁波と呼ぶ．

$$\left(\Delta - \frac{1}{c^2}\frac{\partial^2}{\partial t^2}\right)\boldsymbol{E} = 0, \quad \left(\Delta - \frac{1}{c^2}\frac{\partial^2}{\partial t^2}\right)\boldsymbol{H} = 0.$$

3.4 境界条件

> **自由端における自然境界条件**
>
> $$I[f] = \int_a^b dx\, F(x, f(x), f'(x))$$
>
> の境界での関数に何ら条件を付けない場合の停留条件は
>
> $$\frac{\delta F}{\delta f} = \frac{\partial F}{\partial f} - \frac{d}{dx}\frac{\partial F}{\partial f'} = 0$$
>
> $$\left.\frac{\partial F}{\partial f'}\right|_{x=a} = 0, \quad \left.\frac{\partial F}{\partial f'}\right|_{x=b} = 0$$

次に境界が完全に固定されているのではなく，ある曲線上に束縛されているが可動である場合を考えよう．つまり $x=a$ で端点が

$$y = A(x)$$

上にあるとし a も汎関数の停留条件より定まるとする．ただし汎関数としては最も簡単な

$$I[f] = \int_a^b dx\, F(x, f(x), f'(x))$$

をとり端点 $x=b$ では議論を簡単にするためこれまでと同様な固定端の条件

$$\delta f(b) = 0$$

を課そう．まず $x=a$ 自身が変化することを考慮した変分を考えて

■熱伝導方程式■

ある物質の場所 $\boldsymbol{r}$ における時刻 t での温度を $u(\boldsymbol{r},t)$ としたときこの関数の満たす方程式を導いてみよう．そこである任意の閉曲面 S で囲まれた微小体積 V の領域を考え，微小時間 δt においてこの領域に流入する熱量 δQ とすると面積要素 $d\boldsymbol{S}$ あたり流入する熱量が温度勾配 ∇u に比例すると考えられるので適当な単位で

$$\delta Q = \delta t \int_S d\boldsymbol{S} \cdot \nabla u$$

となる．よって熱容量 $\kappa^{-1} dV$ として $\kappa^{-1} dV \delta u = \delta Q$ より

$$\int_V dV \frac{\partial u}{\partial t} = \int_S d\boldsymbol{S} \cdot \kappa \nabla u = \int_V \mathrm{div}\,(\kappa \nabla u) dV.$$

よって V が任意であったから

$$\frac{\partial u}{\partial t} = \mathrm{div}\,(\kappa \nabla u).$$

特に κ が場所によらないとき

$$\frac{\partial u}{\partial t} = \kappa \Delta u.$$

これを熱伝導方程式という．

$$\delta I = \int_a^b dx\, \delta F(x, f(x), f'(x)) - \delta a F\bigg|_{x=a}$$

$$= \int_a^b dx \left[\delta f \frac{\partial F}{\partial f} + \delta f' \frac{\partial F}{\partial f'}\right] - \delta a F\bigg|_{x=a}$$

$$= \int_a^b dx\, \delta f \left[\frac{\partial F}{\partial f} - \frac{d}{dx}\frac{\partial F}{\partial f'}\right] + \delta f \frac{\partial F}{\partial f'}\bigg|_a^b - \delta a F\bigg|_{x=a}$$

$$= \int_a^b dx\, \delta f \left[\frac{\delta F}{\delta f}\right] - \delta f(a) \frac{\partial F}{\partial f'}\bigg|_{x=a} - \delta a F\bigg|_{x=a}.$$

まず可動の端点の微小変位 δa と関数の微小変化 δf については以下の関係式を要求することとなる．

$$(f + \delta f)(a + \delta a) = A(a + \delta a).$$

これを微小量の１次まで展開して

$$f(a) + f'(a)\delta a + \delta f(a) = A(a) + A'(a)\delta a.$$

よって微小量の各次数ごとに比べて

$$f(a) = A(a),$$
$$\delta f(a) = (A'(a) - f'(a))\delta a.$$

■波動方程式■

xy 平面上のある閉曲線 ∂S_0 に弾性的な膜を張ったとき，時刻 t，場所 $\boldsymbol{r} = (x, y)$ における膜の z 座標を $u(\boldsymbol{r}, t)$ としたとき $u(\boldsymbol{r}, t)$ の満たす方程式を導いてみよう（ただし変形は微小とする）．まず膜の曲面を S とすると弾性的なポテンシャルエネルギー V は面積の変形量 $\delta\sigma$ としてある定数 T を用いて $V = \int_{S_0} dxdy\, T\delta\sigma$ となる．ここで膜の面積 σ は $\sigma = \int_S |d\boldsymbol{S}| = \int_{S_0} dxdy \sqrt{1 + \left(\frac{\partial u}{\partial x}\right)^2 + \left(\frac{\partial u}{\partial y}\right)^2}$ だから微小変形に対しては展開して $V = \int_{S_0} dxdy\, \frac{T}{2}\left\{\left(\frac{\partial u}{\partial x}\right)^2 + \left(\frac{\partial u}{\partial y}\right)^2\right\}$.

また運動エネルギー K は質量面密度 ρ として $K = \int_{S_0} dxdy\, \frac{\rho}{2}\left(\frac{\partial u}{\partial t}\right)^2$.

よって作用積分 I は $I = K - V = \int_{S_0} dxdy \left[\frac{\rho}{2}\left(\frac{\partial u}{\partial t}\right)^2 - \frac{T}{2}\left\{\left(\frac{\partial u}{\partial x}\right)^2 + \left(\frac{\partial u}{\partial y}\right)^2\right\}\right]$.

これに対する変分の停留条件として固定端のものを使って

$$\rho \frac{\partial^2 u}{\partial t^2} = T\Delta u.$$

これを波動方程式という．

これを使い $\delta f(a)$ を消去して

$$\delta I = \int_a^b dx\, \delta f \left[\frac{\delta F}{\delta f}\right]$$
$$-\delta a \left[F + \frac{\partial F}{\partial f'}(A' - f')\right]\bigg|_{x=a}.$$

よって $\delta I = 0$ として $\delta f, \delta a$ が任意であることを使うと停留条件として

$$\frac{\delta F}{\delta f} = 0 \quad F + \frac{\partial F}{\partial f'}(A' - f')\bigg|_{x=a} = 0$$

が出る．まとめて

曲線 $y = A(x)$ に束縛された可動端

汎関数

$$I[f] = \int_a^b dx\, F(x, f(x), f'(x))$$

の停留条件は $x = b$ を固定端，$x = a$ は曲線 $y = A(x)$ に束縛された可動端として次のように与えられる．

$$\frac{\delta F}{\delta f} = 0,$$
$$F + \frac{\partial F}{\partial f'}(A' - f')\bigg|_{x=a} = 0$$

■曲線上に束縛された境界条件のもとでの変分問題■

例題 3.7 原点 O とある曲線 C_1（原点を通らないとする）$y = g(x)$ 上の点 $P = (x_1, y_1)$ を通る曲線 C_2（$y = f(x)$）を考え，物体を図のように曲線に沿って落下させることを考える．このとき落下時間が最小とする点 P を探すと曲線 C_1 と C_2 は点 P で直交することを示せ．

解答 前の議論と同様に落下時間 T は $T = \int_{x_1}^0 dx\,\sqrt{\frac{1+f'^2}{2gx}}$．ただし $x = x_1$ での境界条件は $f(x_1) = g(x_1)$ とする．よって上記の議論より停留条件以外の付加条件として $x = x_1$ にて

$$\sqrt{\frac{1+f'^2}{2gx}} + (g' - f')\frac{1}{2gx}\frac{f'}{\sqrt{\frac{1+f'^2}{2gx}}} = 0, \quad 1 + f'^2 = (f' - g')f', \quad f'g'|_{x=x_1} = -1. \quad \square$$

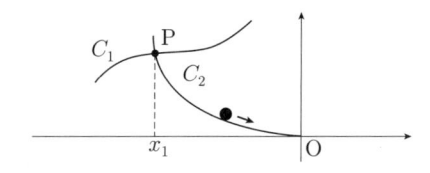

次にこの可動端の問題をパラメーター表示で考えてみよう．つまり次の汎関数の停留条件を求める．

$$I[x(t),y(t)] = \int_{t_0}^{t_1} dt\, F(t,x(t),\dot{x}(t),y(t),\dot{y}(t)).$$

ここで独立変数を t とし微分を $\dot{}$ と書いた．この表示では固定端は

$$\delta x(t_1) = \delta y(t_1) = 0$$

と書け，可動端が曲線

$$T(x,y) = 0$$

に束縛されているとすれば可動端の条件は

$$T(x(t_0),y(t_0)) = 0$$

と書ける．(t_0 は変化しない．) よって可動端における制限は微小量の最低次で

$$\delta x T_x + \delta y T_y \bigg|_{t_0} = 0$$

となる．この設定のもとで変分問題を考えてみよう．まず独立関数が x,y の2つあることに注意して汎関数の変分をとれば

■**曲線上に束縛された境界条件のもとでの変分問題:パラメーター表示**■

例題 3.8　前ページコラムの問題をパラメーター表示で考えよ．

解答　解曲線を $x=x(t), y=y(t)$ とすれば，束縛条件式は

$$T(x,y) = y - g(x) = 0$$

であり，停留としたい積分は

$$T = \int dt\, F(x(t),y(t)) = \int dt\, \dot{x}\sqrt{\frac{1+\left(\frac{\dot{y}}{\dot{x}}\right)^2}{2gx}} = \int dt\sqrt{\frac{\dot{x}^2+\dot{y}^2}{2gx}}$$

となる．これより，

$$T_x = -g'(x), \qquad T_y = 1,$$
$$F_{\dot{x}} = \frac{\dot{x}}{\sqrt{2gx(\dot{x}^2+\dot{y}^2)}}, \qquad F_{\dot{y}} = \frac{\dot{y}}{\sqrt{2gx(\dot{x}^2+\dot{y}^2)}}.$$

よって条件は

$$1 = \frac{\frac{T_x}{F_{\dot{x}}}}{\frac{T_y}{F_{\dot{y}}}} = -g'\frac{\dot{y}}{\dot{x}} = -g'f'. \quad \square$$

$$\delta I = \int_{t_0}^{t_1} dt \left[\delta x F_x + \delta \dot{x} F_{\dot{x}} + \delta y F_y + \delta \dot{y} F_{\dot{y}} \right]$$

$$= \int_{t_0}^{t_1} dt \left[\delta x \left(\frac{\partial F}{\partial x} - \frac{d}{dt} \frac{\partial F}{\partial \dot{x}} \right) + \delta y \left(\frac{\partial F}{\partial y} - \frac{d}{dt} \frac{\partial F}{\partial \dot{y}} \right) \right]$$

$$+ \delta x F_{\dot{x}} \Big|_{t_0}^{t_1} + \delta y F_{\dot{y}} \Big|_{t_0}^{t_1}$$

$$= \int_{t_0}^{t_1} dt \left[\delta x \frac{\delta F}{\delta x} + \delta y \frac{\delta F}{\delta y} \right]$$

$$- \left[\delta x F_{\dot{x}} + \delta y F_{\dot{y}} \right] \Big|_{t=t_0}.$$

ここで $\delta x, \delta y$ は任意関数，であることからまず

$$\frac{\delta F}{\delta x} = \frac{\delta F}{\delta y} = 0.$$

境界条件は $t = t_0$ で

$$\delta x F_{\dot{x}} + \delta y F_{\dot{y}} = 0.$$

ただし $\delta x, \delta y$ には制限 $\delta x T_x + \delta y T_y = 0$ があったことを思い出せば

$$\left. \frac{F_{\dot{x}}}{T_x} \right|_{t_0} = \left. \frac{F_{\dot{y}}}{T_y} \right|_{t_0}.$$

これを横断性の条件と呼ぶ．

以上まとめて

■多変数の間の関係式（その1）■

熱力学その他物理的に重要な状況で，多変数の間の微分量に関する関係式が与えられることが多い．このようなときのいくつかの有用な関係式を与えておこう．まず関数 $f(x, y, \cdots)$ が与えられた場合，変化させず微分の際に固定しておく変数を明示して

$$df = \left(\frac{\partial f}{\partial x} \right)_y dx + \left(\frac{\partial f}{\partial x} \right)_x dy = X dx + Y dy$$

とすると $X = \left(\frac{\partial f}{\partial x} \right)_y, \quad Y = \left(\frac{\partial f}{\partial y} \right)_x$ として

マクスウェルの関係式: $\left(\frac{\partial X}{\partial y} \right) = \left(\frac{\partial Y}{\partial x} \right) \quad \left(= \frac{\partial^2 f}{\partial x \partial y} \right).$

特に x, y, z がある関数関係にあるとき $dz = \left(\frac{\partial z}{\partial x} \right)_y dx + \left(\frac{\partial z}{\partial y} \right)_x dy$，より

$dz = 0$ として $\left(\frac{\partial y}{\partial x} \right)_z = -\frac{\left(\frac{\partial z}{\partial x} \right)_y}{\left(\frac{\partial z}{\partial y} \right)_x} = \frac{1}{\left(\frac{\partial x}{\partial y} \right)_z},$

または $\left(\frac{\partial x}{\partial y} \right)_z \left(\frac{\partial y}{\partial z} \right)_x \left(\frac{\partial z}{\partial x} \right)_y = -1.$

―― 横断性の条件 ――

汎関数
$$I[x(t), y(t)] = \int_{t_0}^{t_1} dt\, F(t, x(t), \dot{x}(t), y(t), \dot{y}(t))$$
を $T(x,y)$ を与えられた関数として以下の境界条件のもとで
$$\delta x(t_1) = \delta y(t_1) = 0,$$
$$T(x(t_0), y(t_0)) = 0$$
考えたとき、その停留条件は次のようになる．
$$\frac{\delta F}{\delta x} = \frac{\delta F}{\delta y} = 0,$$
$$\left.\frac{F_{\dot{x}}}{T_x}\right|_{t_0} = \left.\frac{F_{\dot{y}}}{T_y}\right|_{t_0} \quad (\text{横断性の条件})$$

■ 多変数の間の関係式（その2）■

より一般に
$$u_1 = u_1(\xi_1, \xi_2, \cdots),\quad u_2 = u_2(\xi_1, \xi_2, \cdots), \cdots$$
$$x_1 = x_1(\xi_1, \xi_2, \cdots),\quad x_2 = x_2(\xi_1, \xi_2, \cdots), \cdots$$
という変数変換が与えられたとき次のヤコビ行列式の間には微分のチェインルールより次の関係がある．
$$\frac{\partial(u_1, u_2, \cdots)}{\partial(x_1, x_2, \cdots)} = \frac{\partial(u_1, u_2, \cdots)}{\partial(\xi_1, \xi_2, \cdots)} \bigg/ \frac{\partial(x_1, x_2, \cdots)}{\partial(\xi_1, \xi_2, \cdots)}$$
ここで各項は行列式 $\det M$, $M_{ij} = \left\{\dfrac{\partial(x_1, x_2, \cdots)}{\partial(\xi_1, \xi_2, \cdots)}\right\}_{ij} = \dfrac{\partial x_i}{\partial \xi_j}$ などを意味する．

ここで $u_2 = x_2, u_3 = x_3, \cdots$ などとすれば
$$\left(\frac{\partial u_1}{\partial x_1}\right)_{x_2, x_3, \cdots} = \frac{\partial(u_1, x_2, x_3, \cdots)}{\partial(x_1, x_2, x_3, \cdots)} = \frac{\partial(u_1, x_2, \cdots)}{\partial(\xi_1, \xi_2, \cdots)} \bigg/ \frac{\partial(x_1, x_2, \cdots)}{\partial(\xi_1, \xi_2, \cdots)}$$

例えば次のように使う．
$$\left(\frac{\partial y}{\partial x}\right)_z = \frac{\partial(y,z)}{\partial(x,z)} \quad (z \text{ を補った}) = \frac{\partial(y,z)}{\partial(x,y)} \bigg/ \frac{\partial(x,z)}{\partial(x,y)} = -\frac{\partial(z,y)}{\partial(x,y)} \bigg/ \frac{\partial(x,z)}{\partial(x,y)} = -\frac{\left(\frac{\partial z}{\partial x}\right)_y}{\left(\frac{\partial z}{\partial y}\right)_x},$$
$$\left(\frac{\partial S}{\partial T}\right)_p = \frac{\partial(S,p)}{\partial(T,p)} = \frac{\partial(S,p)}{\partial(T,V)} \bigg/ \frac{\partial(T,p)}{\partial(T,V)} = \left\{\left(\frac{\partial S}{\partial T}\right)_V \left(\frac{\partial p}{\partial V}\right)_T - \left(\frac{\partial p}{\partial T}\right)_V \left(\frac{\partial S}{\partial V}\right)_T\right\} \bigg/ \left(\frac{\partial p}{\partial V}\right)_T.$$

3.5 束縛条件とラグランジュの未定乗数法

まず次の例を考えてみよう．

> **例題 3.9** 束縛条件
> $$g(x,y,z) = x+y+z = 0,$$
> $$h(x,y,z) = x^2+y^2+z^2 = 1$$
> の下で
> $$f(x,y,z) = x+2y+3z$$
> の極値を求めよ．

解答 これをなるべく見通しよく考えよう．まず3変数 x, y, z の間に2つの束縛条件があるから一般には1つの変数だけが独立となる．ここで例えばその独立な変数を z ととろう．すると3変数 x, y, z の微小変化を考えたときそれらも独立ではなく $\delta x, \delta y, \delta z$ の間に以下の制限がつく．

$$\delta g(x,y,z) = \delta x + \delta y + \delta z = 0,$$
$$\delta h(x,y,z) = 2x\delta x + 2y\delta y + 2z\delta z = 0.$$

これらの制限に注意して求める関数 $f(x,y,z)$ の微小変化を考えてみよう．

■**ラグランジュの未定乗数法（その1）**■

この議論は重要なので労をいとわずその説明を一般的な状況で繰り返してみよう．

まず，関数 $f(x_1,\cdots,x_N)$ の微小変化は各変数の微小変化から

$$\delta f = \sum_{i=1}^N \frac{\partial f}{\partial x_i} \delta x_i$$

と書ける．ただし変数の微小変化の間には k 個の束縛条件

$$\delta g_1 = 0 = \sum_{i=1}^N \frac{\partial g_1}{\partial x_i} \delta x_i, \quad \cdots, \quad \delta g_k = 0 = \sum_{i=1}^N \frac{\partial g_k}{\partial x_i} \delta x_i$$

が課せられている．この束縛条件のもとでは関数 f が極値をとる条件は

$$f + \lambda_1 g_1 + \cdots + \lambda_k g_k$$

が極値をとる条件と等しい．この微小変化は

$$\delta f + \lambda_1 \delta g_1 + \cdots + \lambda_k \delta g_k = \left(\frac{\partial f}{\partial x_1} + \sum_{i=1}^k \lambda_i \frac{\partial g_i}{\partial x_1}\right)\delta x_1 + \cdots + \left(\frac{\partial f}{\partial x_N} + \sum_{i=1}^k \lambda_i \frac{\partial g_i}{\partial x_N}\right)\delta x_N.$$

ここで N 個の変数の間に k 個の関係式があるから，その独立な変数として $x_{k+1}, \cdots, x_N$ の $N-k$ 個を以下とろう．

$$\delta f = \delta x + 2\delta y + 3\delta z$$

ここで $\delta x, \delta y, \delta z$ が完全に独立であれば極値問題はそれぞれの微小量の前の係数をゼロとおくことで決定できたが，今はそれらが独立でないためこの議論は使えない．そこでこれらの微小量の間の制限を直接取り込むには上の 2 つの制限式を解いて $\delta x, \delta y$ を独立な δz について解いてこの式に代入することになる．実は，極値を議論する限りにおいてはこの制限式を具体的に解く操作は次のラグランジュの未定乗数法といわれる工夫をすれば不要となる．具体的には，束縛式 g, h それ自体不変で定数に等しいので定数 a, b を持ち込んで

$$\begin{aligned}\delta(f + ag + bh) &= \delta x + 2\delta y + 3\delta z \\ &+ a(\delta x + \delta y + \delta z) \\ &+ b(2x\delta x + 2y\delta y + 2z\delta z)\end{aligned}$$

の変分問題を考えても極値を与える条件は $\delta f = 0$ を与える条件と変わらない．(当然束縛条件は課す．) この当り前の事実に注意して

$$\delta f = (1 + a + 2bx)\delta x + (2 + a + 2by)\delta y + (3 + a + 2bz)\delta z$$

と整理してみよう．ここまでは定数 a, b はなんでもよかったのだが，この定数を決める条件として極値を与える変数の値を (x_0, y_0, z_0) としてこれらの値で $\delta x, \delta y$ の前の係数が消えることを要請しよう．つまり

■ラグランジュの未定乗数法（その 2）■

つまり独立な微小変化として

$$\delta x_{k+1}, \cdots, \delta x_N$$

をとり，更に k 個の未定乗数を k 個の従属変数 $\delta x_1, \cdots, \delta x_k$ の微小変化の前の係数が極値で消える条件から定めよう．つまり k 個の連立方程式

$$\left.\frac{\partial f}{\partial x_j} + \sum_{i=1}^{k} \lambda_i \frac{\partial g_i}{\partial x_j}\right|_{x_\mu = x_\mu^0, \mu=1,2,\cdots,N} = 0, \quad j = 1, \cdots, k$$

を要求する．ここで x_μ^0 を極値を与える変数値とした．これが満たされれば x_μ^0 の近傍で微小量の最低次で

$$\delta f + \lambda_1 \delta g_1 + \cdots + \lambda_k \delta g_k = \left(\frac{\partial f}{\partial x_{k+1}} + \sum_{i=1}^{k} \lambda_i \frac{\partial g_i}{\partial x_{k+1}}\right)\delta x_{k+1} + \cdots + \left(\frac{\partial f}{\partial x_N} + \sum_{i=1}^{k} \lambda_i \frac{\partial g_i}{\partial x_N}\right)\delta x_N$$

と書ける．この式では微小量は独立変数のみが現れているからその極値の条件は

$$\left.\frac{\partial f}{\partial x_j} + \sum_{i=1}^{k} \lambda_i \frac{\partial g_i}{\partial x_j}\right|_{x_\mu = x_\mu^0} = 0, \quad j = k+1, \cdots, N$$

から定まる．以上の議論から，まとめ (p.115 枠内) で示した関係式が導かれる．

3.5 束縛条件とラグランジュの未定乗数法

$$1 + a + 2bx_0 = 0,$$
$$2 + a + 2by_0 = 0$$

これらの2つの式から定数 a, b を決定する．すると (x_0, y_0, z_0) の近傍において求めたい関数 f の微小変化に $\delta x, \delta y$ は現れず独立と考えてよい δz のみが現れることとなる．実際変数の変化分の1次の範囲では

$$\delta f = (1 + a + 2b(x_0 + \delta x))\delta x + (2 + a + 2b(y_0 + \delta y))\delta y$$
$$+ (3 + a + 2b(z_0 + \delta z))\delta z$$
$$= (3 + a + 2bz_0)\delta z. \quad (2\text{次以上の微小量を無視した．})$$

この最後の表式では微小量として独立な δz のみしか現れないから，その極値の条件はその前の係数がゼロとなる条件

$$3 + a + 2bz_0 = 0$$

となる．結局独立に要請される関係式は，これと a, b を決める式

$$1 + a + 2bx_0 = 0,$$
$$2 + a + 2by_0 = 0$$

の3個と2つの束縛条件となる．ここで書き出した δf の表式と定数を決定する式は定数 a, b として

$$f(x, y, z) + a g(x, y, z) + b h(x, y, z)$$

■汎関数に対する未定乗数法（その1）■

p.116 の汎関数に対する未定乗数法は次のように考えてもよい．まず，関数 f の微小変化を

$$\delta f = \delta f_1 + \delta f_2$$

と2つに形式的に分けておく．一般には

$$\delta I = \int_a^b dx\, \delta f\, \frac{\delta F}{\delta f}$$

と書いたとき束縛条件のため δf は任意関数ではないためその被積分関数が恒等的にゼロであるとは結論できない．この制限を外すため $\delta f_1, \delta f_2$ を任意関数として

$$\delta f = \epsilon_1 \delta f_1 + \epsilon_2 \delta f_2$$

と書く．このとき，汎関数の変分は

$$\delta I = \int_a^b dx\, \delta f\, \frac{\delta F}{\delta f} = \epsilon_1 \int_a^b dx\, \delta f_1\, \frac{\delta F}{\delta f} + \epsilon_2 \int_a^b dx\, \delta f_2\, \frac{\delta F}{\delta f}$$

であり，

に対して束縛条件を全て忘れて各独立変数で偏微分した係数が消える条件と等しいことに注意しよう．ここでの a, b を**未定乗数**，この方法を**ラグランジュの未定乗数法**と呼ぶ．いまの問題ではここでの3式から

$$x_0 = -\frac{a+1}{2b}, \quad y_0 = -\frac{a+2}{2b}, \quad z_0 = -\frac{a+3}{2b}.$$

これらを束縛条件 $x_0 + y_0 + z_0 = 0$ に代入して

$$a = -2.$$

条件 $x_0^2 + y_0^2 + z_0^2 = \frac{2}{4b^2} = 1$ から

$$b = \pm\frac{1}{\sqrt{2}}.$$

よって

$$(x_0, y_0, z_0) = \pm\left(\frac{1}{\sqrt{2}}, 0, -\frac{1}{\sqrt{2}}\right).$$

そこでの極値は

$$f(x_0, y_0, z_0) = \mp\sqrt{2}$$

となる．□

これを一般化した結果をまとめておこう．

■**汎関数に対する未定乗数法（その2）**■

さらに束縛条件は

$$\delta J = \int_a^b dx\,\delta f\,\frac{\delta G}{\delta f} = \epsilon_1 \int_a^b dx\,\delta f_1\,\frac{\delta G}{\delta f} + \epsilon_2 \int_a^b dx\,\delta f_2\,\frac{\delta G}{\delta f} = 0$$

と ϵ_1, ϵ_2 の間に制限を与えていると考えられる．よって ϵ_1, ϵ_2 に関する束縛条件付きの2変数の極値問題としてこの問題は1つの未定係数 λ を導入して

$$\int_a^b dx\,\delta f_1\left[\frac{\delta F}{\delta f} - \lambda\frac{\delta G}{\delta f}\right] = 0,$$
$$\int_a^b dx\,\delta f_2\left[\frac{\delta F}{\delta f} - \lambda\frac{\delta G}{\delta f}\right] = 0$$

と書ける．ここで $\delta f_1, \delta f_2$ が任意関数であったことより

$$\frac{\delta F}{\delta f} - \lambda\frac{\delta G}{\delta f} = \frac{\delta(F - \lambda G)}{\delta f} = 0$$

が停留条件となる．

3.5 束縛条件とラグランジュの未定乗数法

ラグランジュの未定乗数法：多変数の場合

N 個の変数 $x_1, \cdots, x_N$ の間に k 個の束縛条件

$$g_1(x_1, \cdots, x_N) = 0,$$
$$\vdots$$
$$g_k(x_1, \cdots, x_N) = 0$$

があるときの関数

$$f(x_1, \cdots, x_N)$$

の束縛条件付きの極値問題は $\lambda_1, \cdots, \lambda_k$ を k 個の定数（ラグランジュの未定乗数）として

$$\tilde{f} = f + \lambda_1 g_1 + \cdots + \lambda_k g_k$$

の極値問題を束縛条件なしで考えれば求められる．より正確には N 個の極値を与える変数値と k 個の未定乗数に対する次の $N+k$ 個の連立方程式を解けばよい．

$$\frac{\partial \tilde{f}}{\partial x_1} = \cdots = \frac{\partial \tilde{f}}{\partial x_N} = 0,$$
$$g_1 = \cdots = g_k = 0$$

■懸垂線（カテナリー）1■

最も典型的な束縛条件付きの変分問題として次のものを考えてみよう．

例題 3.10 重力中で 2 点 $P_0 = (x_0, y_0), P_1 = (x_1, y_1)$ に線密度 ρ 長さ l の糸を下げたときの糸の形を求めよ．

解答 重力による微小線素 ds のポテンシャルエネルギー V は図（p.88）より $-(-y)\rho\, ds = y\rho\sqrt{dx^2 + dy^2}$ だから

$$V = \int_{x_0}^{x_1} dx\, y\rho\sqrt{1 + y'^2}.$$

ただし糸の長さからくる次の束縛条件を要求する．

$$J = \int_{x_0}^{x_1} dx\, \sqrt{1 + y'^2} = \text{const.}$$

この V を束縛条件のもとで停留とする変分問題として考える．この条件は未定乗数 λ を持ち込んで

$$F = V + \lambda J = \rho y\sqrt{1 + y'^2} + \lambda\sqrt{1 + y'^2} = (\rho y + \lambda)\sqrt{1 + y'^2}$$

を停留とする問題となる．ここでこの F は独立変数を含まないので一般論から積分が存在して

次に束縛条件がついた変分問題を考えてみよう．例えば束縛条件 $J[f] = \int_a^b dx\, G(x,f,f') = C$（定数）の下で $I[f] = \int_a^b dx\, F(x,f,f')$ を停留とする問題を考えてみよう．これは積分を区間を N 等分し（$N \to \infty$ 区分求積法）各点での関数値を N 個の独立変数と考えれば N 変数の極値問題であるから，前節の議論が基本的にはそのまま使える．つまり束縛条件付きの変分問題として次の形にまとめることができる[*2]．

ラグランジュの未定乗数法：汎関数の場合

$$J[f] = \int_a^b dx\, G(x,f,f') = C \quad (\text{定数})$$

の下で

$$I[f] = \int_a^b dx\, F(x,f,f')$$

を停留とする条件は

$$\frac{\delta}{\delta f}(F - \lambda G) = \frac{\partial(F-\lambda G)}{\partial f} - \frac{d}{dx}\frac{\partial(F-\lambda G)}{\partial f'} = 0$$

[*2] ラグランジュの未定乗数の符号を $-$ とした．

■**懸垂線（カテナリー）2**■

$$C_1 = F - y' F_{y'} = (\rho y + \lambda)\sqrt{1+y'^2} - y'(\rho y + \lambda)\frac{y'}{\sqrt{1+y'^2}} = \frac{\rho y + \lambda}{\sqrt{1+y'^2}}.$$

よって $1 + y'^2 = \frac{1}{C_1^2}(\rho y + \lambda)^2$, $y' = \pm\sqrt{\frac{1}{C_1^2}(\rho y + \lambda)^2 - 1}$, $\int dy \frac{1}{\sqrt{\frac{1}{C_1^2}(\rho y + \lambda)^2 - 1}} = \pm(x + C_2)$.

ここで[*3] $\int dx \frac{1}{\sqrt{a^2 x^2 - 1}} = \frac{1}{a}\cosh^{-1} ax$. よって $\frac{C_1}{\rho}\cosh^{-1}\left(\frac{\rho y + \lambda}{C_1}\right) = \pm(x + C_2),$

$$\cosh\left(\frac{\rho}{C_1}(x+C_2)\right) = \frac{1}{C_1}(\rho y + \lambda), \quad y = \frac{C_1}{\rho}\cosh\left(\frac{\rho}{C_1}(x+C_2)\right) - \frac{\lambda}{\rho}.$$

未定の定数 C_1, C_2, λ は境界条件と束縛条件から定まる．この曲線を懸垂線（カテナリー）と呼ぶ．□

[*3] $ax = \cosh t$ とすると $(ax)^2 - 1 = \cosh^2 t - 1 = \sinh^2 t$, $dx = \frac{1}{a}\sinh t\, dt$ より

$$\int dx \frac{1}{\sqrt{a^2 x^2 - 1}} = \frac{1}{a}\int dt = \frac{1}{a}\cosh^{-1} ax.$$

3.6 変分法と固有値問題，近似解

3.6.1 レイリー商と束縛条件付きの変分問題

前節では関数 $y(x)$ に付加される束縛条件

$$J[y] = \text{const.}$$

のもとでの汎関数 $I[y]$ の変分問題を考えたが，実はこの問題は次に定義するレイリー商と呼ばれる汎関数 $R[y]$

$$R[y] \equiv \frac{I[y]}{J[y]}$$

の**束縛条件なし**の自由な変分問題と同値であることがわかる．そのためには次の汎関数の比の変分に成り立つ次の関係式に注意すればよい．

$$\delta R = \delta\left(\frac{I}{J}\right) = \frac{J\delta I - I\delta J}{J^2} = \frac{\delta I - R\delta J}{J}.$$

すなわち

$$\delta R = 0 \rightleftarrows \delta I - R\delta J = 0.$$

これは停留値を与える関数 $y_0(x)$ に対して計算したレイリー商 $R[y_0]$ がラグランジュの未定乗数をも与えることを示している．まとめて

■量子力学と変分法（その1）■

定常状態の量子力学はハミルトニアン演算子と呼ばれる微分演算子 H とそれが作用する「波動関数」$\psi(\boldsymbol{r})$ に対して次の固有値問題に帰着される．

$$H\psi(\boldsymbol{r}) = E\psi(\boldsymbol{r}), \quad \int d\boldsymbol{r}|\psi(\boldsymbol{r})|^2 = 1.$$

ここで E は定常状態のエネルギーである．これは，次のような E をラグランジュの未定乗数とした束縛条件付きの変分問題と解釈することもできる．

$$\delta\left[\int dV\,\psi^*(\boldsymbol{r})H\psi(\boldsymbol{r}) - E\int dV|\psi(\boldsymbol{r})|^2\right] = \delta\int dV\,\psi^*(\boldsymbol{r})(H-E)\psi(\boldsymbol{r}) = 0$$

ここで ψ が複素量であることを考えその実部と虚部を独立に変分をとるかわりに ψ^* と ψ とを独立に変分すると考えると ψ, ψ^* に関する変分より

$$\int dV\left[\delta\psi^*(\boldsymbol{r})(H-E)\psi(\boldsymbol{r}) + \psi^*(\boldsymbol{r})(H-E)\delta\psi(\boldsymbol{r})\right] = 0$$

より $\delta\psi^*(\boldsymbol{r}), \delta\psi(\boldsymbol{r})$ はともに任意だから $(H-E)\psi(\boldsymbol{r}) = 0$ が出る．

> **─── レイリー商とラグランジュの未定乗数 ───**
>
> 一般にレイリー商を停留とする
>
> $$\delta R[y_0] = 0$$
>
> を満たす停留関数が存在すれば定数 λ が存在してこの停留関数 y_0 に対して
>
> $$\delta I[y_0] - \lambda \delta J[y_0] = 0$$
>
> が成立する．つまり y_0 は束縛条件 $J[y] = $ 定数 のもとで汎関数 $I[y]$ を停留とする．さらにこのときのラグランジュの未定乗数 λ の値はこの関数 y_0 でのレイリー商に等しい．
>
> $$\lambda = R[y_0].$$

これは量子力学における変分法としてよく知られている．(コラム参照.)

3.6.2 変分法と微分方程式の固有値問題

　一般に束縛条件付きの変分問題はラグランジュの未定乗数を用いて議論することにより固有値問題として理解できることが多い．その最も典型的な例がスツルム–リュウヴィル型の微分方程式と呼ばれる固有値問題型の微分方程式に帰着する次のような変分問題である．最初に具体的な結果をまずまと

■**量子力学と変分法（その 2）**■

つまりこれは規格化条件

$$\int dV\, |\psi(\boldsymbol{r})|^2 = 1$$

の下でエネルギーの期待値と呼ばれる量

$$\langle H \rangle = \int dV\, \psi^*(\boldsymbol{r}) H \psi(\boldsymbol{r})$$

を停留とする波動関数を求めることに等しい．($\delta \langle H \rangle = 0$.)
また本文での議論のようにこれはレイリー商 R

$$R = \frac{\int dV\, \psi^*(\boldsymbol{r}) H \psi(\boldsymbol{r})}{\int dV\, |\psi(\boldsymbol{r})|^2}$$

を停留とする変分問題を考えることとも同等である．その最小値が最低固有値（基底状態のエネルギー）に対応する．

　この表式は近似的な波動関数ならびに基底状態のエネルギーの近似値を求めるために有効である．

めると

> **― スツルム–リュウヴィル型の微分方程式 ―**
>
> $p(x), q(x), \rho(x)$ を与えられた実数の関数として，束縛条件
>
> $$J[y] = \int_a^b dx\, \rho(x)[y(x)]^2 = \text{const.}$$
>
> のもとで，汎関数 I
>
> $$I[y] = \int_a^b dx\, \left\{ p(x)[y'(x)]^2 + q(x)[y(x)]^2 \right\}$$
>
> を停留とする変分問題は次の固有値問題
>
> $$L[y] = -\lambda \rho y,$$
> $$L[y] = \frac{d}{dx}\left(p(x)\frac{d}{dx}\right)y(x) - q(x)y(x)$$
>
> に帰着される．ただし境界条件を（例えば）次のとおりとする．
>
> $$y(a) = y(b) = 0$$

最初の変分問題をラグランジュの未定乗数を λ として固定端の境界条件のもとで考える．このときオイラー–ラグランジュ方程式を書き下すと次のようになる．

■変分法と固有値問題の例■

例題 3.11 束縛条件 $J[y] = \int_0^1 dx\, y^2 = 1$ のもとで

$$I[y] = \int_0^1 dx\, y'^2 = 1$$

を停留とする関数 $y(x)$ を求めよ．
ただし境界条件は $y(0) = y(1) = 0$ とする．

解答 ラグランジュの未定乗数 λ を導入して

$$\frac{\delta}{\delta y}(I + \lambda J) = 2y'' + 2\lambda y = 0, \quad \text{よって} \quad y'' = -\lambda y$$

とラグランジュの未定乗数を固有値とする固有方程式の形となる．これより

$$y = A\cos\sqrt{\lambda}x + B\sin\sqrt{\lambda}x.$$

境界条件 $y(0) = 0$ より $A = 0$, $y(1) = 0$ より $\sqrt{\lambda} = n\pi$, $n = 1, 2, \cdots$．束縛条件より

$$\int_0^1 dx\, B^2 \sin n^2\pi^2 x = \frac{B^2}{2} = 1$$

から $B = \sqrt{2}$．まとめると停留関数は $y(x) = \sqrt{2}\sin n^2\pi^2 x,\ n = 1, 2, \cdots$． □

$$\frac{\delta}{\delta y}(I[y] - \lambda J[y]) = (q2y - \lambda\rho 2y) - \frac{d}{dx}p2y'$$
$$= -2(L[y] + \lambda\rho y)$$
$$= 0.$$

よって $\delta I - \lambda\delta J = 0$ より

$$L[y] = -\lambda\rho y$$

となる．一方レイリー商 $R[y] = \frac{I[y]}{J[y]}$ の停留条件は

$$\delta R = \frac{\delta I - R\delta J}{J} = 0$$

だったからこの停留条件を満たす関数 $y_0(x)$ に対して定数 $\lambda = R[y_0]$ と選べば

$$\delta(I - \lambda J)|_{y=y_0} = \delta I[y_0] - \lambda\delta J[y_0] = 0,$$
$$\lambda = \frac{I[y_0]}{J[y_0]}$$

となる．すなわち停留条件をみたす関数に対するレイリー商 $R[y_0]$ の値が，ラグランジュの未定乗数でもある固有方程式の固有値を与えることとなる．このようにしてある種の微分方程式の固有値問題は変分問題に書き直され，更にその固有値はレイリー商として与えられることになる．

■**変分法による固有値の近似計算の例**■

例題 3.12 区間 $[0,1]$ で定義される関数 $y = y(x)$ に関する次の固有値問題を考えたときその最小固有値の近似値 λ_0 を求めよ．
$$y'' = -\lambda y, \quad y(0) = y(1) = 0.$$

解答 ここでの議論より境界条件を満たす関数 $f(x)$ について $\lambda_0 = \frac{I[f]}{J[f]}$ が近似値となる．ここで $I[f] = \int_0^1 dx\, f'^2$, $J[f] = \int_0^1 dx\, f^2$ である．例えば

$$f(x) = x(1-x)$$

とすると

$$I[f] = \int_0^1 dx\,(1-2x)^2 = \int_0^1 dx\,(1-4x+4x^2) = 1 - \frac{4}{2} + \frac{4}{3} = \frac{1}{3},$$
$$J[f] = \int_0^1 dx\,x^2(1-x)^2 = \int_0^1 dx\,(x^4 - 2x^3 + x^2) = \frac{1}{5} - \frac{2}{4} + \frac{1}{3} = \frac{1}{30},$$
$$\lambda_0 = \frac{1/3}{1/30} = 10.$$

これは厳密な値 π^2 にかなり近い．□

3.6 変分法と固有値問題，近似解

　一般には固有値は複数あり，そのそれぞれについて停留条件が成り立つわけだが特にその最も小さい固有値に対しては変分的な議論からレイリー商を用いて容易に近似計算を行なうことができる．これについて以下まとめよう．

> **── スツルム–リュウヴィル型の固有値の変分法による近似解 ──**
>
> $$L[y] = -\lambda \rho y$$
>
> を満たす固有値は（束縛条件なしで考えたときの）
>
> $$R = \frac{I[y]}{J[y]}$$
>
> の停留値で与えられる．よって変分関数をある限られた範囲で探せば固有値の近似解を与えることとなる．特に最小固有値に関しては上からの近似値となる．

　量子力学的には基底状態のエネルギーに対して試行関数を用いて上からの近似値を求めることに対応する．当然ながら真の基底状態の波動関数に近い試行関数をとればよりよい基底状態のエネルギーの近似値が得られるのである．

■スツルム–リュウヴィル型の固有値問題における直交性■

関数に対する内積を $(u,v) = \int_a^b dx\, u^*(x)\rho(x)v(x)$ としてスツルム–リュウヴィル型方程式の固有値はすべて実であり，異なる固有値に属する固有関数が直交することを示そう．

　まず，$L[u] = (pu')' - qu = -\lambda\rho u$, u^* をかけて積分して

$$\int_a^b dx\left\{u^*(pu')' - u^*qu\right\} = u^*(pu')\Big|_a^b - \int_a^b dx\,(u^{*\prime}pu' + u^*qu) \quad (\text{固定端}: u\Big|_a^b = 0)$$

$$= -\int_a^b dx\,(u^{*\prime}pu' + u^*qu) = -\lambda\int_a^b u^*\rho u.$$

これの複素共役をとって辺々引けば $0 = (\lambda - \lambda^*)\int_a^b u^*\rho u$ より λ は実数．

　次に $L[u] = (pu')' - qu = -\lambda\rho u$, これに v^* をかけ積分して

$$\int_a^b dx\left\{v^*(pu')' - v^*qu\right\} = v^*(pu')\Big|_a^b - \int_a^b dx\,(v^{*\prime}pu' + v^*qu) = -\int_a^b dx\,(v^{*\prime}pu' + v^*qu) = -\lambda\int_a^b v^*\rho u.$$

また $(L[v])^* = (pv^{*\prime})' - qv^* = -\lambda'\rho v^*$, $(\lambda \neq \lambda')$ として，u をかけて積分すると

$$\int_a^b dx\,u(pv^{*\prime})' - uqv^* = u(pv^{*\prime})\Big|_a^b - \int_a^b dx\,(u'pv^{*\prime} + uqv^*) = -\int_a^b dx\,(u'pv^{*\prime} + uqv^*) = -\lambda'\int_a^b u\rho v^*.$$

辺々引いて $(\lambda - \lambda')\int_a^b dx\,v^*\rho u = 0$ より $(v,u) = 0$.

3.7 章末問題

3.1 固定端の境界条件のもとで次の積分に対するオイラー方程式を求めよ．

(a) $\quad \displaystyle\int_0^1 dt\,(t+1)u'^2$

(b) $\quad \displaystyle\int_0^1 dt\,u\sqrt{1-u'^2}$

(c) $\quad \displaystyle\int_S dxdy\,\sqrt{1+u_x^2+u_y^2}$

3.2 微小な線素 ds が $(ds)^2 = g_{ij}dx^i dx^j$ と書けるとき，曲線のパラメーター表示を $x^i = x^i(t)$ として $t=0$ からの曲線の長さ s は $s = \int_0^t L(s), L(t) = \sqrt{g_{ij}\dot{x}^i\dot{x}^j}$ となる．(t 微分を $\dot{}$ とした．)

(a) 曲線のパラメターとして曲線の長さ s 自身をとったとき曲線の長さを与える積分 s に対する停留の条件が次のようになることを示せ．

$$\frac{d^2 x^l}{ds^2} + \frac{1}{2}g^{lk}\left(\frac{\partial g_{kj}}{\partial x^i} + \frac{\partial g_{ik}}{\partial x^j} - \frac{\partial g_{ij}}{\partial x^k}\right)\frac{dx^i}{ds}\frac{dx^j}{ds} = 0.$$

ここで $g^{ij} = \{g^{-1}\}_{ij}, \{g\}_{ij} = g_{ij}$, すなわち $g^{ik}g_{kj} = \delta^i_j$ である．

(b) $g_{ij} = \delta_{ij}$ のとき，前問の解は直線であることを示せ．

(ヒント 積分 s に対して $x^k(t)$ を変化させたときのオイラー方程式は

$$\frac{1}{2L}\frac{\partial g_{ij}}{\partial x^k}\dot{x}^i\dot{x}^j - \frac{d}{dt}\frac{1}{2L}(g_{ik}\dot{x}^i + g_{kj}\dot{x}^j) = 0.$$

さらに

$$\frac{d}{dt}\frac{1}{2L}(g_{ik}\dot{x}^i + g_{kj}\dot{x}^j) = \frac{-1}{2L^2}\dot{L}(g_{ik}\dot{x}^i + g_{kj}\dot{x}^j) + \frac{1}{2L}(g_{ik}\ddot{x}^i + g_{kj}\ddot{x}^j)$$
$$+ \frac{1}{2L}\left(\frac{\partial g_{ik}}{\partial x^j}\dot{x}^j\dot{x}^i + \frac{\partial g_{kj}}{\partial x^i}\dot{x}^i\dot{x}^j\right).$$

これから $g_{ij} = g_{ji}$ に注意して

$$2g_{ik}\ddot{x}^i + \left(\frac{\partial g_{kj}}{\partial x^i} + \frac{\partial g_{ik}}{\partial x^j} - \frac{\partial g_{ij}}{\partial x^k}\right)\dot{x}^i\dot{x}^j = \frac{\dot{L}}{L}(g_{ik}\dot{x}^i + g_{kj}\dot{x}^j).$$

とくに $t=s$ の場合 $L = \frac{ds}{dt} = \frac{ds}{ds} = 1$ だから $\dot{L} = 0$ となる．さらに上の式に g^{lk} をかけて k で和をとれば問の関係式が得られる．)

4 複素解析の基礎

　科学現象は基本的には実数値として表現できること多く（ただし量子力学は除く）実数を扱う解析となることが多い．それにも関わらず，扱う領域（関数の値域，定義域）を複素数まで拡張しておくとより本質的な側面が明らかとなることしばしばある．この節では，数理解析の基礎としての複素解析の基礎を説明したい．この節でもこの本の姿勢に従って，完全な証明をするより，物理的直感に訴える感覚的理解を目指すこととする．

本章の内容	
4.1	複素平面と極表示
4.2	複素関数
4.3	複素積分
4.4	コーシーの定理
4.5	留数と複素積分
4.6	コーシーの積分定理他いくつかの定理
4.7	複素積分による実積分の計算
4.8	部分分数と無限乗積
4.9	ガンマ関数とベータ関数
4.10	解析接続とリーマン面

4.1 複素平面と極表示

複素数 z とは 2 つの実数 x, y から

$$z = x + iy$$

と定義される数で $x = \operatorname{Re} z$ を実部,$y = \operatorname{Im} z$ を虚部と呼ぶ.また $z = x+iy$ に対してその複素共役 $\bar{z} = z^*$ を

$$\bar{z} = x - iy$$

と定義し,その絶対値 $|z|$ を

$$|z| = \sqrt{x^2 + y^2} = \sqrt{z\bar{z}}$$

と定義する.この絶対値は実数の場合の拡張となっていることには注意しよう.さらに複素数に対しては

$$i^2 = -1$$

とする以外実数の四則が自然に拡張されているとする.つまり $z_1 = x_1 + iy_1$,$z_2 = x_2 + iy_2$ に対して

$$z_1 \pm z_2 = (x_1 \pm x_2) + i(y_1 \pm y_2).$$

■複素数とその極表示■

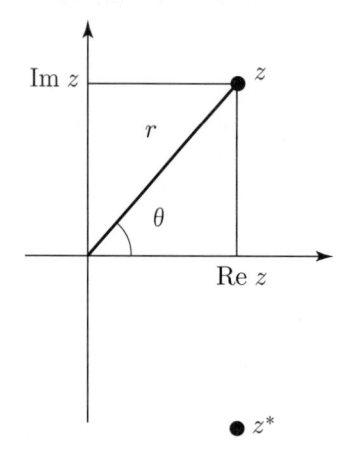

複素平面と絶対値 $r = |z|$,偏角 θ,複素共役 $\bar{z} = z^*$ を図に示す.

$$z_1 z_2 = (x_1 + iy_1)(x_2 + iy_2)$$
$$= (x_1 x_2 + i^2 y_1 y_2) + i(x_1 y_2 + x_2 y_1)$$
$$= (x_1 x_2 - y_1 y_2) + i(x_1 y_2 + x_2 y_1).$$
$$\frac{z_1}{z_2} = \frac{z_1 \bar{z}_2}{z_2 \bar{z}_2} = \frac{1}{x_2^2 + y_2^2}(z_1 \bar{z}_2).$$

$$i^3 = -i,$$
$$i^4 = 1,$$
$$\frac{1}{i} = -i.$$

また**三角不等式**と呼ばれる次の基本的な関係式が成立する．

---- 三角不等式 ----
$$|z_1 + z_2| \leq |z_1| + |z_2|$$

これは $z_1 = x_1 + iy_1$, $z_2 = x_2 + iy_2$ として

$$(|z_1| + |z_2|)^2 - |z_1 + z_2|^2 = (x_1^2 + y_1^2) + (x_2^2 + y_2^2) + 2|z_1||z_2|$$
$$-(x_1 + x_2)^2 - (y_1 + y_2)^2$$
$$= 2\sqrt{x_1^2 + y_1^2}\sqrt{x_2^2 + y_2^2} - 2(x_1 x_2 + y_1 y_2).$$

一方

■三角不等式■

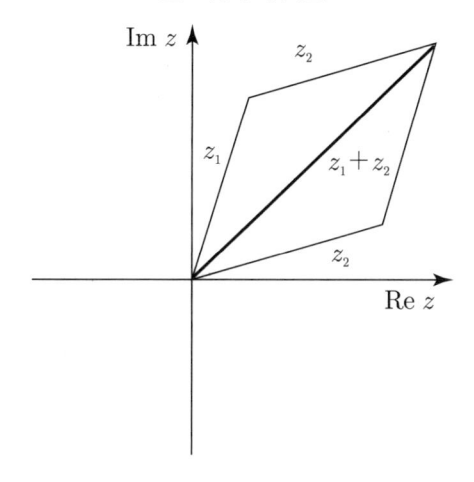

ここで与えた複素数と 2 次元平面の対応を使うと 2 次元幾何が複素数で行える．例えば三角不等式は三角形についての「2 辺の和は残りの辺の長さより小さくはない」という明らかな事実より従う．

$$(x_1^2 + y_1^2)(x_2^2 + y_2^2) - (x_1 x_2 + y_1 y_2)^2 = x_1^2 y_2^2 + y_1^2 x_2^2 - 2 x_1 x_2 y_1 y_2$$
$$= (x_1 y_2 - y_1 x_2)^2 \geq 0.$$

よって

$$(|z_1| + |z_2|)^2 - |z_1 + z_2|^2 \geq 0.$$

これから三角不等式が従う.特に等号は $\frac{x_1}{x_2} = \frac{y_1}{y_2}$ のとき,つまり

$$z_1 = c z_2 \text{のとき三角不等式で等号が成り立つ}.$$

この複素数 $z = x + iy$ に対して平面上の点 (x, y) を対応させ,この平面を**複素平面**と呼ぶ.(この対応は明らかに一対一である.)

$$z = x + iy \to (x, y).$$

この複素平面上でベクトル (x, y) が x 軸正方向となす角 θ を**偏角**と呼ぶ.

$$\theta = \arg z.$$

よって図(コラム:複素数とその極表示)より

$$z = r(\cos\theta + i \sin\theta),$$
$$r = |z|,$$

となる.ここで $\cos\theta, \sin\theta$ のテイラー展開を思い出すと

▬▬▬
■複素平面上での幾何■

複素数に対する演算は複素平面上での平面幾何として理解できることも多い.
- $z \to \bar{z}$:実軸に対する鏡映
- $z \to e^{i\theta} z$:原点中心,角度 θ の回転
- $z \to 1/\bar{z}$:原点中心の単位円に関する鏡像

　A:$z = re^{i\theta}$ とすると $1/\bar{z} = r^{-1} e^{i\theta}$ つまり偏角は等しく絶対値は逆数.また図より ΔOAC と ΔOCB は相似なので $\frac{OC}{OA} = \frac{OB}{OC}$.これより $OA \cdot OB = OC^2 = 1$.よって B:$1/\bar{z}$ となる.この A, B をお互いに単位円について鏡像の位置にあるという.

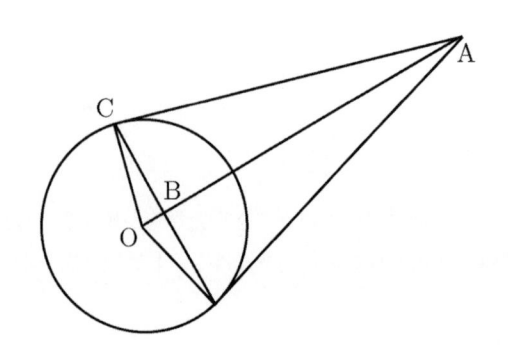

4.1 複素平面と極表示

$$\sin\theta = \theta - \frac{1}{3!}\theta^3 \pm \cdots = \sum_{n=1,3,5,7,\cdots} \frac{1}{n!}i^{n-1}\theta^n,$$

$$\cos\theta = 1 - \frac{1}{2!}\theta^2 \pm \cdots = \sum_{n=0,2,4,6,\cdots} \frac{1}{n!}i^n\theta^n$$

より

$$\cos\theta + i\cos\theta = \sum_{n=1,2,3,\cdots} \frac{1}{n!}i^n\theta^n = e^{i\theta}.$$

─── オイラーの公式と極表示 ───

$$e^{i\theta} = \cos\theta + i\sin\theta$$

$$z = x + iy = re^{i\theta} \quad :\text{極表示}$$

特に $e^{i2\pi} = 1,\ e^{i\pi} = -1,\ e^{i\frac{\pi}{2}} = i,\ e^{-i\frac{\pi}{2}} = -i$

ここで極表示の偏角は 2π だけ不定であることに注意しよう.

$$e^{i2\pi n} = 1, \quad n = 0, \pm 1, \pm 2, \cdots,$$
$$re^{i(\theta+2\pi n)} = re^{i\theta}.$$

これよりすぐ導かれる

─── 指数関数の周期 ───

$$e^{z+i2\pi n} = e^z$$

■三角関数，双曲関数■

次のように定義される三角関数，双曲関数が実用的に使われる.

$$\sin x = \frac{e^{ix} - e^{-ix}}{2i}$$

$$\cos x = \frac{e^{ix} + e^{-ix}}{2}$$

$$\tan x = \frac{\sin x}{\cos x} = -i\frac{e^{ix} - e^{-ix}}{e^{ix} + e^{-ix}}$$

$$\sinh x = \frac{e^x - e^{-x}}{2}$$

$$\cosh x = \frac{e^x + e^{-x}}{2}$$

$$\tanh x = \frac{\sinh x}{\cosh x} = \frac{e^x - e^{-x}}{e^x + e^{-x}}$$

x は複素数を動くとする.

には注意しよう．べき関数等の多価性はこれに注意すれば自然に扱える．例えば

$$i^i = (e^{i\frac{\pi}{2}})^i = (e^{i\frac{\pi}{2}+2\pi n i})^i$$
$$= e^{-(2n+\frac{1}{2})\pi}, \quad n = 0, \pm 1, \pm 2 \cdots$$

と無限に多価である．

なお複素変数の指数関数 $e^z = \exp z$ は次のように無限遠点以外のすべての複素数に対して定義されることに注意しよう．

$$e^z = \exp z = \sum_{n=0}^{\infty} \frac{z^n}{n!}.$$

なお複素級数の収束性は絶対値 $|\cdot|$ を用いて実数に準じて考える．

4.2 複素関数

4.2.1 複素関数と正則関数

複素数 $z = x + iy$ が与えられたとき，ある複素数 $w = X + iY$ を対応させる写像を複素関数と呼び，

$$w = w(z), \quad X(x,y) + iY(x,y) = w(x+iy)$$

と実関数 X, Y を用いて表現できる．これは 2 つの 2 変数実関数

■べき関数の多価性■

複素数 $z = re^{i\theta}$ に対してべき関数 z^α を扱うときは多価性に注意しよう．

$$z^\alpha = (re^{i\theta + i2\pi n})^\alpha, \quad n : 整数$$
$$= r^\alpha e^{i\theta\alpha} e^{i2\pi n\alpha}$$

となり、$n = -\infty, -2, -1, 0, 1, 2, \cdots$ に対応して一般には無限多価となる．例えば

$$i^i = (e^{i\frac{\pi}{2}+i2\pi n})^i$$
$$= e^{-\frac{\pi}{2}-2\pi n}.$$

また

$$(-1)^{\frac{1}{3}} = (e^{i\pi + i2\pi n})^{\frac{1}{3}} = e^{i\frac{\pi}{3} + i\frac{2n\pi}{3}}$$

でこのときは n を変えても 3 通りしか多価性は生じない．

$$X = X(x,y),$$
$$Y = Y(x,y)$$

を与えたことと等しい．

ここで複素関数 $w = w(z)$ の微分を

$$w'(z) = \frac{dw}{dz} = \lim_{|h| \to 0} \frac{w(z+h) - w(z)}{h}$$

とする．ここで $|h| \to 0$ は任意の複素数 h についてこの極限が一意に存在することを意味する．つまり $z+h$ が複素平面上どのように z に近づいてもこの極限が存在することが重要である．この極限が存在するとき $w = w(z)$ は z で微分可能であるという．

さらに z の近傍で微分可能なとき $w(z)$ は z において正則であるという．

複素関数に対する正則性は単に実部，虚部を独立に考えた，2 変数関数 $X(x,y), Y(x,y)$ が偏微分できれば成立するのではなく，複素平面でどのように近づいてもその極限が存在することより関数 $w = X(x,y) + iY(x,y)$ に非常に強い条件を課すこととなる．これを以下確認してみよう．

まず，$w = X + iY$ が z にて正則である（微分可能）とは，

微小量 $\delta z = \delta x + i\delta y$ に対して
$$\delta w = w' \delta z$$

━━━━━━━━━━━━━━━━━━━━━━━━━━━━━━━━━━
■微分可能性■

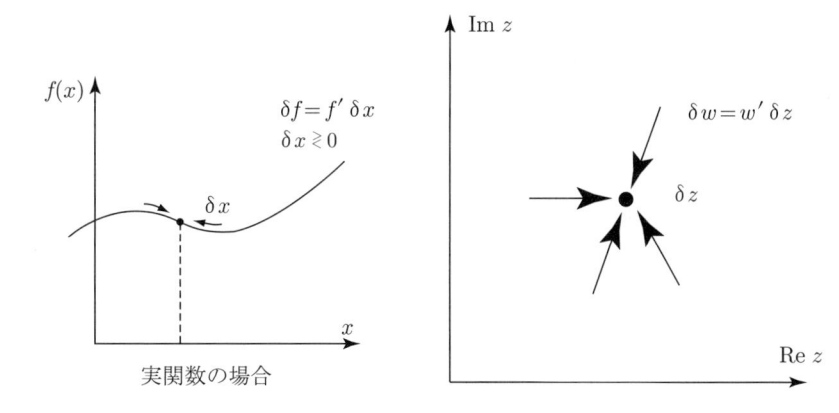

実関数の場合

━━━━━━━━━━━━━━━━━━━━━━━━━━━━━━━━━━

複素関数が微分可能であるためにはどんな方向から極限をとってもその極限が等しくなければならない．これは実関数が微分であるためには正負どちらから近づいてもその極限が等しくなければならなかったことに対応する．複素関数の場合この条件は厳しい制限を与える．（コーシー‐リーマンの関係式．）

が δz によらず定数の w' について成立することであることに注意しよう. 一方, $w = X + iY$ が x, y の実の 2 変数関数でもあることに注意すれば次のように書ける.

$$\begin{aligned}\delta w &= \left(\frac{\partial X}{\partial x}\delta x + \frac{\partial X}{\partial y}\delta y\right) + i\left(\frac{\partial Y}{\partial x}\delta x + \frac{\partial Y}{\partial y}\delta y\right) \\ &= \left(\frac{\partial X}{\partial x} + i\frac{\partial Y}{\partial x}\right)\delta x + \left(\frac{\partial X}{\partial y} + i\frac{\partial Y}{\partial y}\right)\delta y \\ &= w'(\delta x + i\delta y).\end{aligned}$$

まず, 関数 $w = w(z)$ の正則性(微分可能性)を仮定してみよう. このとき $\delta z \to 0$ の極限の取り方によらず, これらの関係式が成り立つから,

$$\delta x : 任意, \delta y = 0 \text{ として } \left(\frac{\partial X}{\partial x} + i\frac{\partial Y}{\partial x}\right)\delta x = w'\delta x.$$

$$\delta x \text{ は任意だから } \frac{\partial X}{\partial x} + i\frac{\partial Y}{\partial x} = w'.$$

次に

$$\delta x = 0, \delta y : 任意 \text{ として } \left(\frac{\partial X}{\partial y} + i\frac{\partial Y}{\partial y}\right) = w'i\delta y.$$

$$\delta y \text{ は任意だから } \frac{\partial X}{\partial y} + i\frac{\partial Y}{\partial y} = iw'.$$

これらから w' を消去すれば

■ **CR 方程式の別な形(その 1)** ■

CR 方程式を少し書き直してみよう. $z = x + iy$ の複素関数をいままではその実部 x と虚部 y の関数として 2 変数関数ととらえてきたが, ここでは z とその複素共役 $\bar{z}$ の関数とみてみよう. まず

$$z = x + iy,$$
$$\bar{z} = x - iy$$

より

$$\begin{aligned}\frac{\partial}{\partial x} &= \frac{\partial z}{\partial x}\frac{\partial}{\partial z} + \frac{\partial \bar{z}}{\partial x}\frac{\partial}{\partial \bar{z}} \\ &= \frac{\partial}{\partial z} + \frac{\partial}{\partial \bar{z}}, \\ \frac{\partial}{\partial y} &= \frac{\partial z}{\partial y}\frac{\partial}{\partial z} + \frac{\partial \bar{z}}{\partial y}\frac{\partial}{\partial \bar{z}} \\ &= i\frac{\partial}{\partial z} - i\frac{\partial}{\partial \bar{z}}.\end{aligned}$$

これを使って CR 方程式を書き直すと

$$i\left(\frac{\partial X}{\partial x}+i\frac{\partial Y}{\partial x}\right)=\frac{\partial X}{\partial y}+i\frac{\partial Y}{\partial y}.$$

この実部と虚部をそれぞれ比べて

$$\frac{\partial X}{\partial x}=\frac{\partial Y}{\partial y},$$

$$\frac{\partial X}{\partial y}=-\frac{\partial Y}{\partial x}.$$

この方程式をコーシー–リーマン（**CR**）の方程式と呼ぶ．いまの議論はCR方程式が正則性のために必要な条件であることを示すが，実はこの条件は十分でもある．これを示すためにCR方程式を使って次のように2変数関数と考えた場合の関数 w の微小変化 δw を次のように変形する．

$$\delta w = \left(\frac{\partial X}{\partial x}+i\frac{\partial Y}{\partial x}\right)\delta x + \left(\frac{\partial X}{\partial y}+i\frac{\partial Y}{\partial y}\right)\delta y$$

$$= \left(\frac{\partial X}{\partial x}+i\frac{\partial Y}{\partial x}\right)\delta x + \left(-\frac{\partial Y}{\partial x}+i\frac{\partial X}{\partial x}\right)\delta y$$

(第2項にCRの方程式を使った)

$$= \left(\frac{\partial X}{\partial x}+i\frac{\partial Y}{\partial x}\right)(\delta x+i\delta y).$$

これは $\delta z=\delta x+i\delta y$ によらず極限 $\frac{\delta w}{\delta z}$ が存在することを示す．つまりCR

■ **CR 方程式の別な形（その2）** ■

$$\frac{\partial X}{\partial x}=\frac{\partial Y}{\partial y} \quad \text{より} \quad \frac{\partial X}{\partial z}+\frac{\partial X}{\partial \bar{z}}=i\frac{\partial Y}{\partial z}-i\frac{\partial Y}{\partial \bar{z}} \quad (*1)$$

$$\frac{\partial X}{\partial y}=-\frac{\partial Y}{\partial x} \quad \text{より} \quad i\frac{\partial X}{\partial z}-i\frac{\partial X}{\partial \bar{z}}=-\frac{\partial Y}{\partial z}-\frac{\partial Y}{\partial \bar{z}} \quad (*2)$$

$i\times(*1)+(*2), -i\times(*1)+(*2)$ より

$$2i\frac{\partial X}{\partial z}=-2\frac{\partial Y}{\partial z},$$

$$-2i\frac{\partial X}{\partial \bar{z}}=-2\frac{\partial Y}{\partial \bar{z}}.$$

つまり

$$\frac{\partial}{\partial z}(X-iY)=\frac{\partial}{\partial z}\bar{w}=0,$$

$$\frac{\partial}{\partial \bar{z}}(X+iY)=\frac{\partial}{\partial \bar{z}}w=0.$$

これらは $w=w(z,\bar{z})$ としたとき，CR方程式は関数 w が $\bar{z}$ に依存せず，z のみの関数と書けることを意味する．

方程式が成り立てば微分可能（正則）である．以上まとめて

---------- コーシー–リーマン（**CR**）の方程式 ----------

複素関数 $w = w(x+iy) = X(x,y) + iY(x,y)$ が z にて正則であるための必要十分条件はコーシー–リーマン（CR）の偏微分方程式

$$\frac{\partial X}{\partial x} = \frac{\partial Y}{\partial y},$$

$$\frac{\partial X}{\partial y} = -\frac{\partial Y}{\partial x}$$

が成り立つことである．

例題 4.1 次の関数は（いかなる領域でも）正則関数でないことを確認せよ．

$$w = \bar{z},$$
$$w = |z|,$$
$$w = \mathrm{Re}\,z,$$
$$w = \mathrm{Im}\,z.$$

解答 $w = \bar{z}$ は $\bar{z}$ を含むので明らかに正則でない（p.131 コラム参照）．他も

■**リーマン球面**■

図のように複素平面上原点で南極と接する球面を考え北極から球面 B をよぎる直線を引いたとき複素平面との交点 A とし，A と B とを対応させる．この対応により複素平面に無限遠点を加えたものが全球面と一対一に対応することとなる．これをリーマン球面と呼ぶ．

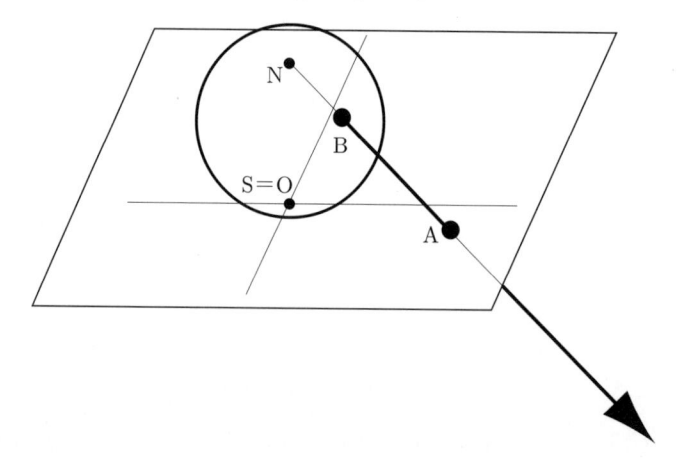

$$|z| = \sqrt{z\bar{z}},$$
$$\mathrm{Re}\,z = \frac{1}{2}(z+\bar{z}),$$
$$\mathrm{Im}\,z = \frac{1}{2i}(z-\bar{z})$$

により同様に正則でない．□

4.2.2 等角写像

ある領域 D において正則な関数による写像 $w = f(z)$ を考えよう．これにより領域 D は $D' = f(D)$ に写ることに注意する．このような正則関数による写像については次のような性質がある．

―― 等角写像 ――
ある点 z で $f'(z) \neq 0$ ならばこの点での無限小の三角形は相似な三角形に向きを保存して写像される．言い換えれば，局所的な角度は向きを含めてこの写像で保存する．

これは次のように考えればすぐにわかるであろう．z での微小ベクトル δz, $w = f(z)$ での微小ベクトル δw, として

$$\delta w = f(z+\delta z) - f(z) = f'\delta z$$

より

■等角写像による無限小の三角形の写像■

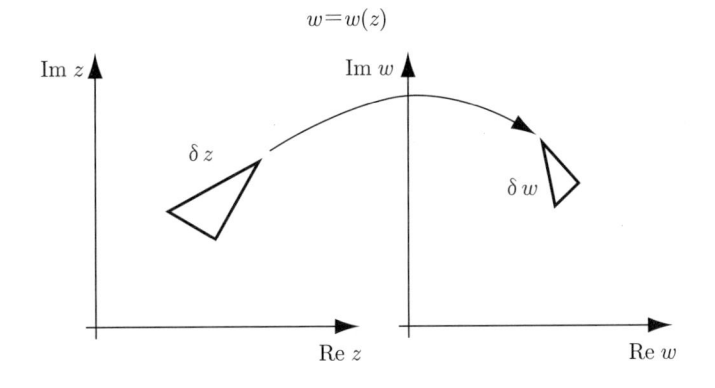

無限小の三角形は等角写像により向きを含めて相似に写像される．

$$|\delta w| = |f'||\delta z|,$$

$$\operatorname{Arg} \delta w = \operatorname{Arg} f' + \operatorname{Arg} \delta z.$$

この第一式は無限小の線分の拡大率が $|f'(z)|$ であることを示し，第二式は角度が向きを含めて保存することを示す．

条件 $f'(z) \neq 0$ についてはたとえば $f'(z) = 0, f''(z) \neq 0$ のときを考えると，

$$\delta w = \frac{1}{2} f'' \delta z^2,$$

$$\operatorname{Arg} \delta w = \frac{1}{2} \operatorname{Arg} f'' + 2 \operatorname{Arg} \delta z$$

より角度が2倍されることとなり，等角写像とならない．

■等角性の破れ ($w = z^2$ の原点)■

$w = z^2$ の対応．左図 z が右図の w に写像される．実線は実線，破線は破線に写像される．原点以外では等角性が局所的に保たれるが $z = 0$ では等角性が成り立たない．

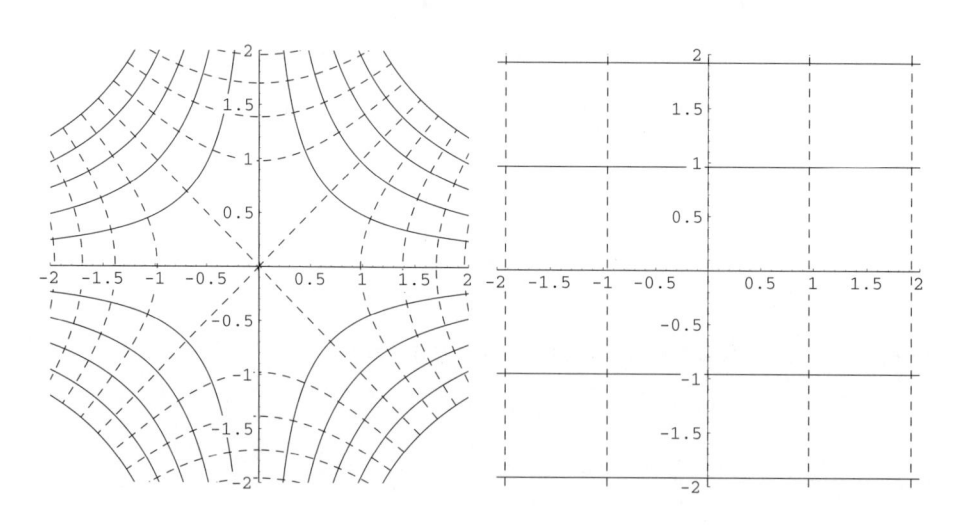

4.3 複素積分

解析的な手法において微分とならんで積分の概念は非常に有用である．複素関数に関する積分は特にその被積分関数の正則性というある種の微分可能性と関連して有用かつ概念的にも重要な側面を持つ．これを初等的な部分に限り以下の数節で説明していこう．まず複素積分（曲線 C に沿っての）を次のように定義しよう．

複素積分の定義

$$\int_C dz\, F(z) = \lim_{|\forall \Delta z_n| \to 0} \sum_{n=1}^{N} \Delta z_n F(z_n),$$
$$\Delta z_n = z_n - z_{n-1}$$

ここで $z_n, n = 1, \cdots, N$ は複素平面上の曲線 C 上の N 個の点とする．

これが実関数における積分の区分求積法の自然な拡張であることに注意しよう．よって

$$z = x + iy,$$
$$F(z) = X(x, y) + iY(x, y)$$

と実部と虚部に分けて書けば

■**区分求積法の拡張 としての複素積分**■

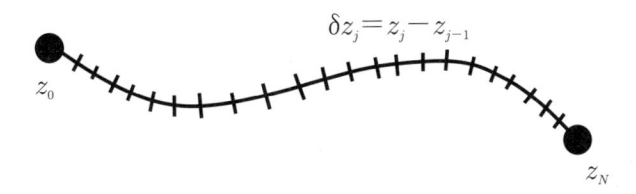

実数での区分求積による積分の定義を直接に拡張する．

$$\int_C dz\, F(z) = \lim_{|\forall \Delta z_n| \to 0} \sum_{n=1}^{N} \Delta z_n F(z_n),$$
$$\Delta z_n = z_n - z_{n-1}.$$

線積分としての複素積分

$$\int_C dz\, F(z) = \int_C (dx + i dy)\,(X(x,y) + i Y(x,y))$$
$$= \int_C dx\, X(x,y) - \int_C dy\, Y(x,y)$$
$$+ i\left(\int_C dx\, Y(x,y) + \int_C dy\, X(x,y)\right)$$

と実2変数関数の線積分として書ける．

特に（向き付けられた）曲線 C が

$$C : z = z(t),\ t \in [a,b]$$

とパラメター表示されているときは

曲線のパラメター表示と線積分

$$\int_C dz\, F(z) = \int_a^b dt\, \frac{dz(t)}{dt} F(z(t))$$

となる．特に，$F(z) = \frac{dG}{dz}$ と不定積分が存在するときは

$$\int_C dz\, F(z) = G(z(b)) - G(z(a))$$

となる．

■不定積分とその一価性■

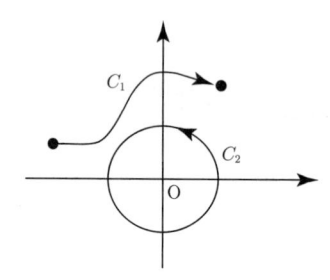

$F(z)$ が不定積分 $G(z)$ を持ち $F(z) = \frac{dG}{dz}$, $G(z)$ が一価のとき，閉曲線 C に対して

$$\int_C dz\, F(z) = \int_C dz\, \frac{dG}{dz} = G(z_0) - G(z_0) = 0$$

ここで z_0 は閉曲線上の適当な1点．となる．ただし $G(z)$ が多価である場合，これは（z_0 における値 $G(z_0)$ が一意に決まらないので）成立しないことに注意しよう．例えば $\frac{d}{dz}\log z = \frac{1}{z}$ であっても原点周りの単位円 $C : z = e^{i\theta},\ \theta : 0 \to 2\pi$ に関して $(dz = ie^{i\theta} d\theta = iz d\theta)$

$$\int_C dz\, \frac{1}{z} = \int_0^{2\pi} d\theta\, iz\frac{1}{z} = 2\pi i \neq 0$$

である．これは $\log z$ が多価関数であることに起因する．

また曲線 $C_1 : z = z(t),\ t \in [a,b],\ C_2 : z = z(t),\ t \in [b,c]$ の和を $C_1 + C_2 : z = z(t),\ t \in [a,c]$, 逆向きの曲線 $-C_1 : z = z(t),\ t \in [b,a]$ 等とすれば，

曲線の和と逆向きの曲線についての積分

$$\int_{C_1+C_2} dz\, F(z) = \int_{C_1} dz\, F(z) + \int_{C_2} dz\, F(z)$$

$$\int_{-C_1} dz\, F(z) = -\int_{C_1} dz\, F(z)$$

等が成り立つ．

4.3.1 有用ないくつかの定理

ここで複素積分を評価する際有用ないくつかの定理について説明したい．まず，積分路の長さに関して

$$|dz| = \sqrt{dx^2 + dy^2} = dt\sqrt{\left(\frac{dx(t)}{dt}\right)^2 + \left(\frac{dy(t)}{dt}\right)^2}$$

より $\int_C |dz| = L$ は曲線 C の長さ L を与える．

関数 $f(z)$ が曲線 C 上で有界 $|f| < M$ のとき，三角不等式より

■**曲線の和と逆向きの曲線**■

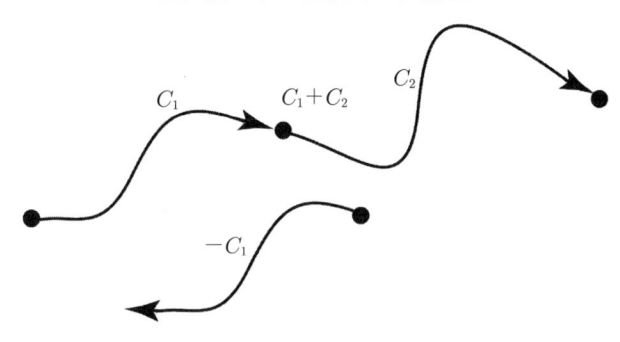

曲線の和，および符号付きの曲線を図のように定義する．

$$\left|\sum \Delta z_i\, f(z_i)\right| \leq \sum |\Delta z_i|\,|f(z_i)| < M \sum |\Delta z_i| < ML.$$

よって

---**有界な関数の積分**---

関数 $f(z)$ が曲線 C 上で有界 $|f| < M$ ならば L を曲線の長さとして
$$\left|\int_C dz\, f(z)\right| < ML$$

半径 R の円弧 (C_R) の長さは R に比例するからこの直接の結果として

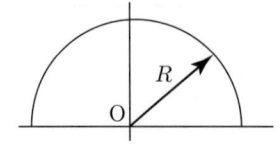

---**半径 R の円弧 C_R についての積分**---

$|z| = R \to \infty$ のとき $|f(z)| = \mathcal{O}(\frac{1}{R^{1+\delta}}), \delta > 0$ であれば
$$\int_{C_R} dz\, f(z) \to 0$$

これは前の定理より
$$\left|\int_{C_R} dz\, f(z)\right| = R\mathcal{O}\left(\frac{1}{R^{1+\delta}}\right) = \mathcal{O}\left(\frac{1}{R^\delta}\right) \to 0$$

■**ジョルダンの補題 (p.139) (その 1)** ■

仮定のもとで任意に与えられた $\epsilon > 0$ に対して R_ϵ が存在し $|z| = R > R_\epsilon$ であれば z にはよらず (一様性)
$$|f(z)| < \epsilon$$
とできる. すなわち $|z| \to \infty$ で $|f(z)| \to 0$. この $R (> R_\epsilon)$ に対して積分路 C_{R+} 上で $z = Re^{i\theta}$ として
$$|e^{i\alpha z}| = |e^{i\alpha R(\cos\theta + i\sin\theta))}| = e^{-\alpha R \sin\theta},$$
$$dz = Rie^{i\theta}d\theta$$
だから
$$\left|\int_{C_{R+}} dz\, f(z) e^{i\alpha z}\right| \leq \int_{C_{R+}} |dz|\,|f(z) e^{i\alpha z}| = \int_{C_{R+}} |dz|\,|f(z)| e^{-\alpha R \sin\theta}$$
$$< \epsilon R \int_0^\pi d\theta\, e^{-\alpha R \sin\theta} = 2\epsilon R \int_0^{\pi/2} d\theta\, e^{-\alpha R \sin\theta}.$$

から従う．

もう少し自明でなくしかも物理的に重要な定理として

─── ジョルダンの補題 ───

$|z| = R \to \infty$ のとき（一様に）$|f(z)| \to 0$ ならば
$$\int_{C_{R+}} dz\, e^{i\alpha z} f(z) \to 0 \quad (R \to \infty)$$
$$\int_{C_{R-}} dz\, e^{-i\alpha z} f(z) \to 0 \quad (R \to \infty)$$
ここに C_{R+} (C_{R-}) は原点中心，半径 R の上（下）半面の半円である．$\alpha > 0$．

これは $|z| = R \to \infty$ のとき，$|f(z)| \to 0$ のみを要求する点で適用可能な関数 $f(z)$ が前の定理に比べて広いことに注意しよう．ある種 $e^{\pm i\alpha z}$ が収束因子として働くことになる．この証明は欄外のコラムに与える．

4.4 コーシーの定理

複素解析においてコーシー（Cauchy）の定理と呼ばれる重要な定理があるが，ここではそのきわめて基礎的側面に限って，かなり限られた形ではあるが，ただし具体的に議論したい．ここでも数学的厳密さにはこだわらず，「物理的」に議論することを試みる．まず，コーシーの定理として知られているものを述べよう．

■ジョルダンの補題（その 2）■

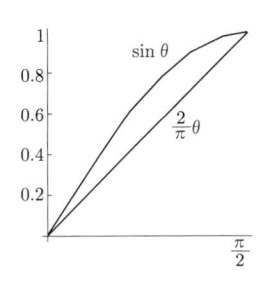

さらに図よりわかるように $\dfrac{2}{\pi}\theta \leq \sin\theta$, $0 \leq \theta \leq \dfrac{\pi}{2}$ であるから

$$\left| \int_{C_{R+}} dz\, f(z) e^{i\alpha z} \right| < 2\epsilon R \int_0^{\pi/2} d\theta\, e^{-\frac{2\alpha R}{\pi}\theta} = 2\epsilon R \frac{-\pi}{2\alpha R} e^{-\frac{2\alpha R}{\pi}\theta} \bigg|_0^{\pi/2} < \frac{\pi}{\alpha}\epsilon.$$

これは
$$\int_{C_{R+}} dz\, f(z) e^{i\alpha z} \to 0 \quad (R \to \infty)$$
を意味する．

コーシー (Cauchy) の定理

単連結な領域 D 内の閉曲線 C の内部で複素関数 $f(z)$ が正則なとき

$$\int_C dz\, f(z) = 0$$

この定理を厳密に述べ，証明することは他に譲り，ここでは「単連結」とは領域に「穴」がないことであるとして先に進もう．（図（コラム：単連結な領域と単連結でない領域）にいくつかの例を挙げる．）まず，曲線 C をある領域 D の向き付きの（内側を左に見て回る向きを正とする）境界とし，次のように書こう

$$C = \partial D.$$

このとき，$f = X + iY$, $z = x + iy$ として

$$\begin{aligned}
\int_{\partial D} dz\, f(z) &= \int_{\partial D} dx\, X(x,y) - dy\, Y(x,y) \\
&\quad + i \int_{\partial D} dx\, Y(x,y) + dy\, X(x,y) \\
&= \int_D dxdy \left(-\frac{\partial X}{\partial y} - \frac{\partial Y}{\partial x} \right) \\
&\quad + i \int_D dxdy \left(-\frac{\partial Y}{\partial y} + \frac{\partial X}{\partial x} \right).
\end{aligned}$$

■単連結な領域と単連結でない領域■

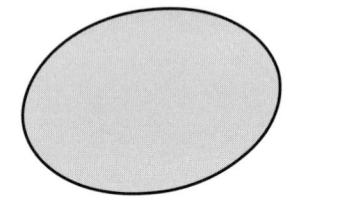

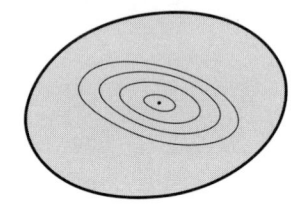

単連結とはその領域に含まれるいかなる閉曲線も連続変形で1点まで変形できるような領域を指す．直観的には「穴」がない領域を指す．図のようにこの領域の閉曲線は点まで変形できるのでこの領域は単連結である．

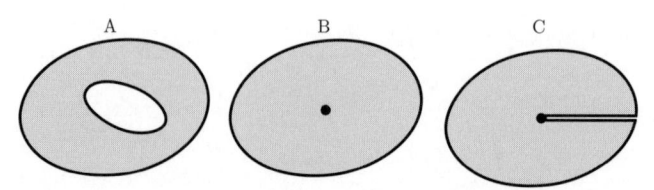

この例 A, B は単連結でない例であるが，線で切り開いた C は単連結な領域である．

ここで 2 次元ガウスの定理より，任意の微分可能な関数 $A(x,y)$ について

$$\int_D dxdy \frac{\partial A}{\partial x} = \int_{\partial D} dy\, A,$$
$$\int_D dxdy \frac{\partial A}{\partial y} = -\int_{\partial D} dx\, A$$

を使った．ここでさらにコーシー–リーマンの関係式を使えば

$$\int_{\partial D} f(z) = 0$$

となる．

この定理の重要な帰結として，

--- 正則な領域での積分路の変形 ---
積分路は被積分関数が正則である領域で，始点と終点を固定して連続に変形しても積分の値は不変である

ことがわかる．コラム参照．

━━
■正則な領域での積分路の変形■

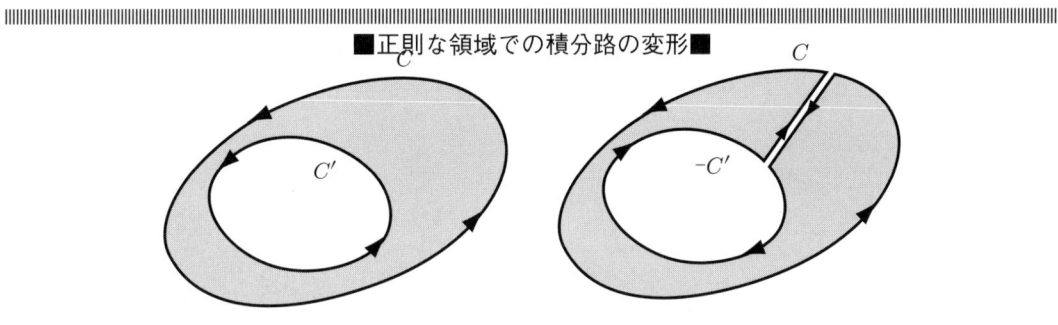

図のように積分路 C を C' に変形する際その間の領域（灰色の領域）で被積分関数が正則であれば図の右のように橋を架けた単連結な領域でコーシーの定理を使うことにより

$$\int_{C-C'} dz\, f(z) = 0,$$
$$\int_C dz\, f(z) = \int_{C'} dz\, f(z)$$

となり正則な領域で積分路を変形しても不変であることがわかる．

4.5 留数と複素積分

前節の議論から閉曲線 C に沿った関数 $f(z)$ の積分は積分路内部の特異点（正則でない点）により定まることとなる．ここでは更にそれらの特異点は孤立した特異点 z_i のみであると仮定し議論をもう少し進めよう．このとき欄外の図（コラム：積分路と特異点）のように積分路を変形することにより，z_i 中心の十分小さい（他の特異点を含まない）積分路 C_i を用いて

$$\int_C dz\, f(z) = \sum_i \int_{C_i} dz\, f(z)$$

と書ける．

よって $f(z)$ の特異点 $z = z_i$ 周りの積分により**留数** $\mathrm{Res}\, f(z)\Big|_{z_i}$ を

$$\int_{C_i} dz\, f(z) = 2\pi i\, \mathrm{Res}\, f(z)\Big|_{z_i}$$

と定義すれば

---- 閉曲線周りの積分と留数 ----

$$\int_C dz\, f(z) = 2\pi i \sum_{i:C\,内の特異点} \mathrm{Res}\, f(z)\Big|_{z_i}$$

となる．

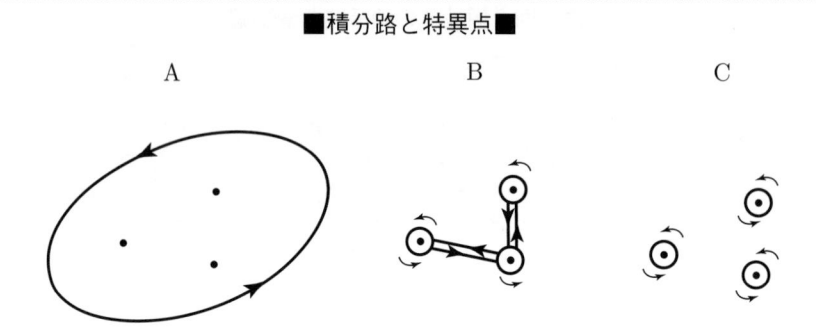

■積分路と特異点■

A　　　　　　　B　　　　　　C

積分 $\int_C dz\, f(z)$ に関しては $f(z)$ が孤立した特異点のみを持つとき，任意の積分路をその周りの微小な円からなる積分路の和に連続に変形できる．

$$\int_C dz\, f(z) = \sum_i \int_{C_i} dz\, f(z).$$

特にある $z=a$ 近傍でその特異性が

$$f(z) = \frac{A}{z-a} + g(z), \quad g(z) \text{ は } z=a \text{ で正則}$$

となる場合，つまり，次の極限が存在するとき，

$$\lim_{z \to a}(z-a)f(z) = A,$$

$z=a$ 近傍の微小円 C_a についての積分はコラムのようにして

$$\int_{C_a} dz\, f(z) = 2\pi i A$$

となる．すなわち $z=a$ での留数は A となる．このとき a を $f(z)$ の **1位の極**（**pole**），という．まとめて

---
1 位の極と留数

$$f(z) = \frac{A}{z-a} + g(z),\ g(z) \text{ は } z=a \text{ で正則},$$
$$f(z) \to \frac{A}{z-a},\ (z \to a),$$
または
$$\lim_{z \to a}(z-a)f(z) = A \quad \text{のとき}$$
$$\int_{C_a} dz\, f(z) = \left. \operatorname{Res} f(z) \right|_a = 2\pi i A$$

■ **1 位の極とそこでの留数（その 1）** ■

$z-a = \epsilon e^{i\theta}$ とすれば $dz = i\epsilon e^{i\theta} d\theta = i(z-a)d\theta$ より

$$f(z) = \frac{A}{z-a} + g(z), \quad g(z) \text{ は } z=a \text{ で正則}$$

な場合

$$\begin{aligned}
\int_{C_a} dz\, f(z) &= i\int_0^{2\pi} d\theta\, (z-a)f(z) \\
&= i\int_0^{2\pi} d\theta\, A + \int_{C_a} dz\, g(z)(z-a) \\
&= 2\pi i A.
\end{aligned}$$

ここで $g(z)(z-a)$ はこの領域で正則であることに注意しよう．

次に $f(z)$ がより高次の特異性を持つ場合を考えてみよう．すなわち $z=a$ 近傍でその最も強い特異性が

$$f(z) \sim \frac{a_{-k}}{(z-a)^k}, \quad (a_{-k} \neq 0,\ k=2,3,\cdots)$$

となる場合を考えよう．このとき点 $z=a$ は $f(z)$ の **k 位の極**と呼ばれ，$z=a$ 近傍でのすべての可能な発散項を具体的に書けば次のように表せる．

---
k 位の極

$$f(z) \to \frac{a_{-k}}{(z-a)^k} + \text{弱い発散項},\ (z \to a),$$

$$f(z) = \frac{a_{-k}}{(z-a)^k} + \frac{a_{-(k-1)}}{(z-a)^{k-1}} + \cdots + \frac{a_{-1}}{(z-a)^1} + g(z),$$

$g(z)$ は $z=a$ で正則，$(a_{-k} \neq 0)$

このとき

$$\int_{C_a} dz\, \frac{1}{(z-a)^j} = \begin{cases} 2\pi i & (j=1) \\ 0 & \text{それ以外} \end{cases}$$

に注意すれば（次頁コラム）

■ **1 位の極とそこでの留数（その 2）** ■

$z=a$ で $f(z)$ が 1 位の零点であり，$g(z)$ が正則であれば

$$\frac{g(z)}{f(z)}$$

は $z=a$ を 1 位の極としそこでの留数は

$$\frac{g(a)}{f'(a)}$$

となる．これは

$$f(z) = (z-a)h(z), \quad h(a) \neq 0$$

より $z \to a$ で

$$(z-a)\frac{g}{f} \to \frac{g(a)}{h(a)},$$

$$f'(a) = h(z) + (z-a)h'(z)\Big|_{z=a} = h(a)$$

より従う．

---
k 位の極とそこでの留数

$$\int_{C_a} dz\, f(z) = 2\pi i \left. \operatorname{Res} f(z) \right|_a = 2\pi i a_{-1}$$

となる.

つまり,高次の極の場合でも留数に寄与するのは $\frac{1}{z-a}$ の係数のみとなる. この留数は簡単な計算により次のように与えられる.

---
k 位の極の場合の留数の公式

$$\left. \operatorname{Res} f(z) \right|_a = a_{-1} = \lim_{z \to a} \frac{1}{(k-1)!} \frac{d^{k-1}}{dz^{k-1}} \left[(z-a)^k f(z)\right]$$

■高次の極とそこでの留数■

前と同じく

$$z - a = \epsilon e^{i\theta}$$

とすれば

$$dz = i\epsilon e^{i\theta} d\theta = i(z-a)d\theta$$

より

$$\begin{aligned}
\int_{C_a} dz\, \frac{1}{(z-a)^j} &= i \int_0^{2\pi} d\theta\, (z-a)^{1-j} \\
&= i\epsilon^{1-j} \int_0^{2\pi} d\theta\, e^{i(1-j)\theta} \\
&= \begin{cases} 2\pi i & (j=1) \\ 0 & \text{それ以外} \end{cases}
\end{aligned}$$

これはすべての整数 j について成立することを覚えておこう.

4.6 コーシーの積分定理他いくつかの定理

4.4 節のコーシーの定理を用いると次のコーシーの積分公式が導ける．

---**コーシー（Cauchy）の積分公式**---

閉曲線 C の内部及び曲線上で正則な複素関数 $f(z)$ に関して曲線内の点 z における f の値は次のように境界上の値のみから定まる．

$$f(z) = \frac{1}{2\pi i}\int_C d\zeta\, \frac{f(\zeta)}{\zeta - z}$$

これは被積分関数の特異点が $\zeta = z$ のみで $\zeta \to z$ のとき $\frac{f(\zeta)}{\zeta - z} \to \frac{f(z)}{\zeta - z}$ よりそこでの留数が $f(z)$ であることから理解できる．この式によれば微分と積分の順序をいれかえれば $f(z)$ は z で任意の回数微分できる．つまり，正則であれば（1 回微分できれば）何回でも微分できることとなる．これは正則な複素関数の際だった性質であり，**グルサの定理**として知られている．具体的に n 回微分してみると次の関係式が得られる．

---**グルサの定理**---

$$f^{(n)}(z) = \frac{n!}{2\pi i}\int_C d\zeta\, \frac{f(\zeta)}{(\zeta - z)^{n+1}}$$

また $z = a$ で正則な関数はテイラー展開

$$g(z) = a_0 + a_1(z-a) + a_2(z-a)^2 + \cdots$$

■ k 位の極での留数の計算 ■

$$f(z) = \frac{a_{-k}}{(z-a)^k} + \frac{a_{-(k-1)}}{(z-a)^{k-1}} + \cdots + \frac{a_{-1}}{(z-a)^1} + a_0 + a_1(z-a)^1 + a_2(z-a)^2 + \cdots$$

のとき

$$(z-a)^k f(z) = a_{-k} + a_{-(k-1)}(z-a)^1 + \cdots + a_{-1}(z-a)^{k-1}$$
$$+ a_0(z-a)^k + a_1(z-a)^{k+1} + a_2(z-a)^{k+2} + \cdots,$$

$$\frac{d^{k-1}}{dz^{k-1}}(z-a)^k f(z) = (k-1)!a_{-1} + a_0\frac{k!}{1!}(z-a)^1 + a_1\frac{(k+1)!}{2!}(z-a)^2$$
$$+ a_2\frac{(k+2)!}{3!}(z-a)^3 + \cdots (k \geq 2)$$

より

$$\frac{1}{(k-1)!}\frac{d^{k-1}}{dz^{k-1}}\left[(z-a)^k f(z)\right]\bigg|_{z=a} = a_{-1}.$$

これは $k = 1$ でも成立することはすぐわかる．

できることから p.144 より $z=a$ を k 位の極とする関数 $f(z)$ は次のように展開（**ローラン展開**と呼ぶ）されることとなる.

ローラン展開

$$f(z) = \sum_{n=-k}^{\infty} a_n(z-a)^n$$
$$= \frac{a_{-k}}{(z-a)^k} + \frac{a_{-(k-1)}}{(z-a)^{k-1}} \cdots + \frac{a_{-1}}{(z-a)}$$
$$+ a_0 + a_1(z-a) + a_2(z-a)^2 + a_3(z-a)^3 \cdots$$
$$a_n = \frac{1}{2\pi i}\int_{C_a} dz\, \frac{f(z)}{(z-a)^{n+1}}$$

C_a は $z=a$ のみを起こりうる内部の特異点とする閉曲線

最後の等式は直接計算から従う. なお一般の特異点に関してはこの負の冪の部分が有限で終わるとは限らず, 無限に続く場合がありそのような場合 $z=a$ を, **真性特異点**という. また自然数 k に対して $j<k$ を満たす j についてすべて $a_j = 0$ の場合つまり

$$f(z) = (z-a)^k g(z), \qquad g(a) \neq 0, \quad k>0$$

のとき負冪の場合の極に対応して $z=a$ を k 位の**零点**と呼ぶ.

また閉曲線 C 内には $f(z)$ の特異点として有限位数の極のみがある場合**偏角の原理**と呼ばれる次の関係式が成立する.

■極，零点，及び真性特異点の例■

高位の極, 零点についての例をあげよう.
$f(z) = \dfrac{(z-3)^2}{z(z-1)^2}$ としたとき $z=0$ は 1 位の極, $z=1$ は 2 位の極であり $z=3$ は 2 位の零点である.

また $g(z) = \dfrac{\sin z}{z}$ について $z \to 0$ で $g(z) \to 1$ であるから $z=0$ は極ではなく通常の点である.

真性特異点を持つ関数としては $f(z) = e^{\frac{1}{z}}$ があり, 原点 $z=0$ を真性特異点とする. 確かに

$$e^{\frac{1}{z}} = 1 + \frac{1}{z} + \frac{1}{2!}\frac{1}{z^2} + \frac{1}{3!}\frac{1}{z^3} + \cdots$$

と負冪が無限次まである.

> **偏角の原理**
>
> $$\frac{1}{2\pi i}\int_C dz\,\frac{f'(z)}{f(z)} = N - M \qquad N = 零点の数, \quad M = 極の数$$
>
> ただし個数には多重度を入れて数える．(例えば2位の零点なら2個とする．)

これは以下の議論から理解できる．

$g(z)$ を $z=a$ で正則かつ $g(a) \neq 0$ である関数として $z=a$ が k 位の零点のとき $(k>0)$, $f(z) = (z-a)^k g(z)$ と書けるから

$$f'(z) = k(z-a)^{k-1}g(z) + (z-a)^k g'(z).$$

よって

$$\frac{f'}{f} = \frac{kg(z) + (z-a)g'(z)}{(z-a)g(z)} \to \frac{k}{z-a} \qquad (z \to a)$$

と $z=a$ は $\frac{f'}{f}$ の1位の極で留数 k.

さらに $z=a$ が k 位の極のとき $(k>0)$, $f(z) = (z-a)^{-k}g(z)$ と書けて，

$$f'(z) = -k(z-a)^{-(k+1)}g(z) + (z-a)^{-k}g'(z).$$

よって

$$\frac{f'}{f} = \frac{-kg(z) + (z-a)g'(z)}{(z-a)g(z)} \to \frac{-k}{z-a} \qquad (z \to a)$$

■**偏角の原理と回転数**■

積分変数を $w = f(z)$ で変換すると $dw = f'dz$, $\frac{dw}{w} = \frac{f'}{f}dz$ より，

$$\frac{1}{2\pi i}\int_C dz\,\frac{f'(z)}{f(z)} = N - M = \frac{1}{2\pi i}\int_{f(C)}\frac{dw}{w} = f(C)\text{ の原点周りの符号付き回転数}.$$

$\frac{1}{w}$ の原点は1位の極で留数1だから上記の表式は閉曲線 $f(C)$ の原点周りの符号付き回転数を与えるのである．下の図なら "2".

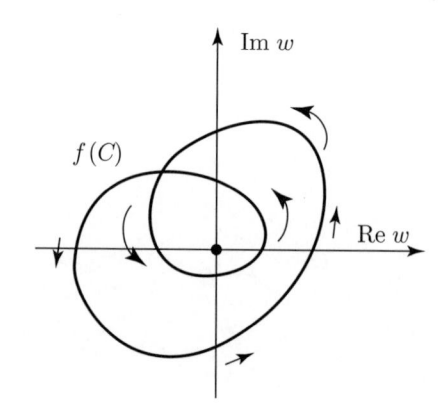

と $z=a$ は $\frac{f'}{f}$ の 1 位の極で留数 $-k$. これから偏角の原理が従う.

4.7 複素積分による実積分の計算

コーシーの積分定理によれば「複素積分 $= 2\pi i \times$ (留数の和)」であった. これを用いると種々の積分を具体的に評価できる. 応用上重要な例についていくつか計算を示そう. まず**フレネル積分**と呼ばれる有名な積分から始めよう.

---- フレネル積分 ----

$$\int_{-\infty}^{\infty} dx\, \sin x^2 = \int_{-\infty}^{\infty} dx\, \cos x^2 = \sqrt{\frac{\pi}{2}}$$

$$\int_{-\infty}^{\infty} dx\, e^{-ix^2} = \sqrt{\frac{\pi}{i}} = \sqrt{\pi e^{-i\frac{\pi}{2}}} \equiv \sqrt{\pi}\, e^{-i\frac{\pi}{4}} = \sqrt{\pi}\left(\frac{1}{\sqrt{2}} - i\frac{1}{\sqrt{2}}\right)$$

これは $a > 0$ のときの実積分

$$\int_{-\infty}^{\infty} dx\, e^{-ax^2} = \sqrt{\frac{\pi}{a}}$$

において形式的に $a = i$ とし, $1/2$ 乗の多価性として実部が正となるものをとったことに対応する.

まず $a > 0$ の場合これは次のようにして示せる.

$$I = \int_{-\infty}^{\infty} dx\, e^{-ax^2} = \int_{-\infty}^{\infty} dy\, e^{-ay^2} > 0$$

として

■ フレネル積分を計算する積分路 C_F ■

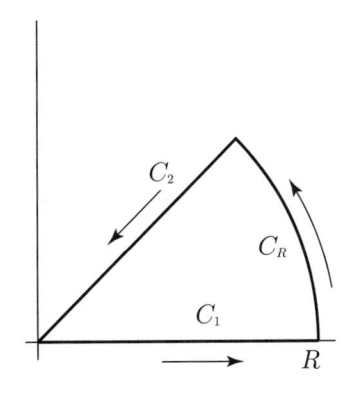

$$I^2 = \int_{-\infty}^{\infty} dx \int_{-\infty}^{\infty} dy\, e^{-a(x^2+y^2)}.$$

ここで 2 次元極座標を使って
$$x = r\cos\theta,\ y = r\sin\theta,\ dxdy = rdrd\theta$$
より
$$I^2 = \int_0^{2\pi} d\theta \int_0^{\infty} dr\, re^{-ar^2} = 2\pi\left[-\frac{1}{2a}e^{-ar^2}\right]_0^{\infty} = \frac{\pi}{a}.$$

よって $I = \sqrt{\dfrac{\pi}{a}}$.

次にフレネル積分を計算するために図（コラム：フレネル積分を計算する積分路 C_F）の積分路 C_F で $f(z) = e^{-z^2}$ を積分しよう．まず C_1 上では
$$\int_{C_1} dx e^{-x^2} \to \frac{\sqrt{\pi}}{2} \qquad (R \to \infty).$$

C_2 上では $z = e^{i\frac{\pi}{4}}t,\ t: +R \to 0,\ dz = e^{i\frac{\pi}{4}}dt,\ e^{-z^2} = e^{-it^2}$, より
$$\int_{C_2} dz e^{-z^2} = -e^{i\frac{\pi}{4}} \int_0^R dt e^{-it^2}.$$

また C_R 上では $z = Re^{i\theta},\ \theta : 0 \to \pi/4,\ dz = Rie^{i\theta}d\theta,\ e^{-z^2} = e^{-R^2(\cos 2\theta + i\sin 2\theta)}$, より

■ディリクレ核を計算するための積分路■

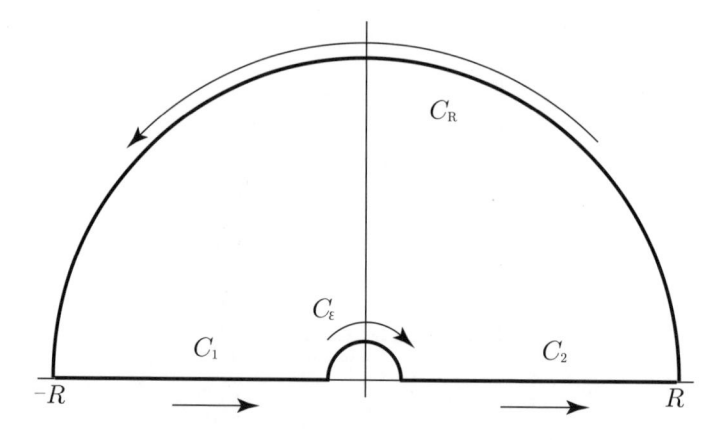

$$\left| \int_{C_R} dz\, e^{-z^2} \right| \leq \int_0^{\pi/4} d\theta\, R e^{-R^2 \cos 2\theta}$$
$$= R \int_0^{\pi/4} d\theta'\, e^{-R^2 \sin 2\theta'} = \frac{R}{2} \int_0^{\pi/2} d\theta''\, e^{-R^2 \sin \theta''},$$
$$\theta = \frac{\pi}{4} - \theta', \quad 2\theta' = \theta'',$$
$$< \frac{R}{2} \int_0^{\pi/2} d\theta''\, e^{-R^2 \frac{2\theta''}{\pi}} \quad \left(\sin\theta \geq \frac{2}{\pi},\ 0 \leq \theta \leq \frac{\pi}{2} \right)$$
$$= \mathcal{O}(R^{-1}) \to 0, \quad (R \to \infty).$$

またこの積分路内に被積分関数の特異点はないから $\int_{C_1+C_R+C_2} dz\, f(z) = 0$ で

$$\int_0^\infty dx\, e^{-ix^2} = e^{-i\frac{\pi}{4}} \frac{\sqrt{\pi}}{2}.$$

次にディリクレ核と呼ばれる次の積分を求めよう．これはフーリエ解析において重要な役割を持つ．

ディリクレ核

$$\int_{-\infty}^\infty dx\, \frac{\sin x}{x} = \pi$$

図の積分路（コラム：ディリクレ核を計算するための積分路）に沿って $f(z) = \frac{e^{iz}}{z}$ を積分する．C_1 上では $z = -x$, $x : \infty \to \epsilon$, $dz = -dx$ であり

■ヘイエ核■

$\int_{-\infty}^\infty dx\, \frac{\sin^2 x}{x^2} = \pi$ を示そう．

ディリクレ核の計算と同じ半円の積分路で $f(z) = \frac{1-e^{i2z}}{z^2}$ を積分する．C_1 上では $z = -x$, $x : \infty \to \epsilon$, $dz = -dx$ であり $\int_{C_1} f(z) = \int_\infty^\epsilon (-dx)\frac{1-e^{-i2x}}{x^2} = \int_\epsilon^\infty dx\frac{1-e^{-i2x}}{x^2}$.
C_2 上では $z = x$, $x : \epsilon \to \infty$, $dz = dx$ であり $\int_{C_2} f(z) = \int_\epsilon^\infty dx\frac{1-e^{i2x}}{x^2}$. よって

$$\int_{C_1+C_2} f(z) = \int_\epsilon^\infty dx\, \frac{2 - 2\cos 2x}{x^2} = 4 \int_\epsilon^\infty dx\, \frac{\sin^2 x}{x^2}.$$

C_ϵ 上では $z = \epsilon e^{i\theta}$, $\theta : \pi \to 0$, $dz = \epsilon i e^{i\theta} d\theta = iz d\theta$ であり $z \to 0$ ($\epsilon \to 0$) のとき

$$\frac{1 - e^{i2z}}{z} \to \frac{1 - (1 + i2z + \cdots)}{z} \to -2i, \quad \int_{C_\epsilon} dz\, f(z) = i\int_\pi^0 d\theta\, \frac{1-e^{i2z}}{z} \to i\int_\pi^0 d\theta\, (-2i) = -2\pi.$$

最後に C_R 上の積分はジョルダンの補助定理より $R \to \infty$ で消える．またこの積分路内に $f(z)$ の特異点はないからコーシーの定理より $0 = \int_{C_1+C_\epsilon+C_2+C_R} f(z) \to 4\int_0^\infty dx\, \frac{\sin^2 x}{x^2} - 2\pi$. これより上式が従う．

$$\int_{C_1} f(z) = \int_\infty^\epsilon (-dx)\frac{e^{-ix}}{-x} = -\int_\epsilon^\infty dx\frac{e^{-ix}}{x}.$$

C_2 上では $z=x$, $x:\epsilon\to\infty$, $dz=dx$ であり $\int_{C_2} f(z) = \int_\epsilon^\infty dx \frac{e^{ix}}{x}$.

よって
$$\int_{C_1+C_2} f(z) = 2i\int_\epsilon^\infty dx\frac{\sin x}{x}.$$

C_ϵ 上では $z=\epsilon e^{i\theta}$, $\theta:\pi\to 0$, $dz = \epsilon i e^{i\theta}d\theta = izd\theta$ であり

$$\int_{C_\epsilon} dz f(z) = i\int_\pi^0 d\theta\, e^{i\epsilon e^{i\theta}} \to i\int_\pi^0 d\theta\, e^0 = -i\pi \quad (\epsilon\to 0).$$

最後に C_R 上の積分はジョルダンの補助定理より $R\to\infty$ で消える．またこの積分路内に $f(z)$ の特異点はないからコーシーの定理より

$$0 = \int_{C_1+C_\epsilon+C_2+C_R} f(z) \to 2i\int_0^\infty dx\frac{\sin x}{x} - i\pi.$$

これより上式が従う．

種々の統計力学，量子力学である種の平方完成ののち必要となる原点のずれた**ガウス積分**と呼ばれる次の積分を求めよう．

――（原点のずれた）ガウス積分――

$$\int_{-\infty}^\infty dx\, e^{-(x+ib)^2} = \sqrt{\pi}$$

■ガウス積分を計算するための積分路■

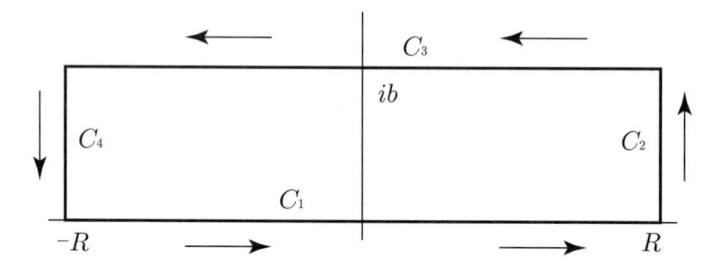

まず下の積分路で $f(z) = e^{-z^2}$ を積分する．C_2, C_4 上では $z = \pm R + ix$, $x : 0 \to b$, $dz = idx$ $|f(z)| = |e^{-R^2+x^2 \mp iRx}| \leq e^{-R^2+b^2}$, よって

$$\left| \int_{C_{2,4}} dz f(z) \right| \leq \int |dz||f(z)| \leq b e^{-R^2+b^2} \to 0, \quad R \to 0.$$

C_1 上では $z = x$,

$$\int_{C_1} f(z) = \int_{-R}^{R} dx\, e^{-x^2}.$$

C_3 上では $z = -(x+ib)$, $x : -R \to R$,

$$\int_{C_3} f(z) = -\int_{-R}^{R} dx\, e^{-(x+ib)^2}.$$

またこの経路内に特異点はないので全積分は 0 となり

$$\int_{-R}^{R} dx\, e^{-(x+ib)^2} = \int_{-R}^{R} dx\, e^{-x^2} = \sqrt{\pi}.$$

またステップ関数の複素積分表示として次のものが得られる．

ステップ関数の複素積分表示

$$\theta(t) = \begin{cases} 1 & t > 0 \\ 0 & t < 0 \end{cases}$$

$$= \frac{1}{2\pi i} \int_{-\infty}^{\infty} dx\, \frac{e^{itx}}{x - i0} \quad \text{(ただし，0 は無限小の正数とする)}$$

■ステップ関数の積分表示を計算するための積分路■

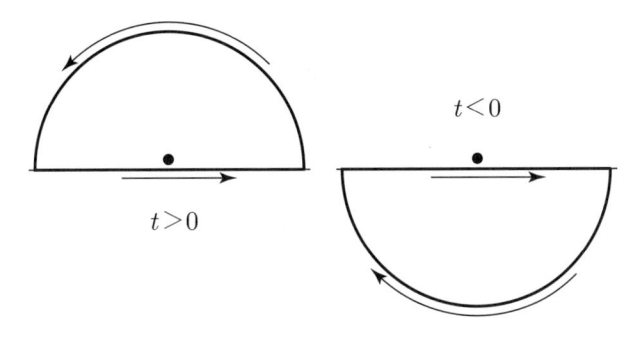

$$\theta(t) = \begin{cases} 1 & t > 0 \\ 0 & t < 0 \end{cases}$$

$$= \frac{1}{2\pi i} \int_{-\infty}^{\infty} dx\, \frac{e^{itx}}{x - i0}.$$

これは複素関数 $f(z) = \frac{1}{z-i0}$ が上半面のみに一位の極を1つ持つこと，ならびに $t>0$ のときは上半面の半円に閉じる積分路，$t<0$ のときは下半面の半円に閉じる積分路についてジョルダンの補題を適用することで得られる．

次にデルタ関数のよく使われる表示について説明しよう．$f(z)$ を原点近傍で正則な関数として図（コラム：デルタ関数と主値積分）の左の積分路 C（実軸）について $\frac{1}{x-i0}$ をかけて積分することを考えよう．

$$I = \int_C dz f(z) \frac{1}{z-i0} = \int_{-\infty}^{\infty} dx f(x) \frac{1}{x-i0}.$$

一方この積分路を同じコラムの右図のように特異点をよぎらずに変形しても積分値は変わらず，原点近傍 C_ϵ 上で $z = \epsilon e^{i\theta}$, $\theta: +\pi \to 2\pi$, $dz = i\epsilon e^{i\theta} d\theta$ より

$$\int_{C_\epsilon} f(z) \frac{1}{z-i0} = \int_\pi^{2\pi} i\epsilon e^{i\theta} d\theta f(\epsilon e^{i\theta}) \frac{1}{\epsilon e^{i\theta} - i0} \to i\pi f(0),$$

($\epsilon \to 0$. $-i0$ の 0 は ϵ よりずっと小さい)．

よって

$$I = \left(\int_{-\infty}^{-\epsilon} + \int_\epsilon^\infty \right) dx \frac{f(x)}{x} + \int_{C_\epsilon} f(z) \frac{1}{z-i0}$$
$$= P \int_{-\infty}^\infty dx \frac{f(x)}{x} + i\pi f(0).$$

ここで**主値積分**は次のように定義した．

■**デルタ関数と主値積分**■

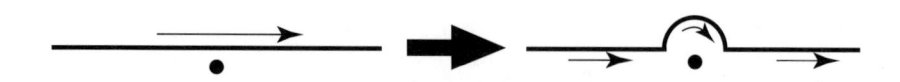

原点近傍で積分路を特異点を含まない範囲で変形する．

$$P\int_{-\infty}^{\infty} dx \frac{f(x)}{x} \equiv \left(\int_{-\infty}^{-\epsilon} + \int_{\epsilon}^{\infty}\right) dx \frac{f(x)}{x}.$$

デルタ関数の性質 $\int_{-\infty}^{\infty} f(x)\delta(x) = f(0)$ に注意してこれをまとめて次のように書ける．

— デルタ関数と主値積分 —

$$\frac{1}{x \mp i0} = P\frac{1}{x} \pm i\pi\delta(x)$$

$$\delta(x) = -\frac{1}{2\pi i}\left(\frac{1}{x+i0} - \frac{1}{x-i0}\right)$$

最後に有名な積分を問題の形で与えよう．

例題 4.2 $\int_{0}^{\infty} dx \frac{x^{a-1}}{1+x}$, $0 < a < 1$ を求めよ．

解答 コラムの積分路で $f(z) = \frac{z^{\alpha-1}}{1+z}$ を積分してみよう．一般に巾関数は多価性を持つから計算の過程でその多価性を一意に定めることが重要である．まず C_1 上では $z = x$, $x : \epsilon \to R$ として $\int_{C_1} = \int_{\epsilon}^{R} dx \frac{x^{\alpha-1}}{1+x}$. 次に C_R 上では $z = Re^{i\theta}$, $\theta : 0 \to 2\pi$ であり，$dz = ie^{i\theta}d\theta = izd\theta$. よって

$$\left|\int_{C_R} dz f(z)\right| \leq \int_{0}^{2\pi} d\theta R R^{\alpha-1}\left|\frac{1}{1+z}\right| = \mathcal{O}(R^{\alpha-1}) \to 0 \ (R \to \infty).$$

■ $\int_{0}^{\infty} \frac{x^{\alpha-1}}{1+x} dx$ を計算するための積分路 ■

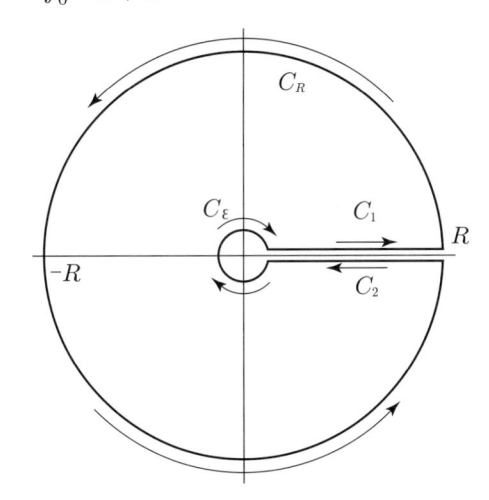

次に C_2 上では C_R に連続につながるように多価性を選んで

$$z = e^{2\pi i} x, \ x : R \to \epsilon, \ dz = dx$$

と書いて

$$z^{\alpha-1} = x^{\alpha-1} e^{2\pi(\alpha-1)i}$$

となる．

$$\int_{C_2} = e^{2\pi(\alpha-1)i} \int_R^\epsilon dx \frac{x^{\alpha-1}}{1+x}.$$

更に C_ϵ 上では $z = \epsilon e i\theta, |dz| = \epsilon d\theta$ とおけ

$$\left| \int_{C_\epsilon} \right| \leq \int_0^{2\pi} d\theta \, \epsilon \epsilon^{\alpha-1} \left| \frac{1}{1+z} \right| = \mathcal{O}(\epsilon^\alpha) \to 0 \ (\epsilon \to 0).$$

この積分路内の特異点は 1 位の極 $z = -1 = e^{i\pi}$（積分路 C_R に連続につながる位相をとっていることに注意）だけでその留数は

$$(e^{i\pi})^{\alpha-1} = e^{i\pi(\alpha-1)}.$$

よって留数定理から

$$(1 - e^{2\pi(\alpha-1)i}) \int_0^\infty \frac{x^{\alpha-1}}{1+x} = 2\pi i e^{i\pi(\alpha-1)},$$

$$\int_0^\infty \frac{x^{\alpha-1}}{1+x} = 2\pi i \frac{1}{e^{-\pi(\alpha-1)i} - e^{\pi(\alpha-1)i}} = \frac{\pi}{\sin \pi \alpha}. \quad \square$$

■ポアソン核■

$$I = \int_0^{2\pi} d\theta \frac{1}{R^2 + r^2 - 2Rr\cos\theta} = \frac{2\pi}{R^2 - r^2}, \quad R > r$$

を確認しよう．まず $z = e^{i\theta}$ として $\theta : 0 \to 2\pi, dz = iz d\theta$ で z は単位円 C を動く．さらに

$$\frac{1}{R^2 + r^2 - 2Rr\cos\theta} = \frac{1}{R^2 + r^2 - Rr(z + z^{-1})}$$
$$= \frac{-z}{Rrz^2 - (R^2 + r^2)z + Rr} = \frac{-z}{(Rz - r)(rz - R)} = \frac{-z}{Rr(z - \frac{r}{R})(z - \frac{R}{r})}.$$

$\frac{r}{R} < 1$ より単位円内のこの関数の極は $z = \frac{r}{R}$ のみ，よって

$$I = \frac{1}{i} \int_C dz \frac{-1}{Rr(z - \frac{r}{R})(z - \frac{R}{r})}$$
$$= 2\pi \frac{-1}{Rr(\frac{r}{R} - \frac{R}{r})} = \frac{2\pi}{R^2 - r^2}.$$

4.8 部分分数と無限乗積

多項式は一般にその零点（次数だけある）を用いて例えば次のように因数分解され[*1]

$$z^3 - 2z^2 + z = z(z-1)^2$$

多項式の比で与えられる分数関数は例えば次のようなよく知られた部分分数表示を持つ.

$$\frac{2z}{z^2-1} = \frac{1}{z-1} + \frac{1}{z+1}.$$

実はある条件下において因数分解及び部分分数の項数が無限大の場合にも類似の展開が可能である．ここでは限定的ではあるがわかりやすい状況下におけるこの展開について説明しよう．

まず部分分数展開から始めよう．ここでは関数 $f(z)$ が有限な $|z|$ においては 1 位の極 $a_1, a_2, \cdots$ のみを持ち留数は各々 $b_1, b_2, \cdots$ であるとする．さらに大きさ R のある形の積分路 C_R ($R \to \infty$ で全ての極を含み $|z| \to \infty, z \in C_R, R \to \infty$) が存在し C_R 上である定数 M について

[*1] 一般に n 次方程式はその次数だけの零点を持つので（代数学の基本定理）その零点を用いて必ず因数分解できる.

■**有理関数の部分分数**■

$g(z)$ が $g(a_j) \neq 0, a_j \neq a_k, j \neq k$ を満たす $n-1$ 次以下の多項式のとき，次の部分分数展開の係数を決めてみよう.

$$\frac{g(z)}{(z-a_1)(z-a_2)\cdots(z-a_n)} = \sum_{j=1}^{n} \frac{b_j}{z-a_j}.$$

分母をはらって $g(z) = \sum_j b_j \prod_{k \neq j}(z-a_k)$. これに $z = a_j$ を代入して $g(a_j) = b_j \prod_{k \neq j}(a_j - a_k)$. よって

$$b_j = \frac{g(a_j)}{\prod_{k \neq j}(a_j - a_k)}.$$

$z = a_l$ が m 重根のときは

$$\frac{g(z)}{(z-a_1)\cdots(z-a_l)^m \cdots} = \cdots + \frac{b_l^m}{(z-a_l)^m} + \frac{b_l^{m-1}}{(z-a_l)^{m-1}} + \cdots + \frac{b_l^1}{(z-a_l)^1} + \cdots$$

と展開できる．同様に分母はらえば $g(z) = \cdots + b_l^m + b_l^{m-1}(z-a_l) + \cdots + b_l^1(z-a_l)^{m-1} + \cdots$. よって

$$g(a_l) = c_l b_l^m, \quad g'(a_l) = c_l \left(b_l^{m-1} + \frac{d}{dz} \sum_{j \neq l} b_j \prod_{k \neq l}(z-a_k)|_{z=a_l} \right)$$

などとして順に求まる ($c_l = \prod_{k \neq l}(a_l - a_k)$).

$|f(z)| < M$ としよう．このとき次の部分分数展開が成り立つ．

--- 部分分数展開 ---
本文の条件下で
$$f(z) = f(z_0) + \sum_n b_n \left(\frac{1}{z-a_n} + \frac{1}{a_n - z_0} \right), \qquad z_0\text{は任意}$$

これは次のように考えればよい．

まず
$$\frac{1}{\zeta - z} = \frac{\zeta - z + z - z_0}{(\zeta - z_0)(\zeta - z)} = \frac{1}{\zeta - z_0} + \frac{z - z_0}{(\zeta - z_0)(\zeta - z)}$$

に注意して $\frac{f(\zeta)}{\zeta - z}$ を C_R 上 ζ で積分する．C_R 内の特異点は $\zeta = z$(留数 $f(z)$)，$\zeta = a_j$(留数 $\frac{b_j}{a_j - z}$) だから

$$\frac{1}{2\pi i} \int_{C_R} d\zeta \frac{f(\zeta)}{\zeta - z} = f(z) + \sum_j \frac{b_j}{a_j - z}$$
$$= \frac{1}{2\pi i} \int_{C_R} d\zeta \frac{f(\zeta)}{\zeta - z_0} + \frac{z - z_0}{2\pi i} \int_{C_R} d\zeta \frac{f(\zeta)}{(\zeta - z_0)(\zeta - z)}.$$

この最後の項は $R \to \infty$ で仮定より零となり第1項は被積分関数の留数を数えて

■部分分数展開と無限乗積の例■

C_R として原点中心一辺 $2M+1$ の正方形（M は自然数）をとって $z_0 = 0$ として $f(z) = \cot z - \frac{1}{z}$ は部分分数に展開できて

$$\cot z - \frac{1}{z} = \sum_{n=1}^{\infty} \left(\frac{1}{z - n\pi} + \frac{1}{z + n\pi} \right).$$
$$\left(\cot z - \frac{1}{z} \to 0, \quad z \to 0 \text{ に注意.} \right)$$

これを項別に積分して
$$\sin z = z \prod_{n=1}^{\infty} \left(1 - \frac{z^2}{n^2 \pi^2} \right).$$

$$\frac{1}{2\pi i}\int_{C_R} d\zeta \frac{f(\zeta)}{\zeta - z_0} = f(z_0) + \sum_j \frac{b_j}{a_j - z_0}.$$

よって

$$f(z) \to f(z_0) + \sum_j b_j \left(\frac{1}{z-a_j} + \frac{1}{a_j - z_0}\right), \quad (R \to \infty).$$

次に無限乗積について考える．$z = a_j$ が $f(z)$ の 1 位の零点のとき $z = a_j$ は $\frac{f'(z)}{f(z)}$ の 1 位の極で留数 1 だからこの関数に対して前述の部分分数展開に関する条件が適用できるときを考えよう．このとき前節の結果から例えば $z_0 = 0$ として

$$\frac{f'(z)}{f(z)} = \frac{f'(0)}{f(0)} + \sum_j \left(\frac{1}{z-a_j} + \frac{1}{a_j}\right).$$

この関係式の辺々項別積分が許されれば

$$\log f(z) = \frac{f'(0)}{f(0)}z + \sum_j \left(\log(z-a_j) + \frac{1}{a_j}z\right) + C$$

$$= \frac{f'(0)}{f(0)}z + \sum_j \left(\log\left(1-\frac{z}{a_j}\right) + \frac{1}{a_j}z\right) + C',$$

$$f(z) = e^{C'} e^{\frac{f'(0)}{f(0)}z} \prod\left[\left(1-\frac{z}{a_j}\right) e^{\frac{z}{a_j}}\right].$$

ここで C, C' はある定数である．ここで $z = 0$ として定数を決めれば

■ガンマ関数■

後述のガンマ関数 $\Gamma(z)$ については次の無限乗積表示が知られている．

$$\Gamma(z) = \lim_{n\to\infty} \frac{(n-1)!\, n^z}{z(z+1)(z+2)\times \cdots \times (z+n-1)}, \quad \text{(ガウスの公式)}.$$

$$\frac{1}{\Gamma(z)} = ze^{\gamma z} \prod_{n=1}^{\infty} \left\{\left(1+\frac{z}{n}\right) e^{-\frac{z}{n}}\right\}, \quad \text{(ワイエルシュトラスの公式)},$$

$$\gamma = \lim_{n\to\infty}\left(\frac{1}{1} + \frac{1}{2} + \frac{1}{3} + \cdots + \frac{1}{n} - \log n\right) = 0.57721..., \quad \text{オイラーの定数}.$$

> **― 無限乗積展開 ―**
>
> 本文の条件下で
> $$f(z) = f(0)e^{\frac{f'(0)}{f(0)}z}\prod_j\left[\left(1-\frac{z}{a_j}\right)e^{\frac{z}{a_j}}\right]$$

となる[*2].

---

*2 ここでの議論は一般の場合ではなく限定された状況下でのものであることに注意しよう．くわしくは例えば [22]．

■スターリングの公式■

$x > 0$ で十分大きいときにガンマ関数の漸近形を求めよう．$\Gamma(x+1) = \int_0^\infty dt\, e^{-t}t^x$ において $t = x\tau$ と書いてみよう．($dt = x d\tau$.)

$$\Gamma(x+1) = x^{x+1}\int_0^\infty d\tau\, e^{-x\tau}\tau^x = x^{x+1}\int_0^\infty d\tau\, e^{-x(\tau-\log\tau)}.$$

ここで $\int_0^\infty d\tau\, e^{-x(\tau-\log\tau)} = \int_0^\infty d\tau\, e^{-xf(\tau)}$ と書いて（$f(\tau) = \tau - \log\tau$）積分を $x \gg 1$ のときに評価する．$f'(\tau) = 1 - \frac{1}{\tau}$ だから $f(\tau)$ の極小を与える $\tau = 1$ の周りで展開して

$$f(\tau) = \tau - \log(1+(\tau-1)) = \tau - \{(\tau-1) - \frac{1}{2}(\tau-1)^2 \pm \cdots\} \approx 1 + \frac{1}{2}(\tau-1)^2.$$

更に τ 積分をこの極小点の近傍 $1-\epsilon \to 1+\epsilon$ に限ると

$$\Gamma(x+1) \approx x^{x+1}e^{-x}\int_{1-\epsilon}^{1+\epsilon}d\tau\, e^{-\frac{x}{2}(\tau-1)^2}.$$

ここで $\sqrt{\frac{x}{2}}(\tau-1) = s$ として $\sqrt{\frac{x}{2}}d\tau = ds,\ s: -\sqrt{\frac{x}{2}}\epsilon \to \sqrt{\frac{x}{2}}\epsilon$ より

$$\Gamma(x+1) \approx x^{x+1}e^{-x}\sqrt{\frac{2}{x}}\int_{-\sqrt{\frac{x}{2}}\epsilon}^{\sqrt{\frac{x}{2}}\epsilon}ds\, e^{-s^2} \approx Cx^{x+\frac{1}{2}}e^{-x}\quad\left(\sqrt{\frac{x}{2}}\epsilon \gg 1\right),$$

C は定数，と評価できる．よって整数 $n = x \gg 1$ に対して

$$n! = \mathcal{O}(n^{n+\frac{1}{2}}e^{-n}),\quad \log n! = \mathcal{O}((n+\frac{1}{2})\log n - n) = \mathcal{O}(n\log n - n).$$

4.9 ガンマ関数とベータ関数

最後に積分型で与えられる典型的な複素関数としてガンマ関数とベータ関数について簡単な部分を説明しよう．ガンマ関数を

$$\Gamma(z) = \int_0^\infty dt\, e^{-t} t^{z-1}$$

と定義しよう．（これは $\mathrm{Re}\, z > 0$ であれば収束する．）

すると

$$\Gamma(1) = \int_0^\infty dt\, e^{-t} = 1.$$

更に

$$\Gamma(z+1) = \int_0^\infty dt\, e^{-t} t^z = -e^{-t} t^z \Big|_0^\infty + z \int_0^\infty dt\, e^{-t} t^{z-1}$$
$$= z\Gamma(z).$$

よって n を自然数として

$$\Gamma(n) = (n-1)\Gamma(n-1) = (n-1)(n-2)\Gamma(n-2) = \cdots$$
$$= (n-1)!\Gamma(1) = (n-1)!$$

と階乗の一般化となっている．また $\Gamma(z+1) = z\Gamma(z)$ より $z \to 0$ として

$$\Gamma(z) \to \frac{\Gamma(1)}{z} = \frac{1}{z}, \quad z \to 0.$$

──────────────────────────────
■超伝導で有名な積分（その1）■

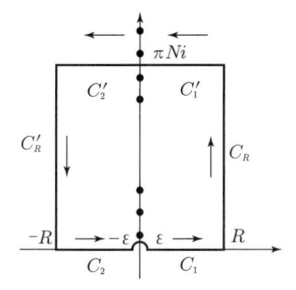

$$\int_0^\infty dx\, \frac{\log x}{\cosh^2 x} = -\log \frac{4e^\gamma}{\pi}, \quad \gamma = \lim_{n\to\infty}\left(1 + \frac{1}{2} + \frac{1}{3} + \cdots + \frac{1}{n} - \log n\right) = 0.5772156\cdots,$$

(γ: オイラー定数) を示してみよう．$f(z) = \frac{\log z}{\cosh^2 z}$ を図の積分路で積分する．まず原点まわりの半円からの寄与は半径 $\to 0$ で消える．C_1 上で $z = x$ として $\int_{C_1} = \int_\epsilon^R dx\, \frac{\log x}{\cosh^2 x}$．この分枝の取り方で C_2 上の積分を計算すると $\int_{C_2} = \int_\epsilon^R dx\, \frac{\log x + \pi i}{\cosh^2 x}$, $\int_{C_1 + C_2} \to 2\int_0^\infty \frac{\log x}{\cosh^2 x} + \pi i$, $(R \to \infty, \epsilon \to 0)$. ここで $\int_0^\infty dx\, \frac{1}{\cosh^2 x} = \int_0^\infty dx\, \frac{4e^{-2x}}{(1+e^{-2x})^2} = \int_1^0 \frac{-2dt}{(1+t)^2} = 1$ ($e^{-2x} = t, -2e^{-2x}dx = dt$) を使った．

すなわち $z=0$ は留数 1 の 1 位の極である．つづけて $\Gamma(z+2)=(z+1)z\Gamma(z)$ より $z \to -1$ として

$$\Gamma(z) \to \frac{1}{z+1}\frac{\Gamma(1)}{-1}, \quad z \to -1.$$

すなわち $z=-1$ は留数 -1 の 1 位の極である．同様に一般に $\Gamma(z+n+1)=(z+n)(z+n-1)\cdots z\Gamma(z)$ より $z \to -n$ として

$$\Gamma(z) \to \frac{1}{z+n}\frac{\Gamma(1)}{(-1)\cdots(-2)\cdots(-n)} = \frac{1}{z+n}\frac{(-1)^n}{n!}, \quad z \to -n.$$

すなわち $z=-n$ は 1 位の極でその留数は $\frac{(-1)^n}{n!}$ である．

またベータ関数を次のように定義する．

$$B(x,y) = \int_0^1 dt\, t^{x-1}(1-t)^{y-1}.$$

(これは $\mathrm{Re}\,x, \mathrm{Re}\,y > 0$ なら収束する．) まず定義から

$$B(x,y) = B(y,x).$$

変数変換 $t = \sin^2\theta$ により

$$B(x,y) = 2\int_0^{\frac{\pi}{2}} d\theta \sin^{2x-1}\theta \cos^{2y-1}\theta.$$

変数変換 $t = \frac{u}{1+u}$ により

■超伝導で有名な積分（その 2）■

次に C_1' 上では $z = x + i\pi N, x : R \to 0$, C_2' 上では $z = -x + i\pi N$, $x : 0 \to R$ として

$$\int_{C_1'} = \int_R^0 dx\, \frac{\log\sqrt{x^2+(\pi N)^2}+i\mathrm{Arctan}\frac{\pi N}{x}}{\cosh^2 x},$$

$$\int_{C_2'} = -\int_0^R dx\, \frac{\log\sqrt{x^2+(\pi N)^2}+i(\pi-\mathrm{Arctan}\frac{\pi N}{x})}{\cosh^2 x},$$

$$\int_{C_1'+C_2'} = -\int_0^R dx\, \frac{2\log\sqrt{x^2+(\pi N)^2}+i\pi}{\cosh^2 x}$$

$$= -\int_0^R dx\, \frac{2\log \pi N + i\pi}{\cosh^2 x} - 2\int_0^R dx\, \frac{\log\sqrt{1+\left(\frac{x}{\pi N}\right)^2}}{\cosh^2 x}$$

$$= -\int_0^R dx\, \frac{2\log \pi N + i\pi}{\cosh^2 x} + \mathcal{O}\left(\left(\frac{R}{N}\right)^2\right) = -2\log \pi N - i\pi + \mathcal{O}\left(e^{-2R}\log N\right) + \mathcal{O}\left(\left(\frac{R}{N}\right)^2\right).$$

一方 C_R, C_{-R} 上の積分は $\int_{C_R, C_{-R}} = \mathcal{O}\left(e^{-2R}N\log N\right)$. よって積分路に沿った積分は

$$\int_C = 2\int_0^\infty \frac{\log z}{\cosh^2 x} - 2\log \pi N + \mathcal{O}\left(N^{1+0}e^{-2R}\right) + \mathcal{O}\left(\left(\frac{R}{N}\right)^2\right).$$

$$B(x,y) = \int_0^\infty du \frac{u^{x-1}}{(1+u)^{x+y}}.$$

さらに

$$\Gamma(u)\Gamma(v) = \int_0^\infty ds\, e^{-s} s^{u-1} \int_0^\infty dt\, e^{-t} t^{v-1}$$
$$= 4\int_0^\infty dx \int_0^\infty dy\, e^{-(x^2+y^2)} x^{2u-1} y^{2v-1}, \qquad (s=x^2, t=y^2)$$
$$= 4\int_0^\infty dr \int_0^{\pi/2} d\theta\, r e^{-r^2} r^{2(u+v-1)} \cos^{2u-1}\theta \sin^{2v-1}\theta,$$
$$(x=r\cos\theta, y=r\sin\theta)$$
$$= \int_0^\infty d\rho\, e^{-\rho} \rho^{u+v-1} \cdot 2\int_0^{\frac{\pi}{2}} d\theta\, \sin^{2x-1}\theta \cos^{2yx-1}\theta$$
$$= \Gamma(u+v) B(x,y).$$

すなわち

---**ガンマ関数とベータ関数**---

$$B(x,y) = \frac{\Gamma(x)\Gamma(y)}{\Gamma(x+y)}$$

特に $0 < z < 1$ のとき

$$B(z, 1-z) = \Gamma(z)\Gamma(1-z) = \int_0^\infty du \frac{u^{z-1}}{1+u}$$

■**超伝導で有名な積分（その3）**■

一方この積分路内の被積分関数 $f(z)$ の極は $z_k = i\pi(k-\frac{1}{2})$, $k=1,2,\cdots,N$ でこれは2位の極．そこでの留数 r_k は $z = z_k + \delta$ として $\cosh z = \frac{1}{2}(-i(-1)^k e^\delta + i(-1)^k e^{-\delta}) = -i(-1)^k \sinh\delta$ に注意して

$$r_k = \lim_{\delta\to 0} \frac{d}{d\delta} \frac{\delta^2}{-\sinh^2\delta} \log(z_k + \delta) = \frac{\delta^2}{-\sinh^2\delta} \frac{1}{z_k+\delta}\bigg|_{\delta\to 0} - \left(\frac{d}{d\delta}\frac{\delta^2}{\sinh^2\delta}\right)\log(z_k+\delta)\bigg|_{\delta\to 0}$$
$$= -\frac{1}{z_k} = \frac{i}{\pi}\frac{2}{2k-1}.$$

よって $\int_0^\infty dx \frac{\log x}{\cosh^2 x} = \log \pi N - 2\left(\frac{1}{1} + \frac{1}{3} + \cdots + \frac{1}{2N-1}\right) + \mathcal{O}\left(N^{1+0} e^{-2R}\right) + \mathcal{O}\left(\left(\frac{R}{N}\right)^2\right)$.

ここで $J_n = 1 + \frac{1}{2} + \frac{1}{3} + \cdots + \frac{1}{n}$ として $J_{2n} = \left(1 + \frac{1}{3} + \frac{1}{5} + \cdots + \frac{1}{2n-1}\right) + \left(\frac{1}{2} + \frac{1}{4} + \cdots + \frac{1}{2n}\right) = 1 + \frac{1}{3} + \frac{1}{5} + \cdots + \frac{1}{2n-1} + \frac{1}{2}J_n$ から $1 + \frac{1}{3} + \frac{1}{5} + \cdots + \frac{1}{2n-1} = J_{2n} - J_n/2$. よって例えば $N = \mathcal{O}(R^2)$ として $R \to \infty$ とすれば

$$\int_0^\infty dx \frac{\log x}{\cosh^2 x} = \log\pi + \lim_{N\to\infty}(\log N - 2J_{2N} + J_N)$$
$$= \log\pi + \lim_{N\to\infty}\{(2\log 2N - 2J_{2N} - 2\log 2) - (\log N - J_N)\}$$
$$= \log\pi - 2\gamma + \gamma - 2\log 2 = \log\frac{\pi}{4e^\gamma}.$$

となるが最後の積分は例題 4.2 の解答より $\frac{\pi}{\sin \pi z}$ に等しい．実はこの関係はつねに成り立つ．

---**ガンマ関数と三角関数**---

$$\Gamma(z)\Gamma(1-z) = \frac{\pi}{\sin \pi z}$$

4.10 解析接続とリーマン面

解析接続とリーマン面はいわば複素関数論の最も重要な部分であるが，本書の性格上簡単な具体的例をとりあげてこれらの概念について簡単に述べるに留めたい．よりくわしい議論は適宜参考書を参照されたい．

まず，無限級数により定義される関数

$$f_1(z) = 1 + z + z^2 + z^3 + \cdots$$

を考えよう．これは等比級数の和の公式からわかるように

$$|z| < 1$$

なら収束し意味のある関数を与える．このように一般に $z = a$ で正則な関数はテイラー展開

$$f_1(z) = a_0 + a_1(z-a) + a_2(z-a)^2 + \cdots,$$
$$a_n = \frac{1}{n!} f_1^n(a)$$

■**反転公式（その 1）**■

$z = z_0$ で正則な等角写像 $w = w(z)$, $w'(z_0) \neq 0$ の逆関数 $z = z(w)$ のべき級数表示が

$$z(w) = w_0 + \sum_{n=1}^{\infty} a_n (w - w_0)^n, \quad w_0 = w(z_0),$$

$$a_n = \frac{1}{n!} \lim_{z \to z_0} \frac{d^{n-1}}{dz^{n-1}} \left(\frac{z - z_0}{w(z) - w_0} \right)^n$$

となることを示そう．それにはテイラー展開の公式より

$$a_n = \frac{1}{n!} \frac{d^n}{dw^n} z(w) \Big|_{w=w_0}.$$

これを変形する．まず C を z, z_0 を十分小さく囲む曲線としてコーシーの定理より（十分小さい曲線 C については $w'(z_0) \neq 0$ より等角性が成立し $w(C)$ も $w(z)$ を 1 回囲む）

$$z(w) = \frac{1}{2\pi i} \int_{w(C)} \frac{z(\zeta)}{\zeta - w} d\zeta.$$

ここで $\zeta = w(\tau)$ として $d\zeta = w'(\tau) d\tau$, $\tau = z(\zeta)$ であり

$$z(w) = \frac{1}{2\pi i} \int_C \frac{\tau w'(\tau)}{w(\tau) - w} d\tau.$$

次に w で微分してから部分積分する．

が可能である．この展開が（べき級数）として条件

$$|z-a| < R$$

のもとで収束するとき，この R を収束半径と呼ぶ．ここでの場合具体的に $f_1(z) = \frac{1}{1-z}$ とあらわに和が得られるが一般には具体的表式が与えられなくともきちんと定義されたことが重要である．ここでもし収束半径が零でなければ ($R > 0$)，正則関数に関しては1点 $z = a$ の情報 $f_1^n(a), n = 0, 1, 2, 3, \cdots$ からその点以外の値が決定できることとなる．これを使って収束半径内の中心以外の点例えば $z = b$ での微分 $f_1^{(n)}(b)$ がすべて計算できるから $z = b$ のまわりで次のようにテイラー展開から新しい級数を作ることができる．

$$f_2(z) \equiv b_0 + b_1(z-b) + b_2(z-b)^2 + \cdots,$$
$$b_n = \frac{1}{n!} f_1^{(n)}(b).$$

当然 $f_1(z)$ の収束半径内ではこの展開は $f_1(z)$ に一致する．さらにもしこの新しい級数の収束する領域が図のように $f_1(z)$ の収束半径以外を含むとしよ

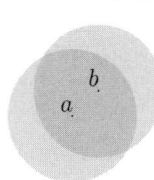

■反転公式（その2）■

$$\frac{d}{dw} z(w) = \frac{1}{2\pi i} \int_C \frac{\tau w'(\tau)}{(w(\tau)-w)^2} d\tau = \frac{1}{2\pi i} \tau \frac{-1}{w(\tau)-w} \bigg|_C + \frac{1}{2\pi i} \int_C \frac{1}{w(\tau)-w} d\tau$$

$$= \frac{1}{2\pi i} \int_C \frac{1}{w(\tau)-w} \quad (w(\tau) \text{はこの領域で一価関数}).$$

さらにくり返し w で $n-1$ 回微分して $w = w_0$ とすれば

$$\frac{d^n}{dw^n} z(w) \bigg|_{w=w_0} = \frac{(n-1)!}{2\pi i} \int_C \frac{1}{\{w(\tau)-w_0\}^n} d\tau.$$

ここで $w'(z_0) \neq 0$ より $w(\tau) - w_0$ は $\tau = z_0$ を1位の零点とするので $\tau = z_0$ は $\frac{1}{(w(\tau)-w_0)^n}$ の n 位の極となるからそこでの留数は公式より

$$\frac{1}{(n-1)!} \frac{d^n}{dz^n} \frac{(z-z_0)^n}{(w(z)-w_0)^n} \bigg|_{z=z_0}$$

となり

$$\frac{d^n}{dw^n} z(w) \bigg|_{w=w_0} = \frac{d^n}{dz^n} \frac{(z-z_0)^n}{(w(z)-w_0)^n} \bigg|_{z=z_0}.$$

これから $a_n = \frac{1}{n!} \lim_{z \to z_0} \frac{d^{n-1}}{dz^{n-1}} \left(\frac{z-z_0}{w(z)-w_0} \right)^n$ となる．

う．もしこのようなことがおこると f_1 では定義できなかった領域まで関数が拡張されたこととなる．この操作は一般には引きつづいて行うことができこれを**解析接続**という．

前の例の場合このようにして級数展開をくり返して $z = 1$ 以外の全平面に解析接続した関数が実は $\frac{1}{1-z}$ であったわけである．

一般にはこのように解析接続して構成した関数がその構成のしかたつまりどのような経路にそって解析接続したかに依存しない保障はなく，一般には多価関数となる．しかし解析接続の経路を特異点をよぎらず変形する範囲においては一価性が保たれることも証明できる．つまり関数の多価性はある特異点まわりで解析接続を行ったときに生ずる．このような点を一般に**分岐点**（branching point）と呼ぶ．このように多価性が現れると理論的考察が複雑となるが，関数の定義域を拡げてその上では一価関数となるようにすることによりいままでの議論をすべて使うことができる．この拡張された定義域を**リーマン面**と呼ぶ．その一般論はここでは行なわないが例えば

$$f(z) = \sqrt{z^2 - 1} = \sqrt{(z-1)(z+1)}$$

の場合，複素平面を 2 枚用意し図のように $z = 1$ と $z = -1$ をつなぐ線分（ブランチカットと呼ぶ）についてそれらを切り開き図のように向きを保存して張り合わせたものが関数 $f(z) = \sqrt{z^2-1}$ のリーマン面である．この上では 2 乗根の符号の任意性はなく一価関数となる．(例えば参考文献 [25] 参照.)

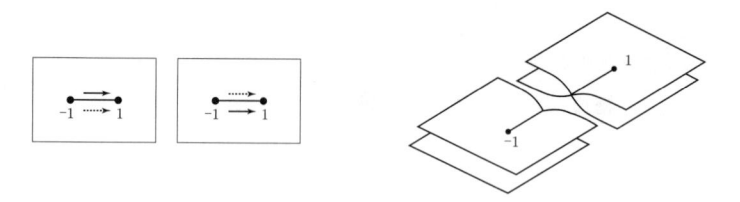

4.11 章末問題

4.1 複素関数 $w = w(z) = \log z$ ($z = x + iy$, x, y は実数) について考えよう．

(a) 領域 $D = \{x + iy | x > 0\}$ において多価性に注意して $X(x,y) = \operatorname{Re} w(z), Y(x,y) = \operatorname{Im} w(z)$ を求めよ．ただし s が実の場合 $-\pi/2 < \operatorname{Arctan} s < \pi/2$ とする．ここで $t = \operatorname{Arctan} s \leftrightarrow s = \tan t$ である．

(b) 一般の複素関数 $w = X(x,y) + iY(x,y)$ (X, Y は実数) についてコーシーリーマンの関係式を書き下し，これに関して知るところを述べよ．

(c) (a) で求めた関数がコーシーリーマンの関係式を満たすことを確認せよ．

(d) $x>0, y>0$ の時, C_0 を $z=1$ と $z=R=\sqrt{x^2+y^2}$ をむすぶ直線, C_1, C_2 を図の半径 R の円弧として次の積分で与えられる関数をそれぞれ求め $w=\log z$ との関係を述べよ.

$$I_1(x,y) = \int_{C_0+C_1} dz\, \frac{1}{z}, \qquad I_2(x,y) = \int_{C_0+C_2} dz\, \frac{1}{z}.$$

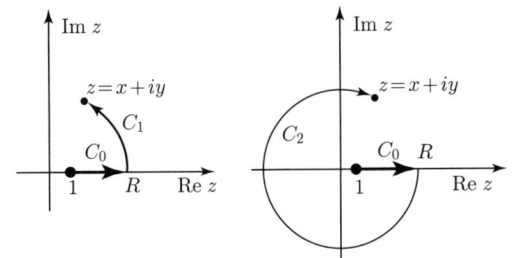

4.2 (a) $(i^i)^i$ を求めよ. 多価の場合すべて求めよ.

(b) p.150 の積分路で $\displaystyle\int_C dz\, \frac{3e^{iz} - e^{i3z} - 2}{z^3}$ を計算し $\displaystyle\int_{-\infty}^{\infty} dx\, \frac{\sin^3 x}{x^3}$ を求めよ.

(c) $0 < p < 1$ として $\displaystyle\int_0^{2\pi} d\theta\, \frac{1}{1+p\cos\theta}$ を求めよ.

5 フーリエ解析と簡単な偏微分方程式

　物理科学において波動は極めて基本的な現象であり，線形問題においてはその線形性ゆえ，現象を波動の重ね合わせとして理解することが重要である場合が多い．これがいわゆるフーリエ解析であり実用上も有用である．このフーリエ解析を有限次元の線形代数の自然な延長として理解する立場から説明したい．そのために通常の構成とはすこしちがう順序で離散フーリエ解析から議論を始めることとする．これは物理的には格子上での議論から始めて最後に連続体極限をとることに対応する．またフーリエ展開は「任意」の関数の既知の関数列による展開とみなすこともでき，有限次元ベクトルの基底ベクトルによる展開，ピタゴラスの定理等の初等幾何の自然な拡張として理解することができる．この点も強調した説明を行なうこととする．

　また最後に物理的に重要な偏微分方程式に関する簡単な議論をまとめた．

本章の内容

5.1　離散フーリエ変換
5.2　フーリエ級数
5.3　フーリエ変換
5.4　直交関数列による展開
5.5　変数分離法による偏微分方程式の解と関数列による展開
5.6　物理的に重要な偏微分方程式

5.1 離散フーリエ変換

まず最初に次の $N \times N$ 行列がユニタリ行列であることを確認しよう．(コラム参照.)

$$U_N = \frac{1}{\sqrt{N}} \begin{bmatrix} e^{i\frac{2\pi}{N}1\cdot 1} & e^{i\frac{2\pi}{N}1\cdot 2} & \cdots & e^{i\frac{2\pi}{N}1\cdot N} \\ e^{i\frac{2\pi}{N}2\cdot 1} & e^{i\frac{2\pi}{N}2\cdot 2} & \cdots & e^{i\frac{2\pi}{N}2\cdot N} \\ \vdots & & \ddots & \vdots \\ e^{i\frac{2\pi}{N}N\cdot 1} & e^{i\frac{2\pi}{N}N\cdot 2} & \cdots & e^{i\frac{2\pi}{N}N\cdot N} \end{bmatrix}.$$

ここで N 個の値 f_i, $i = 1, \cdots, N$ からなる数列をひとまとめにして列ベクトル $\boldsymbol{f}$ と書こう．これに関して上記のユニタリ行列を用いて（$U_N^{-1} = U_N^\dagger$）

$$\tilde{\boldsymbol{f}} = U_N^\dagger \boldsymbol{f}$$

とすれば

$$\boldsymbol{f} = U_N \tilde{\boldsymbol{f}}$$

となる．これを成分で書けば

■ 離散フーリエ展開とユニタリ行列 ■

$$\{U_N\}_{jl} = u_{jl} = \frac{1}{\sqrt{N}} e^{i\frac{2\pi}{N}jl}$$

と書くと $\{U_N^\dagger\}_{lj} = u_{jl}^*$ で

$$\{U_N U_N^\dagger\}_{jj'} = \sum_l u_{jl} u_{j'l}^* = \frac{1}{N} \sum_l e^{i\frac{2\pi}{N}jl} e^{-i\frac{2\pi}{N}j'l} = \frac{1}{N} \sum_{l=1}^N e^{i\frac{2\pi}{N}(j-j')l}$$

$$= \begin{cases} \frac{1}{N} \frac{1-e^{i\frac{2\pi}{N}(j-j')\cdot N}}{1-e^{i\frac{2\pi}{N}(j-j')}} = 0, & (j \neq j') \\ \frac{1}{N} \cdot N = 1, & (j = j') \end{cases} \quad \text{等比級数の和}$$

$$= \delta_{jj'},$$

$$\{U_N^\dagger U_N\}_{ll'} = \sum_j u_{jl}^* u_{jl'} = \frac{1}{N} \sum_j e^{-i\frac{2\pi}{N}jl} e^{i\frac{2\pi}{N}jl'} = \frac{1}{N} \sum_j e^{-i\frac{2\pi}{N}j(l-l')} = \delta_{ll'}$$

より

$$U_N^\dagger U_N = U_N U_N^\dagger = I_N.$$

つまり U_N はユニタリ行列である．

5.1 離散フーリエ変換

― 離散フーリエ変換 ―

$$\tilde{f}_l = \frac{1}{\sqrt{N}} \sum_{j=1}^{N} e^{-i\frac{2\pi}{N}lj} f_j$$

$$f_j = \frac{1}{\sqrt{N}} \sum_{l=1}^{N} e^{i\frac{2\pi}{N}jl} \tilde{f}_l$$

これらを数列 f_j から $\tilde{f}_l$ への変換とみて離散フーリエ変換と呼ぶ.

さらに,行列 U_N のユニタリ性より

$$\sum_l |\tilde{f}_l|^2 = \tilde{\boldsymbol{f}}^\dagger \tilde{\boldsymbol{f}}$$
$$= \boldsymbol{f}^\dagger U_N^\dagger U_N \boldsymbol{f}$$
$$= \boldsymbol{f}^\dagger \boldsymbol{f} = \sum_j |f_j|^2$$

が成り立つ.

― 離散フーリエ変換におけるパーセバルの関係式 ―

$$\sum_l |\tilde{f}_l|^2 = \sum_j |f_j|^2$$

■ フーリエ変換の例 ■

数列 $\{f_i\}$ から 数列 $\{\tilde{f}_k\}$ への変換は有限次元であるかぎり可逆な線形変換であるから、どちらでも完全に同じ情報を持つ. 物理的にはよく使われる表現として

$$f_i \rightleftarrows \tilde{f}_k$$

時間領域 $\rightleftarrows$ 周波数領域

実空間 $\rightleftarrows$ 波数空間

などがこの対応をもとに理解できる.

またすぐわかるように

$f_i : i$ によらない数つまり, $f_i = $ 一定 $\rightleftarrows \tilde{f}_N$ 以外はすべて零

一様 $\rightleftarrows$ 局在

f_N 以外はすべて零 $\rightleftarrows \tilde{f}_k = $ 一定

局在 $\rightleftarrows$ 一様

となるので局所性と大域性がフーリエ変換によりお互いに入れ換わることも特徴的である.

ここで後で使うために規格化を少し一般化した公式を書き下しておこう．

$$\tilde{f}_l = \frac{1}{\sqrt{N}} \sum_{j=1}^{N} e^{-i\frac{2\pi}{N}jl} f_j \cdot N^\alpha \cdot a = aN^{\alpha-\frac{1}{2}} \sum_{j=1}^{N} e^{-i\frac{2\pi}{N}jl} f_j,$$

$$f_j = \frac{1}{\sqrt{N}} \sum_{l=1}^{N} e^{i\frac{2\pi}{N}jl} \tilde{f}_l \cdot N^{-\alpha} a^{-1} = a^{-1} N^{-\frac{1}{2}-\alpha} \sum_{l=1}^{N} e^{i\frac{2\pi}{N}jl} \tilde{f}_l.$$

ここで α, a は任意の数である．

■1次元の並進対称な模型と離散フーリエ変換■

$\{f_j\}$ の次の2次形式

$$H = \sum_j \sum_d t_d f_j^* f_{j+d} + 複素共役$$

は並進不変，すなわち $f_j \to f_{j+n}$, n：整数 として不変であり（$f_{j+N} = f_j$ と周期的に拡張しておく），ここでの離散フーリエ変換により

$$\begin{aligned}
H &= \sum_j \sum_d t_d f_j^* f_{j+d} + 複素共役 \\
&= \frac{1}{N} \sum_{ll'} \sum_j \sum_d t_d \tilde{f}_l^* \tilde{f}_{l'} e^{i\frac{2\pi}{N}\{-jl+(j+d)l'\}} + 複素共役 \\
&= \sum_{ll'} \sum_d t_d e^{i\frac{2\pi}{N}dl'} \tilde{f}_l^* \tilde{f}_{l'} \frac{1}{N} \sum_j e^{i\frac{2\pi}{N}\{j(l'-l)\}} + 複素共役 \\
&= \sum_l \tilde{f}_l^* \tilde{f}_l \epsilon_l, \quad \epsilon_l = \sum_d (t_d e^{i\frac{2\pi}{N}ld} + 複素共役)
\end{aligned}$$

と，f_j 表示で非対角的であったものが $\tilde{f}_l$ では対角的となる．この議論は結晶中での電子状態の議論において重要である．（ブロッホ関数．）

5.2 フーリエ級数

まず N 項からなる級数 f_j, $j = 1, \cdots, N$ を考えよう．

$$f_1, f_2, \cdots, f_{N-1}, f_N.$$

ただし後の議論との関係で $N = 2M+1$ を奇数として数列の後ろ半分

$$f_{(N+1)/2}, f_{(N+1)/2+1}, \cdots, f_{N-1}, f_N$$

を順に前に並べた数列 $f_j, j = 0, \pm 1, \pm 2, \cdots, \pm(N-1)/2$，具体的には

$$f_{-(N-1)/2},\ f_{-(N-1)/2+1},\ \cdots,\ f_{-1}, f_0, f_1, f_2, \cdots,\ f_{(N-1)/2-1},\ f_{(N-1)/2}$$

である数列 $\{f_j\}$ を扱おう．ただし添え字が負とゼロの部分は次の通り周期的に $(f_j = f_{N+j})$ 拡張しておく．

$$f_{-(N-1)/2} \equiv f_{-(N-1)/2+N} = f_{(N+1)/2+N}$$
$$f_{-(N-1)/2+1} \equiv f_{-(N-1)/2+1+N} = f_{(N+1)/2+1+N}$$
$$\vdots$$
$$f_{-1} \equiv f_{-1+N}$$
$$f_0 \equiv f_N$$

▓▓

■周期的な拡張■

下図のように数列を周期的に拡張しておく．

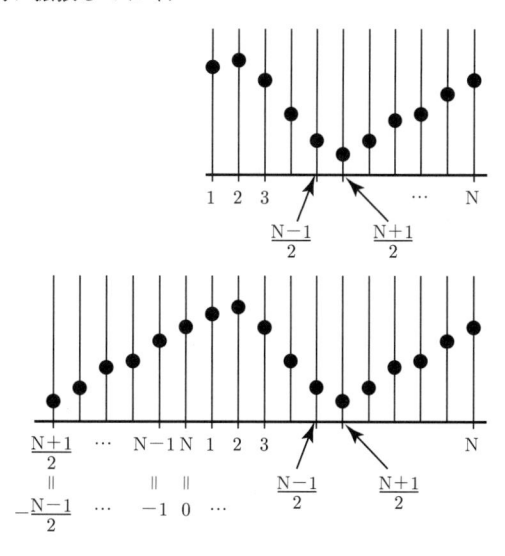

(すこしわかりにくいかも知れないが $N=7$ の場合 $f_1, f_2, f_3, f_4, f_5, f_6, f_7$ という数列なら $f_4, f_5, f_6, f_7, f_1, f_2, f_3$ とならべ直し $f_4 \equiv f_{-3}, f_5 \equiv f_{-2}, f_6 \equiv f_{-1}, f_7 \equiv f_0$ として $f_{-3}, f_{-2}, f_{-1}, f_0, f_1, f_2, f_3$ とならべることに対応する．なおコラムの図を参照されたい．)

同様に $\tilde{f}_l$ に対しても添字の周期的な拡張ができることを了解しておこう．

この数列に $\alpha = -\frac{1}{2}, a = 1$ として前節の公式を使うと

$$f_j = \sum_l e^{i\frac{2\pi j}{N}l} \tilde{f}_l \equiv g\left(\frac{2\pi}{N}j\right),$$

$$\tilde{f}_l = \frac{1}{N} \sum_j e^{-i\frac{2\pi j}{N}l} g\left(\frac{2\pi}{N}j\right)$$

となる．ここで

$$x_j = \frac{2\pi}{N}j$$

と j から x_j へ変数変換されているとみれば関数 $g(x)$ の引数 x の刻み幅は $\Delta x = \frac{2\pi}{N}$ であり x_j は $N \to \infty$ でほぼ連続に変化する．（物理でいうところの連続体近似．）

よって引数の動く領域をきちんと書いて

$$\Delta x \sum_{j=-\frac{N-1}{2}}^{\frac{N-1}{2}} \cdots \to \int_{-\pi}^{\pi} dx \cdots$$

■格子点と連続体近似■

格子間隔を小さくすることで連続関数の近似が上がる．ここでの操作は物理的にはいわゆる連続体近似をとることに対応する．

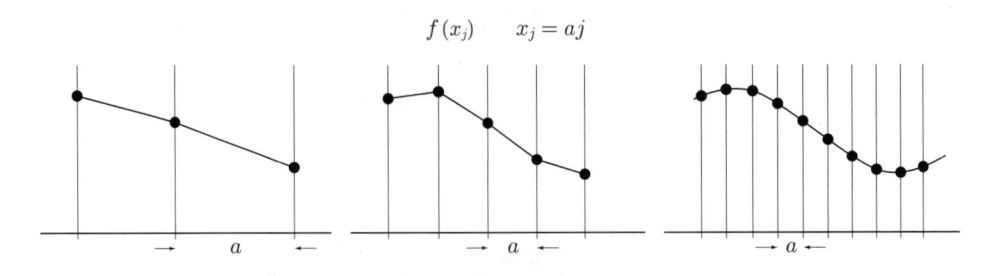

$$f(x_j) \quad x_j = aj$$

に注意して $x_j = \frac{2\pi}{N}j$ を x と書いて

$$\tilde{f}_l = \frac{1}{N}\frac{1}{\Delta x}\left(\Delta x \sum_j e^{-i\frac{2\pi j}{N}l} g(x_j)\right)$$
$$= \int_{-\pi}^{\pi} \frac{dx}{2\pi} e^{-ixl} g(x).$$

これらをまとめて

複素フーリエ級数

$$g(x) = \sum_{l=-\infty}^{\infty} e^{ilx} c_l \quad : \text{周期 } 2\pi,$$
$$c_l = \frac{1}{2\pi}\int_0^{2\pi} dx\, e^{-ilx} g(x) = \frac{1}{2\pi}\int_{-\pi}^{\pi} dx\, e^{-ilx} g(x)$$

ここで $g(x)$ が周期 2π の関数であることを用いた.

ここでの議論は数列 c_l が与えられたとき（周期 2π）の関数 $g(x)$ を上記の第一式により定義するとその関数からもとの数列が第二式により再現されることを示したことになる．では逆に関数 $g(x)$ が与えられたとき第二式により数列 $\{c_l\}$ を定義したとき第一式によりもとの関数が再現できるであろうか？これを確認してみよう．順に代入することにより次の関係式が成立すればもとの関数が再現されることとなる．

■ローラン展開との関係■

複素関数 $G(z)$ が単位円 C を含む円環領域で正則なら原点周りのローラン展開は

$$G(z) = \sum_{n=-\infty}^{\infty} c_n z^n,$$
$$c_n = \frac{1}{2\pi i}\int_C dz\, \frac{G(z)}{z^{n+1}}$$

と与えられる．ここで C 上で $z = e^{ix}$, $x: -\pi \to \pi$ とすれば $dz = iz dx$ だから

$$c_n = \frac{1}{2\pi i}\int_{-\pi}^{\pi} dx\, ie^{ix}\frac{G(e^{ix})}{e^{i(n+1)x}} = \frac{1}{2\pi}\int_{-\pi}^{\pi} dx\, G(e^{ix})\, e^{-inx}.$$

すなわち $g(x) = G(e^{ix})$ とすればローラン展開の式からフーリエ展開が従う．

$$g(x) = \sum_l e^{ilx} c_l$$
$$= \sum_l e^{ilx} \frac{1}{2\pi} \int_0^{2\pi} dx' e^{-ilx'} g(x')$$
$$= \int_0^{2\pi} dx' \left(\frac{1}{2\pi} \sum_l e^{il(x-x')}\right) g(x').$$

つまりこの関係式を満たす関数に関しては上記の複素フーリエ級数の関係式は「関数 $g(x)$ を e^{ilx} で展開してその係数が c_l と定まりその具体的な表式は第 2 式である」と解釈してよいこととなる．ここで次の関数の $M \to \infty$ での振る舞いを考えてみよう．

$$\delta_M = \frac{1}{2\pi} \sum_{l=-M}^{M} e^{ilx} = \frac{1}{2\pi} \frac{\sin x(M + \frac{1}{2})}{\sin \frac{x}{2}}.$$

なお最後の等号は直接計算すれば示せる（コラム参照）．まず $\delta_M(x)$ のゼロ近傍の性質を調べてみよう，はじめに

$$\lim_{x \to 0} \delta_M(x) = \frac{1}{2\pi} \frac{(M + \frac{1}{2})}{1/2} \to \infty, \quad (M \to \infty)$$

に注意しよう．つまりこの関数は $x = 0$ では常に正で $M \to \infty$ とともに発散するわけである．さらにこの関数を 0 を含む微少区間 $[-\epsilon, \epsilon]$ で積分してみよう．

■ $\delta_M(x)$ の計算■

$$\delta_M(x) = \frac{1}{2\pi} \sum_{l=-M}^{M} e^{ixl} = \frac{1}{2\pi} \frac{\sin x(M + \frac{1}{2})}{\sin \frac{x}{2}}$$

を導いてみよう．

$$\frac{1}{2\pi} \sum_{l=-M}^{M} e^{ilx} = \frac{1}{2\pi} \left(\sum_{l=0}^{M} e^{ilx} + \sum_{l=0}^{M} e^{-ilx} - 1\right)$$
$$= \frac{1}{2\pi} \left(\frac{1 - e^{ix(M+1)}}{1 - e^{ix}} + \frac{1 - e^{-ix(M+1)}}{1 - e^{-ix}} - 1\right)$$
$$= \frac{1}{2\pi} \frac{e^{ixM} + e^{-ixM} - e^{ix(M+1)} - e^{-ix(M+1)}}{(1 - e^{ik})(1 - e^{-ix})}$$
$$= \frac{1}{2\pi} \frac{e^{ixM} e^{ix/2}(e^{-ix/2} - e^{ix/2}) + e^{-ixM} e^{-ix/2}(e^{ix/2} - e^{-ix/2})}{(e^{-ix/2} - e^{ix/2})(e^{ix/2} - e^{-ix/2})}$$
$$= \frac{1}{2\pi} \frac{(-e^{ix(M+1/2)} + e^{-ix(M+1/2)})(e^{ix/2} - e^{-ix/2})}{-(e^{ix/2} - e^{-ix/2})^2}$$
$$= \frac{1}{2\pi} \frac{\sin x(M + 1/2)}{\sin x/2}.$$

$$\begin{aligned}
\int_{-\epsilon}^{\epsilon} dx \delta_M(x) &= \frac{1}{2\pi} \int_{-\epsilon}^{\epsilon} dx \frac{\sin x(M+\frac{1}{2})}{\sin \frac{x}{2}} \\
&\approx \frac{1}{\pi} \int_{-\epsilon}^{\epsilon} dx \frac{\sin x(M+\frac{1}{2})}{x} \\
&= \frac{1}{\pi} \int_{-(M+1/2)\epsilon}^{(M+1/2)\epsilon} dt \frac{\sin t}{t}, \quad (t = x(M+1/2)) \\
&\to \frac{1}{\pi} \int_{-\infty}^{\infty} dt \frac{\sin t}{t} = 1, \; (M \to \infty).
\end{aligned}$$

この計算は $\epsilon \ll 1, M\epsilon \gg 1$ において正当化される．（最後の積分は 4.7 節でやった．）よってなめらかな任意の関数に対して

$$\int_{-\epsilon}^{\epsilon} dx \delta_M(x) A(x) \to A(0) \quad (\epsilon \to 0, M\epsilon \to \infty)$$

となると考えられる．

一方 $\delta_M(x)$ は $x = 0$ 以外の点においては分子の $\sin(M+1/2)x$ のために M が大きいとき，わずかな x の変化で，零の周りで激しく振動する．このためある任意のなめらかな関数 $A(x)$ に対して 0 を含まない区間で積分すると $M \to \infty$ の時，値がほぼ正負でキャンセルして

$$\int_a^b dx\, A(x) \delta_M(x) \to 0, \quad (M \to \infty)$$

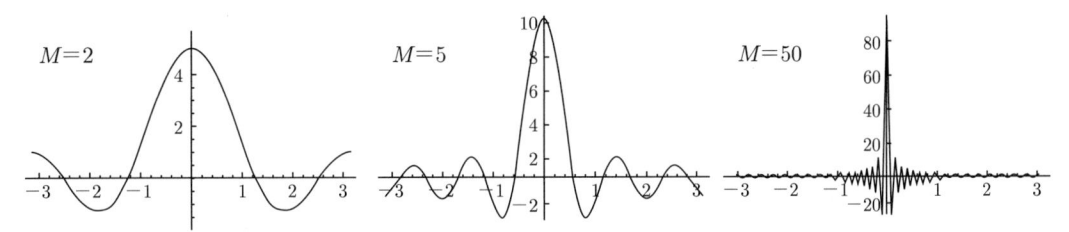

■極限としてのデルタ関数■

$$\delta_M(x) = \frac{1}{2\pi} \sum_{l=-M}^{M} e^{ilx} = \frac{1}{2\pi} \frac{\sin x(M+\frac{1}{2})}{\sin \frac{x}{2}}.$$

図は $\frac{\sin x(M+1/2)}{\sin x/2}$ を M とともに書いたもの．$M \to \infty$ とともに原点以外での振動が激しくなりかつ原点での値が $2M+1$ に近づく様子がわかる．

となる $(0<a, b<2\pi)$. これより $-2\pi<x<2\pi$ において $\delta(x)=\lim_{M\to\infty}\delta_M(x)$ により定義される関数は次のような性質を持つデルタ関数と考えることができる.

---- デルタ関数 ----

次のような性質を持つ「関数」をデルタ関数と呼ぶ.

$$\int_a^b dx f(x)\delta(x) = 0, \quad (0 \notin [a,b])$$

$$\int_a^b dx f(x)\delta(x) = f(0), \quad (0 \in [a,b])$$

ここで $f(x)$ は適当になめらかな関数である．ただしデルタ関数はこの場合のように常に被積分関数として現れるものとする．さらに定義からすぐ導ける性質として

$$\int_{-\infty}^{\infty} dx f(x)\delta(x-a) = f(a) \quad : a での値を取り出す$$

$$\delta(-x) = \delta(x) \quad 偶関数である$$

$$\delta(ax) = \frac{1}{a}\delta(x), \ (a>0)$$

をあげておく．(コラムで確認する.)

$\delta_M(x)$ をいままでは $x=0$ の近傍で考えていたが，定義から明らかなようにこれは周期 2π の関数である．よって

■デルタ関数の他の表示について■

ここでデルタ関数の他の表示について書き出してみよう.

$$\begin{aligned}
\delta(x) &= \lim_{M\to\infty} \frac{1}{2\pi}\frac{\sin Mx}{x} \\
&= -\lim_{\epsilon\to 0}\frac{1}{\pi}\mathrm{Im}\frac{1}{x+i\epsilon} = \lim_{\epsilon\to 0}\frac{1}{\pi}\frac{\epsilon}{x^2+\epsilon^2} \\
&= \lim_{\alpha\to\infty}\frac{1-\cos\alpha x}{\pi\alpha x^2} \\
&= \lim_{\alpha\to\infty}\frac{2}{\pi}\frac{\sin^2\frac{\alpha x}{2}}{\alpha x^2} \\
&= \lim_{\epsilon\to 0}\frac{1}{\sqrt{\pi}\epsilon}e^{-\frac{x^2}{\epsilon^2}}.
\end{aligned}$$

2 番目の表式は 4.7 節で議論した．また 3 番目の表式も $\int_{-\infty}^{\infty} dx \frac{\sin^2 x}{x^2} = \pi$ （4.7 節コラム：ヘイエ核）より 4.7 節での議論と同様の議論から従う．

5.2 フーリエ級数

デルタ関数の複素フーリエ級数

$$\frac{1}{2\pi}\sum_{l=-\infty}^{\infty} e^{ilx} = \sum_{n=-\infty}^{\infty} \delta(x+2\pi n)$$

当然ながら例えば $-\pi < x < \pi$ とすれば

$$\frac{1}{2\pi}\sum_{l=-\infty}^{\infty} e^{ilx} = \delta(x), \quad -\pi < x < \pi$$

である.

ここでもとの問題に帰ると複素フーリエ級数展開ができる関数 $g(x)$ は

$$g(x) = \int_{-\pi}^{\pi} dx' \delta(x-x') g(x')$$

を満たさなければならない.つまりデルタ関数の定義のとき仮定した「適当になめらかな」関数に関しては複素フーリエ展開できることとなる.この事情を「適当になめらかな」関数に対しては関数列 $\{e^{ilx}\}$ は完全であると表現する[*1].

[*1] 繰り返すがここでは物理的感覚による説明をしているが,より正確な議論は他の数学書を参考とされたい.たとえば連続であってもあまり振動が激しい関数はフーリエ展開できない.

■デルタ関数のいくつかの表示とそのグラフ■

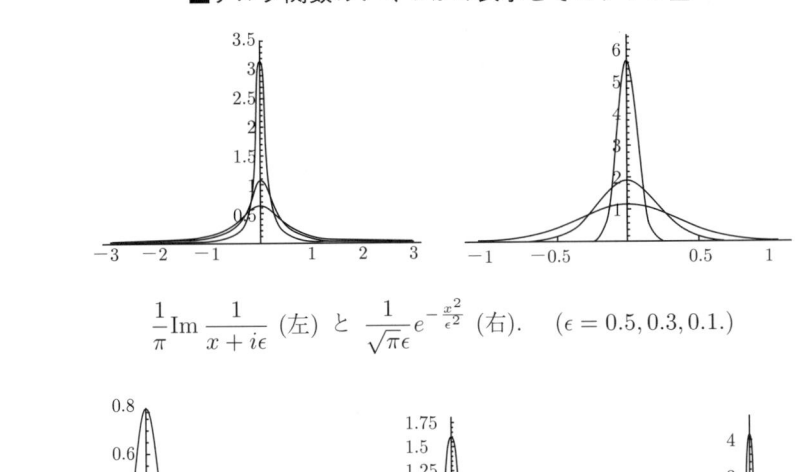

$\dfrac{1}{\pi}\mathrm{Im}\dfrac{1}{x+i\epsilon}$ (左) と $\dfrac{1}{\sqrt{\pi}\epsilon}e^{-\frac{x^2}{\epsilon^2}}$ (右). ($\epsilon = 0.5, 0.3, 0.1$.)

$\dfrac{1-\cos\alpha x}{\pi\alpha x^2}$. (左から順に $\alpha = 5, 10, 30$.)

ここで複素フーリエ級数を用いて次の量を計算してみよう．

$$\frac{1}{2\pi}\int_{-\pi}^{\pi}dx\,|g(x)|^2 = \frac{1}{2\pi}\int_{-\pi}^{\pi}dx\sum_{l,l'}e^{-ilx}c_l^*e^{il'x}c_{l'}$$
$$= \frac{1}{2\pi}\sum_{l,l'}c_l^*c_{l'}\int_{-\pi}^{\pi}dk\,e^{i(l'-l)x}$$
$$= \sum_{l,l'}c_l^*c_{l'}\delta_{ll'}$$
$$= \sum_{l}|c_l|^2.$$

これをパーセバルの関係式と呼ぶ．

―――― パーセバルの関係式（複素フーリエ級数） ――――

$$\frac{1}{2\pi}\int_{-\pi}^{\pi}dx\,|g(x)|^2 = \sum_{l}|c_l|^2$$

ここで整数 J について

$$\frac{1}{2\pi}\int_{-\pi}^{\pi}dx\,e^{ixJ} = \delta_{J0}$$

であることを用いた．

最後にこの複素フーリエ級数を少し書き直しておこう．まず

■デルタ関数について補足■

$t = x - a$ とすれば $dt = dx$, $x : -\infty \to \infty$ で $t : -\infty \to \infty$．よって
$$\int_{-\infty}^{\infty}dx\,f(x)\delta(x-a) = \int_{-\infty}^{\infty}dt\,f(t+a)\delta(t) = f(0+a) = f(a).$$

今度は $t = -x$ とすれば $dt = -dx$, $x : -\infty \to \infty$ で $t : \infty \to -\infty$,
$$\int_{-\infty}^{\infty}dx\,f(x)\delta(-x) = \int_{\infty}^{-\infty}(-dt)\,f(-t)\delta(t) = \int_{-\infty}^{\infty}dt\,f(-t)\delta(t) = f(-0) = f(0)$$
$$= \int_{-\infty}^{\infty}dx\,f(x)\delta(x).$$

これを $\delta(-x) = \delta(x)$ と理解する．

次に $t = ax$ $(a > 0)$ とすれば $dt = adx$, $x : -\infty \to \infty$ で $t : -\infty \to \infty$,
$$\int_{-\infty}^{\infty}dx\,f(x)\delta(ax) = \int_{-\infty}^{\infty}\frac{dt}{a}f(\frac{t}{a})\delta(t) = \frac{f(0)}{a}$$
$$= \int_{-\infty}^{\infty}dx\,f(x)\delta(x)\frac{1}{a}.$$

これをまた $\delta(ax) = \frac{1}{a}\delta(x)$ と理解する．

$$c_l = \frac{1}{2\pi}\int_{-\pi}^{\pi} dx\, g(x) e^{-ilx}$$

$$= \frac{1}{2\pi}\int_{-\pi}^{\pi} dx\, g(x)(\cos lx - i\sin lx)$$

$$= a'_l - ib'_l,$$

$$a'_l = \frac{1}{2\pi}\int_{-\pi}^{\pi} dx\, g(x)\cos lx = a'_{-l},$$

$$b'_l = \frac{1}{2\pi}\int_{-\pi}^{\pi} dx\, g(x)\sin lx = -b'_{-l}, \quad b'_0 = 0$$

と（$g(x)$ が実の場合の）実部と虚部に分けよう．このとき

$$g(x) = \sum_{j=-\infty}^{\infty} e^{ilx} c_l$$

$$= a'_0 + \sum_{l=1}^{\infty} e^{ilx}(a'_l - ib'_l) + \sum_{l=1}^{\infty} e^{-ilx}(a'_{-l} - ib'_{-l})$$

$$= a'_0 + \sum_{l=1}^{\infty} \left((e^{ilx} + e^{-ilx})a'_l - i(e^{ilx} - e^{-ilx})b'_l\right)$$

$$= a'_0 + \sum_{l=1}^{\infty} 2a'_l \cos lx + 2b'_l \sin lx$$

となる．これらをまとめて $a_n = 2a'_n$, $b_n = 2b'_n$ として

■**周期が異なる場合の複素フーリエ変換，デルタ関数**■

関数 $G(X)$ の周期が L の場合

$$x = 2\pi\frac{X}{L}, \quad dx = \frac{2\pi}{L}dX, \quad g(x) = g\left(2\pi\frac{X}{L}\right) \equiv G(X), \quad 周期 2\pi,$$

$$G(X) = \sum_l c_l e^{i2\pi l\frac{X}{L}}, \quad c_l = \frac{1}{2\pi}\int_0^{2\pi} dx\, e^{-ilx} g(x) = \frac{1}{L}\int_0^L dX\, e^{-i2\pi l\frac{X}{L}} G(X)$$

となる．また

$$\frac{1}{2\pi}\sum_l e^{i2\pi l\frac{X}{L}} = \sum_n \delta\left(2\pi\frac{X}{L} + 2\pi n\right)$$

に $\delta(aX) = \frac{1}{a}\delta(X)$ を使って

$$\frac{1}{L}\sum_l e^{i2\pi l\frac{X}{L}} = \sum_n \delta(X + nL)$$

となる．またパーセバルの関係式は次式のようになる．

$$\frac{1}{L}\int_0^L dX\, |G(X)|^2 = \sum_l |c_l|^2.$$

---- 三角級数展開 ----

$$g(x) = \frac{1}{2}a_0 + \sum_{n=1}^{\infty}\left(a_n \cos nx + b_n \sin nx\right),$$

$$a_n = \frac{1}{\pi}\int_{-\pi}^{\pi} dx\, g(x)\cos nx,$$

$$b_n = \frac{1}{\pi}\int_{-\pi}^{\pi} dx\, g(x)\sin nx$$

対応してパーセバルの関係式は

$$\frac{1}{2\pi}\int_{-\pi}^{\pi}|g(x)|^2 = |f_0|^2 + \sum_{n=1}^{\infty}|a'_n - ib'_n|^2 + |a'_{-n} - ib'_{-n}|^2$$

$$= |c_0|^2 + 2\sum_{n=1}^{\infty}\left(|a'_n|^2 + |b'_{-n}|^2\right)$$

$$= \frac{1}{4}|a_0|^2 + \frac{1}{2}\sum_{n=1}^{\infty}\left(|a_n|^2 + |b_n|^2\right)$$

となる.

---- パーセバルの関係式（三角級数） ----

$$\frac{1}{\pi}\int_{-\pi}^{\pi} dx\, |g(x)|^2 = \frac{1}{2}|a_0|^2 + \sum_{n=1}^{\infty}(|a_n|^2 + |b_n|^2)$$

■不連続点を含む関数の三角級数展開■

三角級数展開において展開される実の関数が連続でなく有限個の不連続点を持つ場合, 展開式が不連続点でどんな値に収束するかを観察しよう. ここで $\delta_M(x)$ が原点について対称な関数であったことに対応して x が $g(x)$ の不連続点であった場合, 左右からの平均値に収束することが理解できよう. つまり不連続点を含めて

$$\frac{1}{2}(g(x+0) + g(x-0)) = \frac{1}{2}a_0 + \sum_{n=1}^{\infty} a_n \cos nx + b_n \sin nx,$$

$$a_n = \frac{1}{\pi}\int_{-\pi}^{\pi} dx\, g(x)\cos nx, \qquad b_n = \frac{1}{\pi}\int_{-\pi}^{\pi} dx\, g(x)\sin nx$$

となる. 下図を参照のこと.

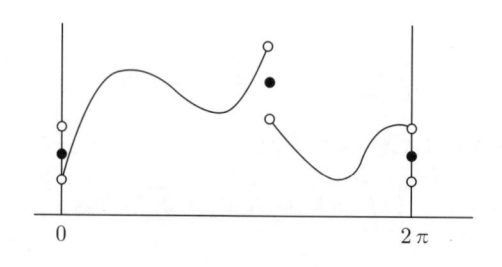

5.2 フーリエ級数

例題 5.1 $f(x) = x$ を区間 $[0, 2\pi]$ で三角級数展開せよ．また区間 $[-\pi, \pi]$ で三角級数展開せよ．次にこの2つの級数に $x = \pi$ を代入した結果について議論せよ．

解答 区間 $[0, 2\pi]$ で展開すると

$$a_0 = \frac{1}{\pi}\int_0^{2\pi} dx\, x = 2\pi,$$

$$a_n = \frac{1}{\pi}\int_0^{2\pi} dx\, x \cos nx = \frac{1}{\pi}x\frac{1}{n}\sin nx\Big|_0^{2\pi}$$
$$-\frac{1}{n\pi}\int_0^{2\pi} dx\, \sin nx = 0, (n \neq 0),$$

$$b_n = \frac{1}{\pi}\int_0^{2\pi} dx\, x \sin x = \frac{1}{\pi}x\frac{-1}{n}\cos x\Big|_0^{2\pi}$$
$$+\frac{1}{n\pi}\int_0^{2\pi} dx\, \cos x = -\frac{2}{n}.$$

よって $x|_{[0, 2\pi]} \equiv f_1(x) = \pi - \sum_{n=1}^{\infty} \frac{2}{n}\sin nx.$

区間 $[-\pi, \pi]$ で展開すると

$$a_n = \frac{1}{\pi}\int_{-\pi}^{\pi} dx\, x \cos nx = 0,$$

■**不連続点での振舞の例**■

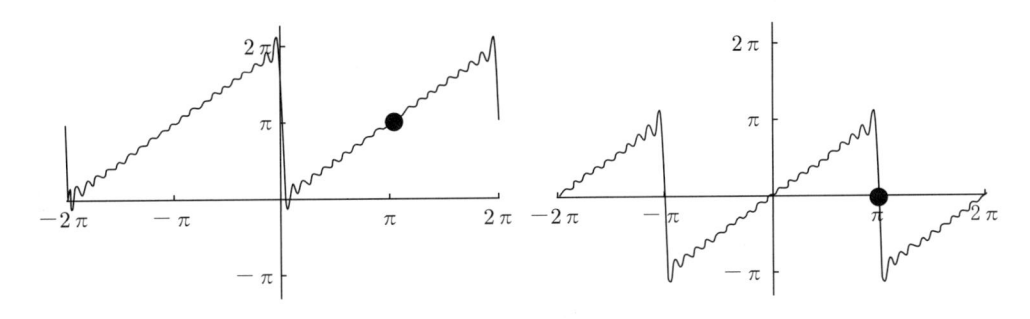

$f(x) = x$ を本文のように異なる区間において展開した．級数和は $n = 0, 1, 2\cdots, 20$ の 21 項をとった．

$$b_n = \frac{1}{\pi}\int_{-\pi}^{\pi} dx\, x\sin x = -\frac{1}{n\pi}x\cos x\Big|_{-\pi}^{\pi} + \frac{1}{n\pi}\int_{-\pi}^{\pi} dx\, \cos x$$
$$= -\frac{1}{n\pi}\{\pi\cos\pi - (-\pi)\cos(-\pi)\} = \frac{2(-1)^{n+1}}{n}.$$

よって $\quad x|_{[-\pi,\pi]} \equiv f_2(x) = \sum_{n=1}^{\infty}(-1)^{n+1}\frac{2}{n}\sin nx$
$$= 2\left(\sin x - \frac{1}{2}\sin 2x + \frac{1}{3}\sin 3x + \cdots\right).$$

$x = \pi$ として
$$f_1(\pi) = \pi,$$
$$f_2(\pi) = 0.$$

これは x を区間 $[0,2\pi]$ から周期的に拡張した $f_1(x)$ に関しては $x = \pi$ で連続なのに対して，区間 $[-\pi,\pi]$ から周期的に拡張した $f_2(x)$ に関しては $x = \pi$ は不連続点であり実は定義されておらず，級数の和としては前後からの平均となり今の場合 0 となることより理解できる．(コラム参照.)

$$f_2(\pi+0) = f_2(-2\pi+\pi+0) = f_2(-\pi+0) = x|_{x=-\pi+0} = -\pi,$$
$$f_2(\pi-0) = x|_{x=\pi-0} = \pi,$$
$$\frac{1}{2}\Big(f_2(\pi+0) + f_2(\pi-0)\Big) = 0. \quad \square$$

■**周期が異なる場合の三角級数展開**■

関数 $G(X)$ の周期が L の場合
$$x = 2\pi\frac{X}{L}, \quad dx = \frac{2\pi}{L}dX, \quad g(x) = g\left(2\pi\frac{X}{L}\right) \equiv G(X)$$
として
$$G(X) = \frac{1}{2}a_0 + \sum_{n=1}^{\infty} a_n\cos 2\pi\frac{nX}{L} + b_n\sin 2\pi\frac{nX}{L},$$
$$a_n = \frac{2}{L}\int_{-L/2}^{L/2} dX\, G(X)\cos 2\pi\frac{nX}{L},$$
$$b_n = \frac{2}{L}\int_{-L/2}^{L/2} dX\, G(X)\sin 2\pi\frac{nX}{L}.$$

パーセバルの等式は
$$\frac{2}{L}\int_{-L/2}^{L/2} dX\, |G(X)|^2 = \frac{1}{2}|a_0|^2 + \sum_{n=1}^{\infty}(|a_n|^2 + |b_n|^2)$$
となる．

5.3 フーリエ変換

フーリエ級数のときと同じくまず N 項からなる数列 $\{f_j\}$

$$f_{-(N-1)/2}, f_{-(N-1)/2+1}, \cdots, f_{-1}, f_0, f_1, f_2, \cdots, f_{(N-1)/2-1}, f_{(N-1)/2}$$

を扱い $\alpha = 1/2$ として拡張した離散フーリエ変換の公式（p.172）を再び用いると次の関係式が得られる．

$$\tilde{f}_l = a \sum_j e^{-i\frac{2\pi l}{N}j} f_j,$$

$$f_j = \frac{1}{a}\frac{1}{N} \sum_l e^{i\frac{2\pi l}{N}j} \tilde{f}_l.$$

ここで今度は数列 $\{f_j\}$ がある関数 $f(x)$ の格子点上での値

$$f_j = f(x_j),$$
$$x_j = aj, \quad j = -(N-1)/2, \cdots, (N-1)/2,$$
$$a = \Delta x$$

により定義されると考えてみよう．なお $a \to 0$ の極限をとることを念頭に置く（連続体近似のコラム参照）．ここで

$$\frac{2\pi l}{N} j = \frac{2\pi l}{Na} x_j$$

■フーリエ変換の高次元への拡張と無限体積極限（その1）■

ここでの議論はほぼ自明に高次元に拡張でき，例えば 3 次元の場合，次の周期的境界条件を満たす関数 $f(\boldsymbol{r})$,

$$f(x+L, y, z) = f(x, y+L, z) = f(x, y, z+L) = f(x, y, z)$$

に対して $V = L^3$ として

$$f(\boldsymbol{r}) = \sum_{\boldsymbol{k}} e^{i\boldsymbol{k}\cdot\boldsymbol{r}} f_{\boldsymbol{k}}$$

とすると周期的境界条件を満たすためには $e^{ik_x L} = e^{ik_y L} = e^{ik_z L} = 1$ つまり，

$$\boldsymbol{k} = \frac{2\pi}{L}(n_x, n_y, n_z), \quad n_x, n_y, n_z = 0, \pm 1, \pm 2, \pm 3, \cdots$$

であり，その展開係数 $f_{\boldsymbol{k}}$ は次の式から定まる．

$$f_{\boldsymbol{k}} = \frac{1}{V} \int_V dV\, e^{-i\boldsymbol{k}\cdot\boldsymbol{r}} f(\boldsymbol{r}).$$

だから

$$\tilde{f}(k_l) \equiv \tilde{f}_l, \quad \left(k_l = \frac{2\pi l}{L}\right)$$
$$= \Delta x \sum_j e^{-i\frac{2\pi l}{Na}x_j} f(x_j)$$
$$\to \int_{-L/2}^{L/2} dx\, e^{-ik_l x} f(x), \quad (a \to 0, L = Na)$$

と $a \to 0$, $N \to \infty$, L：一定の極限で積分表示できる（連続体近似）．ここで波数 k_l はまだ不連続であり

$$\Delta k = \frac{2\pi}{L} = \frac{2\pi}{Na}$$

となり k_l のとる範囲は $-\infty, \cdots, -2, -1, 0, 1, 2, \cdots, \infty$ である．次にこの逆変換は準備した公式から

$$f(x_j) = f_j = \frac{1}{a}\frac{1}{N}\sum_l e^{i\frac{2\pi l}{N}j}\tilde{f}(k_l)$$
$$= \frac{1}{2\pi}\Delta k \sum_l e^{ik_l x_j}\tilde{f}(k_l)$$
$$= \frac{1}{2\pi}\int_{-\infty}^{\infty} dk\, e^{ikx_j}\tilde{f}(k).$$

最後の式では $L \to \infty$, $\Delta k \to 0$ とした．

■フーリエ変換の高次元への拡張と無限体積極限（その2）■

ここで $L \to \infty$, $V \to \infty$ の極限をとろう．物理的にはいわゆる熱力学極限をとる際この操作が必要となる．ここで $\Delta k = \Delta k_x = \Delta k_y = \Delta k_y = \frac{2\pi}{L}$ より

$$f(\boldsymbol{r}) = \sum_{\boldsymbol{k}} e^{i\boldsymbol{k}\cdot\boldsymbol{r}} f_{\boldsymbol{k}} = \frac{L^3}{(2\pi)^3}(\Delta k)^3 \sum_{\boldsymbol{k}} e^{i\boldsymbol{k}\cdot\boldsymbol{r}} f_{\boldsymbol{k}}$$
$$= V \int_k \frac{d^3k}{(2\pi)^3} e^{i\boldsymbol{k}\cdot\boldsymbol{r}} f_{\boldsymbol{k}},$$
$$f_{\boldsymbol{k}} = \frac{1}{V}\int_V dV\, e^{-i\boldsymbol{k}\cdot\boldsymbol{r}} f(\boldsymbol{r}).$$

くり返し代入して

$$f(\boldsymbol{r}) = \int_k \frac{d^3k}{(2\pi)^3} e^{i\boldsymbol{k}\cdot\boldsymbol{r}} \int_V dV'\, e^{-i\boldsymbol{k}\cdot\boldsymbol{r}'} f(\boldsymbol{r}')$$
$$= \int_V dV' \left(\int_k \frac{d^3k}{(2\pi)^3} e^{i\boldsymbol{k}\cdot(\boldsymbol{r}-\boldsymbol{r}')}\right) f(\boldsymbol{r}').$$

これより

$$\int_k \frac{d^3k}{(2\pi)^3} e^{i\boldsymbol{k}\cdot\boldsymbol{R}} = \delta^3(\boldsymbol{R}) = \delta(R_x)\delta(R_y)\delta(R_z).$$

> **─ フーリエ変換 ─**
>
> $$\tilde{f}(k) = \int_{-\infty}^{\infty} dx\, e^{-ikx} f(x)$$
>
> $$f(x) = \frac{1}{2\pi} \int_{-\infty}^{\infty} dk\, e^{ikx} \tilde{f}(k)$$

さらに 逆変換の式に変換の式を代入すれば

$$f(x) = \frac{1}{2\pi} \int_{-\infty}^{\infty} dk\, e^{ikx} \int_{-\infty}^{\infty} dx'\, e^{-ikx'} f(x')$$

$$= \int_{-\infty}^{\infty} dx' \left(\frac{1}{2\pi} \int_{-\infty}^{\infty} dk\, e^{-ik(x'-x)} \right) f(x').$$

これは

$$\frac{1}{2\pi} \int_{-\infty}^{\infty} dk\, e^{-ik(x'-x)} = \delta(x'-x)$$

であることを意味する.

> **─ デルタ関数のフーリエ変換 ─**
>
> $$\delta(x) = \frac{1}{2\pi} \int_{-\infty}^{\infty} dk\, e^{-ikx} = \frac{1}{2\pi} \int_{-\infty}^{\infty} dk\, e^{ikx}$$

ここで

■パーセバルの関係式の適用例■

$[-\pi, \pi]$ で定義された関数 $f(x) = x$ を三角級数に展開すれば

$$x = \sum_n a_n \cos nx + b_n \sin nx,$$

$$a_n = \frac{1}{\pi} \int_{-\pi}^{\pi} dx\, x \cos nx = 0,$$

$$b_n = \frac{1}{\pi} \int_{-\pi}^{\pi} dx\, x \sin nx = -\frac{1}{n\pi} x \cos nx \Big|_{-\pi}^{\pi} + \frac{1}{n\pi} \int_{-\pi}^{\pi} dx\, \cos nx = -\frac{2(-1)^n}{n}.$$

$$\frac{x}{2} = \sin x - \frac{1}{2} \sin 2x + \frac{1}{3} \sin 3x - \frac{1}{4} \sin 4x \pm \cdots = \sum_n \frac{(-1)^{n+1}}{n} \sin nx.$$

よって例えば $x = \frac{\pi}{2}$ として

$$\frac{\pi}{4} = 1 - \frac{1}{3} + \frac{1}{5} - \frac{1}{7} \pm \cdots.$$

またパーセバルの関係式より $\int_{-\pi}^{\pi} dx\, |x|^2 = \frac{2}{3}\pi^2$ だから

$$\frac{2}{3}\pi^2 = \sum_{n=1}^{\infty} \frac{4}{n^2},$$

$$\sum_{n=1}^{\infty} \frac{1}{n^2} = \frac{\pi^2}{6}.$$

$$\frac{1}{2\pi}\int_{-M}^{M} dk\, e^{ikx} = \frac{1}{2\pi ix}(e^{iMx} - e^{-iMx}) = \frac{1}{\pi x}\sin Mx$$

となるがこの右辺の関数の $M \to \infty$ の振舞に注意しよう．$M \to \infty$ でこの右辺がデルタ関数となることが前の議論と同様に理解できるであろう．

また次のパーセバルの関係式と呼ばれるものを確認しておこう．

---- パーセバルの関係式（フーリエ変換） ----

$$\int_{-\infty}^{\infty} dx\, |f(x)|^2 = \frac{1}{2\pi}\int_{-\infty}^{\infty} dk\, |\tilde{f}(k)|^2$$

これは次のように確認できる．

$$\int_{-\infty}^{\infty} dx\, |f(x)|^2 = \frac{1}{(2\pi)^2}\int_{-\infty}^{\infty} dx \int_{-\infty}^{\infty} dk \int_{-\infty}^{\infty} dk'\, (\tilde{f}(k))^* e^{-ikx} \tilde{f}(k') e^{ik'x}$$
$$= \frac{1}{2\pi}\int_{-\infty}^{\infty} dk \int_{-\infty}^{\infty} dk'\, (\tilde{f}(k))^* \tilde{f}(k') \frac{1}{2\pi}\int_{-\infty}^{\infty} dx\, e^{-i(k-k')x}$$
$$= \frac{1}{2\pi}\int_{-\infty}^{\infty} dk \int_{-\infty}^{\infty} dk'\, (\tilde{f}(k))^* \tilde{f}(k') \delta(k-k')$$
$$= \frac{1}{2\pi}\int_{-\infty}^{\infty} dk\, |\tilde{f}(k)|^2.$$

また $f(x)$ から $\tilde{f}(k)$ への対応を f から $\tilde{f}$ への変換とみてフーリエ変換 $\tilde{f} = \mathcal{F}[f]$, $\tilde{f}$ から f へ対応をフーリエ逆変換 $f = \mathcal{F}^{-1}[\tilde{f}]$ と書くこともある．このときほぼ自明な関係式

■フーリエ変換の重要な例■

- $f(x) = e^{-a|x|}$, $a > 0$ に対して

$$\hat{f}(k) = \int_{-\infty}^{\infty} dx\, e^{ikx - a|x|} = \int_{0}^{\infty} dx\, e^{(-a+ik)x} + \int_{-\infty}^{0} dx\, e^{(a+ik)x}$$
$$= \frac{1}{a-ik} + \frac{1}{a+ik} = \frac{2a}{k^2 + a^2}.$$

- $f(x) = \delta(x-a)$ に対して

$$\hat{f}(k) = \int dx\, e^{ikx} \delta(x-a) = e^{ika}.$$

- $f(x) = \frac{1}{\sigma\sqrt{2\pi}} e^{-\frac{x^2}{2\sigma^2}}$ に対して ($\int_{-\infty}^{\infty} f(x) = 1$)

$$\hat{f}(k) = \frac{1}{\sigma\sqrt{2\pi}} \int_{-\infty}^{\infty} dx\, e^{-\frac{x^2}{2\sigma^2} + ikx} = \frac{1}{\sigma\sqrt{2\pi}} \int_{-\infty}^{\infty} dx\, \exp\left\{-\frac{1}{2\sigma^2}(x^2 - 2\sigma^2 ikx)\right\}$$
$$= \frac{1}{\sigma\sqrt{2\pi}} \int_{-\infty}^{\infty} dx\, \exp\left\{-\frac{1}{2\sigma^2}(x - i\sigma^2 k)^2 + \frac{1}{2\sigma^2}(i\sigma^2 k)^2\right\} = \frac{1}{\sigma\sqrt{2\pi}} \sqrt{\pi 2\sigma^2} e^{-\frac{\sigma^2}{2}k^2}$$
$$= e^{-\frac{\sigma^2}{2}k^2}.$$

$$f(x) = \frac{1}{2\pi}\int_{-\infty}^{\infty} dk\, e^{ikx}\tilde{f}(k),$$

$$f'(x) = \frac{1}{2\pi}\int_{-\infty}^{\infty} dk\, e^{ikx}(ik)\tilde{f}(k),$$

$$f''(x) = \frac{1}{2\pi}\int_{-\infty}^{\infty} dk\, e^{ikx}(ik)^2\tilde{f}(k),$$

$$\vdots$$

より $f(x)$ の n 階微分のフーリエ変換は $(ik)^n\tilde{f}$ で与えられる.

また関数 $f(x)$ と $g(x)$ のたたみこみ $f*g(x)$ を

$$f*g(x) = \int_{-\infty}^{\infty} dx'\, f(x-x')g(x')$$

とすれば

$$\begin{aligned}
f*g(x) &= \int_{-\infty}^{\infty} dx'\, \frac{1}{2\pi}\int_{-\infty}^{\infty} dk\, e^{ik(x-x')}\tilde{f}(k)\frac{1}{2\pi}\int_{-\infty}^{\infty} dk'\, e^{ik'x'}\tilde{g}(k') \\
&= \left(\frac{1}{2\pi}\right)^2 \int_{-\infty}^{\infty} dk \int_{-\infty}^{\infty} dk'\, e^{ikx}\tilde{f}(k)\tilde{g}(k') \int_{-\infty}^{\infty} dx'\, e^{-i(k-k')x'} \\
&= \frac{1}{2\pi}\int_{-\infty}^{\infty} dk \int_{-\infty}^{\infty} dk'\, e^{ikx}\tilde{f}(k)\tilde{g}(k')\delta(k-k') \\
&= \frac{1}{2\pi}\int_{-\infty}^{\infty} dk\, e^{ikx}\tilde{f}(k)\tilde{g}(k).
\end{aligned}$$

■1次元ヘルムホルツ方程式のグリーン関数■

応用上重要な次の方程式を満たす1次元ヘルムホルツ方程式のグリーン関数 $G(x)$ をフーリエ解析の方法で求めてみよう.

$$-\left(\frac{d^2}{dx^2} + K^2\right)G(x) = \delta(x).$$

まず $G(x) = \int_{-\infty}^{\infty}\frac{dk}{2\pi}e^{ikx}\hat{G}(k)$ とすると $\delta(x) = \frac{1}{2\pi}\int dk\, e^{ikx}$ と書けるので $\hat{G}(k) = -\frac{1}{K^2-k^2}$. よって

$$G(x) = -\frac{1}{2\pi}\int_{-\infty}^{\infty} dk\frac{1}{K^2-k^2}e^{ikx}.$$

この積分は実軸上の特異性のため不確定である. そこで $K \to K \pm i0$ と拡張しよう.

$$\begin{aligned}
G^{\pm}(x) &= -\frac{1}{2\pi}\int_{-\infty}^{\infty} dk\frac{1}{2K}\left(\frac{1}{k+K\pm i0} - \frac{1}{k-K\mp i0}\right)e^{ikx} \\
&= -i\frac{1}{2K} \times \begin{cases} \mp e^{\pm iKx} & (x>0) \\ \mp e^{\mp iKx} & (x<0) \end{cases} = \frac{\pm i}{2K}e^{\pm iK|x|}
\end{aligned}$$

ここで積分は実軸正方向の線分と上(下)半面の半円からなる経路 $C_0 + C_+$ ($C_0 + C_-$) に沿う複素積分を用いてジョルダンの補題から評価した. また1次元ラプラス方程式のグリーン関数は $-\frac{d^2}{dx^2}G_0 = \delta(x)$ を満たし, $K \to 0$ として指数関数を展開して無限大の定数を除いて(斉次解)得られる. (p.76 参照.)

$$G_0(x) = -\frac{|x|}{2}.$$

これはたたみこみのフーリエ変換は単なる積で与えられることを示す．これらをまとめて

―― フーリエ変換の基本的な性質 ――

$$\mathcal{F}[f'] = (ik)\mathcal{F}[f]$$
$$\mathcal{F}[f''] = (ik)^2\mathcal{F}[f]$$
$$\mathcal{F}[f^{(n)}] = (ik)^n\mathcal{F}[f]$$
$$\mathcal{F}[f * g] = \mathcal{F}[f]\mathcal{F}[g]$$

ポアソンの和公式

フーリエ解析により次の公式が導ける．関数 $f(x)$ が $|x| \to \infty$ で十分速く 0 となるとき

―― ポアソン（**Poisson**）の和公式 ――

$$\sum_{n=-\infty}^{\infty} f(x+Ln) = \frac{1}{L}\sum_{j=-\infty}^{\infty} \tilde{f}\left(\frac{2\pi j}{L}\right) e^{i2\pi j \frac{x}{L}}$$

これは次のようにして示せる．

$$F(x) = \sum_{n=-\infty}^{\infty} f(x+Ln)$$

■**3次元ヘルムホルツ方程式のグリーン関数**■

3次元ヘルムホルツ方程式のグリーン関数 $G(x)$ も同様に $-(\Delta + K^2)G(x) = \delta(x)$ の解として定義され，まず $G(\boldsymbol{r}) = \int \frac{d^3k}{(2\pi)^3} e^{i\boldsymbol{k}\cdot\boldsymbol{r}} \hat{G}(\boldsymbol{k})$ とすると $\delta(\boldsymbol{r}) = \frac{1}{(2\pi)^3}\int d^3k e^{i\boldsymbol{k}\cdot\boldsymbol{r}}$ と書けるので $\hat{G}(\boldsymbol{k}) = -\frac{1}{K^2 - k^2}$．よって $K \to K \pm i0$ と拡張し，

$$G^{\pm}(\boldsymbol{r}) = -\frac{1}{(2\pi)^3}\int d^3k \frac{1}{K^2_{\pm} - k^2} e^{i\boldsymbol{k}\cdot\boldsymbol{r}}.$$

この積分を極座標で評価すると（$\boldsymbol{r}$ の方向に z 軸をとって）

$$\int d^3k \frac{1}{K^2_{\pm} - k^2} e^{i\boldsymbol{k}\cdot\boldsymbol{r}} = \int_0^{\infty} dk k^2 \frac{1}{K^2_{\pm} - k^2}(2\pi)\int_0^{\pi} d\theta \sin\theta e^{ikr\cos\theta}$$
$$= \frac{\pi}{i}\frac{1}{r}\int_{-\infty}^{\infty} dk \frac{k}{K^2_{\pm} - k^2}(e^{ikr} - e^{-ikr}) = \frac{\pi}{i}\frac{1}{r} 2\int_{-\infty}^{\infty} dk \frac{k}{K^2_{\pm} - k^2} e^{ikr}$$
$$= \frac{\pi}{i}\frac{1}{r}\int_{-\infty}^{\infty} dk \left(\frac{1}{k + K \pm i0} + \frac{1}{k - K \mp i0}\right)(-e^{ikr}) = \frac{\pi^2}{r}(-2)e^{\pm iKr}.$$

これから $\quad G^{\pm}(\boldsymbol{r}) = \frac{1}{4\pi}\frac{e^{\pm iKr}}{r}$．

またラプラス方程式のグリーン関数は $-\Delta G_0 = \delta(\boldsymbol{r})$ を満たし，$K \to 0$ として得られる．(p.74 参照.)

$$G_0(\boldsymbol{r}) = \frac{1}{4\pi}\frac{1}{r}.$$

とするとこれは周期 L で（コラム：周期が異なる場合の複素フーリエ変換，デルタ関数，p.181 参照）

$$F(x) = \sum_j f_j e^{i2\pi j \frac{x}{L}},$$

$$f_j = \frac{1}{L}\int_0^L dx\, e^{-i2\pi j \frac{x}{L}} \sum_{n=-\infty}^\infty f(x+Ln)$$

$$= \frac{1}{L}\sum_{n=-\infty}^\infty \int_0^L dx\, e^{-i2\pi j \frac{x}{L}} f(x+Ln).$$

ここで $t = x + Ln$ とすると $t: Ln \to L(n+1)$ で $e^{-i2\pi j \frac{x}{L}} = e^{-i2\pi j \frac{t}{L}}$ より

$$f_j = \frac{1}{L}\sum_{n=-\infty}^\infty \int_{Ln}^{L(n+1)} dt\, e^{-i2\pi j \frac{t}{L}} f(t)$$

$$= \frac{1}{L}\int_{-\infty}^\infty dt\, e^{-i2\pi j \frac{t}{L}} f(t) = \frac{1}{L}\tilde{f}\left(\frac{2\pi j}{L}\right).$$

つまり

$$\sum_{n=-\infty}^\infty f(x+Ln) = \frac{1}{L}\sum_j \tilde{f}\left(\frac{2\pi j}{L}\right) e^{i2\pi j \frac{x}{L}}.$$

■ポアソンの和公式の応用■

$$f(x) = \frac{1}{\sqrt{2\pi\tau}} e^{-\frac{x^2}{2\tau}}, \quad \tau > 0$$

とするとコラム：フーリエ変換の重要な例より

$$\tilde{f}(k) = e^{-\frac{\tau}{2}k^2}.$$

よってポアソンの和公式より

$$\sum_{n=-\infty}^\infty \frac{1}{\sqrt{2\pi\tau}} e^{-\frac{(x+Ln)^2}{2\tau}} = \frac{1}{L}\sum_{j=-\infty}^\infty e^{-\frac{\tau}{2}\left(\frac{2\pi j}{L}\right)^2} e^{i2\pi j \frac{x}{L}}.$$

$x = 0, L = 1$ として

─── テータ関数等式 ───

$$\sum_{n=-\infty}^\infty \frac{1}{\sqrt{2\pi\tau}} e^{-\frac{n^2}{2\tau}} = \sum_{j=-\infty}^\infty e^{-2\pi^2 j^2 \tau}$$

5.4 直交関数列による展開

前節までのフーリエ展開はある関数を既知の関数で展開しているとみなせる．これを少し一般の立場から振り返ってみよう．まず，区間 $[a,b]$ で定義される関数列

$$\varphi_n(x),\ n=1,2,3,\cdots$$

を考える．以下任意の関数 $f(x)$ をこの関数列により次のように展開することを考える．

$$f(x) = \sum_n c_n \varphi_n(x).$$

形式的には例えば3次元でのベクトル解析との対比を使うとわかりやすい．この展開は任意の3次元ベクトル $\boldsymbol{A}$ を 正規直交系をなす単位ベクトル $\boldsymbol{e}_1, \boldsymbol{e}_2, \boldsymbol{e}_3$ で次のように展開することに対応する．

$$\begin{aligned}\boldsymbol{A} &= \sum_j A_j \boldsymbol{e}_j \\ &= A_1\boldsymbol{e}_1 + A_2\boldsymbol{e}_2 + A_3\boldsymbol{e}_3.\end{aligned}$$

この係数 A_1 などを決定するには次のように $\boldsymbol{e}_1$ 等との内積を計算すればよいことはよく知られている．

■ベッセルの不等式■

必ずしも完全とは限らない規格直交関数列 $\varphi_n(x)$ に関して（例えば級数近似で有限個で打ち切った場合などがこれに対応する），任意の関数 $f(x)$ に関する最善の展開をここでのノルムの範囲で探そう．つまり $R = ||f - \sum_n c_n \varphi_n||^2$ を最小とする係数 c_n を求めたい．ここで

$$\begin{aligned}R &= (f,f) - \sum_n \bigl(c_n(f,\varphi_n) + c_n^*(\varphi_n,f)\bigr) + \sum_n c_n^* c_m (\varphi_n, \varphi_m) \\ &= (f,f) + \sum_n \bigl(-c_n(f,\varphi_n) - c_n^*(\varphi_n,f) + c_n^* c_n\bigr), \\ \frac{\partial R}{\partial c_n^*} &= -(\varphi_n, f) + c_n = 0.\end{aligned}$$

よって

$$c_n = (\varphi_n, f) = \int_{-\infty}^{\infty} dx\, \varphi_n^*(x) f(x)$$

ととるのが最も近似の精度が高い．この c_n を代入して $R = (f,f) - \sum_n |(\varphi_n,f)|^2 \geq 0$ であるから

$$(f,f) \geq \sum_n |(\varphi_n,f)|^2, \quad \int_{-\infty}^{\infty} dx\, |f(x)|^2 \geq \sum_n \left|\int_{-\infty}^{\infty} dx\, \varphi_n^*(x) f(x)\right|^2.$$

この最後の不等式をベッセルの不等式という．

$$(\bm{e}_1, \bm{A}) = \sum_j A_j (\bm{e}_1, \bm{e}_j) = A_1.$$

ここで基底の規格直交性

$$(\bm{e}_i, \bm{e}_j) = \delta_{ij}$$

を用いた．関数列の場合もこれに対応する内積を次のように定義しよう．

関数に対する内積

区間 $[a,b]$ において定義される関数 $f(x), g(x)$ に対して内積 (f,g) を次のように定義する．

$$(f, g) = \int_a^b dx \, \bigl(f(x)\bigr)^* g(x)$$

これは定義からすぐ導ける次のような性質を持つ（内積の線形性）．

$$(f, g_1 + g_2) = (f, g_1) + (f, g_2)$$
$$(f, Cg) = C(f, g) \quad C : 定数$$
$$(Cf, g) = C^*(f, g)$$

この内積を用いて関数列が

$$(\varphi_n, \varphi_m) = \delta_{nm}$$

を満たすとき $\{\varphi_n(x)\}$ を規格直交列と呼ぶ．このとき，任意の関数に対する展開係数 c_n は

■規格直交性とユニタリ性■

ある規格直交系をなす $\bm{e}_i$ で（$(\bm{e}_i, \bm{e}_j) = \delta_{ij}$）

$$\bm{A} = \sum_i A_i \bm{e}_i$$

と展開されているとする．ここで異なる規格直交系 $\bm{E}_i$ を考え（$(\bm{E}_i, \bm{E}_j) = \delta_{ij}$），$\bm{e}_i$ が $\bm{E}_i$ で次のとおり展開されるとする．

$$\bm{e}_i = \sum_j e_i^j \bm{E}_j.$$

このとき $\bm{e}_i$ の規格直交性より次の関係式が成り立つ．

$$\delta_{ij} = (\bm{e}_i, \bm{e}_j) = \sum_{kk'} (e_i^k)^* e_j^{k'} (\bm{E}_k, \bm{E}_{k'}) = \sum_k (e_i^k)^* e_j^k.$$

これは行列 U を

$$(U)_{ij} = e_j^i$$

としたとき

$$U^\dagger U = I$$

を意味する．

$$(\varphi_n, f) = \sum_m c_m(\varphi_n, \varphi_m) = c_n$$

より決定される．よって

---**直交関数数列による展開**---

「任意」の関数 $f(x)$ は直交関数数列 $\{\varphi_n(x)\}$ により次のように展開される．

$$f(x) = \sum_n \varphi_n(x)(\varphi_n, f)$$

これを具体的に書くと

$$f(x) = \sum_n \varphi_n(x) \int_a^b dx' \, \varphi_n^*(x') f(x')$$
$$= \int_a^b dx' \left(\sum_n \varphi_n(x) \varphi_n^*(x') \right) f(x').$$

これが「任意」の関数に対して成り立つことつまり関数列の完全性は次のように書ける

---**規格直交列の完全性**---

$$\sum_n \varphi_n(x) \varphi_n^*(x') = \delta(x - x')$$

■**座標変換と完全性**■

前コラムに続いて，また任意のベクトルは e_i でも E_i でも展開できるとしよう（完全性）．すると

$$\bm{A} = \sum_i \bm{e}_i(\bm{e}_i, \bm{A}) = \sum_{i\alpha\beta} e_i^\alpha \bm{E}_\alpha(e_i^\beta \bm{E}_\beta, \bm{A})$$
$$= \sum_i e_i^\alpha (e_i^\beta)^* \bm{E}_\alpha(\bm{E}_\beta, \bm{A}).$$

また

$$\bm{A} = \sum_\alpha \bm{E}_\alpha(\bm{E}_\alpha, \bm{A}) = \sum \delta_{\alpha\beta} \bm{E}_\alpha(\bm{E}_\beta, \bm{A}).$$

これより

$$\sum_i e_i^\alpha (e_i^\beta)^* = \delta_{\alpha\beta} \quad 完全性.$$

行列表示では

$$UU^\dagger = I$$

を意味する．有限次元の行列については $U^\dagger U = I$ と $UU^\dagger = I$ とは他からもう一方が導けることに注意しておこう．つまり，有限次元では完全性と規格直交性は同値である．

左辺がデルタ関数とみなせるような関数の族をここでは「任意」の関数と呼んでいることになる．

ここで関数 $f(x)$ のノルムをベクトル解析にならい

$$\|f\| = \sqrt{(f,f)}$$

とすると，関数 $f(x)$ が完全系 $\{\varphi_n(x)\}$ で $f = \sum c_n \varphi_n$ と展開されているとすれば

$$\begin{aligned}
0 &= \left(f - \sum_n c_n \varphi_n,\ f - \sum_n c_n \varphi_n\right) \\
&= (f,f) - \sum_n \left(c_n^*(\varphi_n, f) + c_n(f, \varphi_n)\right) \\
&\quad + \sum_{n,m} c_n^* c_m (\varphi_n, \varphi_m) \\
&= (f,f) - \sum_n \left(c_n^*(\varphi_n, f) + c_n(f, \varphi_n) - |c_n|^2\right) \\
&= (f,f) - \sum_n |c_n|^2, \quad c_n = (\varphi_n, f).
\end{aligned}$$

よって

$$\|f\|^2 = \sum_n |c_n|^2.$$

■ピタゴラスの定理とパーセバルの関係式，ベッセルの不等式■

前コラムの条件の下で変数変換より

$$\boldsymbol{A} = \sum_{ij} A_i e_i^j \boldsymbol{E}_j = \sum_j \tilde{A}_j \boldsymbol{E}_j, \quad \tilde{A}_j = \sum_i A_i e_i^j$$

と書けるがこれらの係数 $A_j, \tilde{A}_j$ の間には次の関係式が成立する．$(\boldsymbol{A}, \boldsymbol{A})$ を異なる基底で計算して

$$\sum_i |A_i|^2 = \sum_i |\tilde{A}_i|^2.$$

これがピタゴラスの定理であり，直交関数列でのパーセバルの関係式である．

一方で一般の 3 次元ベクトル $\boldsymbol{A}$ を 2 次元の基底 $\boldsymbol{e}_x, \boldsymbol{e}_y$ だけでできるだけ精度よく近似することを考えると

$$R = \left\|\boldsymbol{A} - \sum_{i=x,y} A_i \boldsymbol{e}_i\right\|$$

の最小値 R_0 は原点を始点としてベクトル $\boldsymbol{A}$ をおいたときその終点から x-y 面内への垂線の長さで与えられピタゴラスの定理から

$$R_0^2 = \|\boldsymbol{A}\|^2 - \left(|(\boldsymbol{e}_x, \boldsymbol{A})|^2 + |(\boldsymbol{e}_y, \boldsymbol{A})|^2\right) \geq 0,$$
$$\|\boldsymbol{A}\|^2 \geq |(\boldsymbol{e}_x, \boldsymbol{A})|^2 + |(\boldsymbol{e}_y, \boldsymbol{A})|^2.$$

これがベッセルの不等式に対応する．

パーセバルの関係式（直交関数列）

完全系を作る規格直交化された関数列 $\{\varphi_n(x)\}$ に関しては「任意」の関数 $f(x)$ に対して次の関係式がなりたつ．

$$\|f\|^2 = \sum_n |(\varphi_n, f)|^2,$$

$$\int_a^b dx\, |f(x)|^2 = \sum_n \left|\int_a^b dx\, \varphi_n^*(x) f(x)\right|^2$$

これは 3 次元ベクトル解析におけるピタゴラスの定理,

$$|A|^2 = A_x^2 + A_y^2 + A_z^2$$

に対応する．

前節のフーリエ級数は，区間 (π, π) で規格化して

$$\left\{\frac{1}{\sqrt{2\pi}} e^{inx}\right\}_{n=0,\pm 1, \pm 2, \cdots},$$

$$\left\{\frac{1}{\sqrt{2\pi}}, \frac{1}{\sqrt{\pi}}\sin nx, \frac{1}{\sqrt{\pi}}\cos nx\right\}_{n=0,1,2,\cdots}$$

とすれば，それぞれが規格直交化された関数列となることを意味する．

■**完全系による展開とグリーン関数**■

固有値方程式

$$H_r \psi_n(\boldsymbol{r}) = E_n \psi_n(\boldsymbol{r})$$

の固有関数が完全系をなすとき，つまり

$$\sum_n \psi_n(\boldsymbol{r}) \psi_n^*(\boldsymbol{r}') = \delta(\boldsymbol{r} - \boldsymbol{r}')$$

のとき，グリーン関数 $G(\boldsymbol{r})$

$$H_r G(\boldsymbol{r}, \boldsymbol{r}') = \delta(\boldsymbol{r} - \boldsymbol{r}')$$

は次のように与えられる．(固有値はすべて零でないとする．$E_n \neq 0$.)

$$G(\boldsymbol{r}, \boldsymbol{r}') = \sum_n \psi_n(\boldsymbol{r}) \frac{1}{E_n} \psi_n^*(\boldsymbol{r}').$$

これは直接の計算から次のようにわかる．

$$H_r G(\boldsymbol{r}, \boldsymbol{r}') = \sum_n H_r \psi_n(\boldsymbol{r}) \frac{1}{E_n} \psi_n^*(\boldsymbol{r}') = \sum_n \psi_n(\boldsymbol{r}) \psi_n^*(\boldsymbol{r}') = \delta(\boldsymbol{r} - \boldsymbol{r}').$$

5.5 変数分離法による偏微分方程式の解と関数列による展開

一般に複数の独立変数 $x,y,\cdots$ の関数 $u(x,y,\cdots)$ とその偏微分 $u_x = \frac{\partial u}{\partial x}$, $u_y = \frac{\partial u}{\partial y}, \cdots$, の間にある関数関係をおいたものを1変数の場合の常微分方程式に対して**偏微分方程式**と呼ぶ．偏微分方程式は非常に広範囲な分野であり，中でも重ね合わせの原理

重ね合わせの原理

$$u_j(x,y,\cdots), \quad j=1,2,\cdots$$

が解なら c_j を定数として

$$\sum_j c_j u_j(x,y,\cdots)$$

も解となる．

が成立する**線形偏微分方程式**と呼ばれるクラスの方程式が極めて重要である[*2]．

ここでは関数展開の重要な応用例として，物理的に重要な線形偏微分方程式に対して，**変数分離法**と呼ばれる基本的な解の構成法について具体例を取り上げ説明する．

[*2] 物理的に重要な方程式は線形に限らず，非線形偏微分方程式であるものも多いが，それらについては他書に譲ることにする．

■ヘルムホルツ方程式の極座標での変数分離（その1）■

ヘルムホルツ方程式

$$\Delta u + k^2 u = 0$$

の変数分離を考えよう．まず極座標 $x = r\sin\theta\cos\phi$, $y = r\sin\theta\sin\phi$, $x = r\cos\theta$ として

$$\Delta_{3D} = \frac{\partial^2}{\partial x^2} + \frac{\partial^2}{\partial y^2} + \frac{\partial^2}{\partial z^2} = \frac{1}{r^2}\frac{\partial}{\partial r}\left(r^2 \frac{\partial}{\partial r}\right) + \frac{1}{r^2 \sin\theta}\frac{\partial}{\partial \theta}\left(\sin\theta \frac{\partial}{\partial \theta}\right) + \frac{1}{r^2 \sin^2\theta}\frac{\partial^2}{\partial \phi^2}.$$

よって3次元において

$$u(r,\theta,\phi) = R(r)\Theta(\theta)\Phi(\phi)$$

としたとき

$$\Delta u + k^2 u = \frac{1}{r^2}\frac{\partial}{\partial r}\left(r^2 \frac{\partial R}{\partial r}\right)\Theta\Phi + \frac{R\Phi}{r^2 \sin\theta}\frac{\partial}{\partial \theta}\left(\sin\theta \frac{\partial \Theta}{\partial \theta}\right) + \frac{R\Theta}{r^2 \sin^2\theta}\frac{\partial^2 \Phi}{\partial \phi^2} + k^2 R\Theta\Phi = 0,$$

$$\sin^2\theta \left(\frac{\frac{d}{dr}\left(r^2 \frac{dR}{dr}\right)}{R} + k^2 r^2 \right) + \sin\theta \frac{\frac{d}{d\theta}\left(\sin\theta \frac{d\Theta}{d\theta}\right)}{\Theta} = -\frac{1}{\Phi}\frac{d^2 \Phi}{d\phi^2}.$$

> **例題 5.2** 正方形領域 $L = \{(x,y) | 0 \leq x \leq 1, 0 \leq y \leq 1\}$ における熱伝導方程式
> $$\frac{\partial}{\partial t}u(x,y,t) = \kappa\left(\frac{\partial^2}{\partial x^2} + \frac{\partial^2}{\partial y^2}\right)u(x,y,t)$$
> を境界条件（任意の時間における境界での値を指定する）
> $$u(x,y,t) = 0, \quad (x,y) \in \partial L$$
> つまり
> $$u(0,y,t) = u(1,y,t) = u(x,0,t) = u(x,1,t) = 0$$
> ならびに初期条件（任意の場所における初期時刻における値を指定する）
> $$u(x,y,0) = y(1-y)\sin \pi x$$
> の下で解を求めよ．

解答 まず解として次の変数分離型といわれる型の解を仮定しよう．
$$u(x,y,t) = X(x)Y(y)T(t).$$

ここで $X(x)$ は x のみの関数，$Y(x)$ は y のみの関数，$T(t)$ は t のみの関数である．これを熱伝導方程式に代入し $X(x)Y(y)T(t)$ で辺々割ると

■ヘルムホルツ方程式の極座標での変数分離（その 2）■

独立変数を考えて $\dfrac{1}{\Phi}\dfrac{d^2\Phi}{d\phi^2} = -\mu^2 = $ (定数).

$$\frac{\frac{d}{dr}\left(r^2\frac{dR}{dr}\right)}{R} + k^2 r^2 = -\frac{1}{\sin\theta}\frac{\frac{d}{d\theta}\left(\sin\theta\frac{d\Theta}{d\theta}\right)}{\Theta} + \frac{\mu^2}{\sin^2\theta}.$$

よって両辺を定数 λ として
$$\frac{1}{r^2}\frac{d}{dr}\left(r^2\frac{dR}{dr}\right) + \left(k^2 - \frac{\lambda}{r^2}\right)R = 0,$$
$$\frac{1}{\sin\theta}\frac{d}{d\theta}\left(\sin\theta\frac{d\Theta}{d\theta}\right) + \left(\lambda - \frac{\mu^2}{\sin^2\theta}\right)\Theta = 0.$$

まず Φ に関しては $\Phi(\phi) = e^{i\mu\phi}$ で一価性より $\mu = m = $ 整数，
$$\Phi(\phi) = e^{i\mu\phi}, \quad m = \cdots, -2, -1, 0, 1, 2, \cdots.$$

次に Θ については $x = \cos\theta$ として
$$\frac{d}{d\theta} = \frac{dx}{d\theta}\frac{d}{dx} = -\sin\theta\frac{d}{dx}.$$

5.5 変数分離法による偏微分方程式の解と関数列による展開

$$X(x)Y(y)\frac{dT(t)}{dt} = \kappa\left(\frac{d^2X(x)}{dx^2}Y(y)T(t) + X(x)\frac{d^2Y(y)}{dy^2}T(t)\right),$$

$$\frac{\frac{dT(t)}{dt}}{T(t)} = \kappa\left(\frac{\frac{d^2X(x)}{dx^2}}{X(x)} + \frac{\frac{d^2Y(y)}{dy^2}}{Y(y)}\right).$$

この等式において左辺は独立変数 t のみの関数であり，右辺は独立変数 x, y のみの関数であるからこれらが等しいためにはある定数 C_t に両辺とも等しくなければならず，これより $\frac{\frac{dT(t)}{dt}}{T(t)} = C_t, \kappa\left(\frac{\frac{d^2X(x)}{dx^2}}{X(x)} + \frac{\frac{d^2Y(y)}{dy^2}}{Y(y)}\right) = C_t$. 最後の式の一部を移項して

$$\frac{\frac{d^2X(x)}{dx^2}}{X(x)} = -\frac{\frac{d^2Y(y)}{dy^2}}{Y(y)} + \frac{C_t}{\kappa}$$

と書けば左辺は独立変数 x のみの関数であり，右辺は独立変数 y のみの関数であるからこれらが等しいためにはある定数 C_x に等しくなければならない．よって $\frac{\frac{d^2Y(y)}{dy^2}}{Y(y)}$ も定数でなければならずこれを C_y として整理すると

$$\frac{dT(t)}{dt} = C_t T(t), \quad \frac{d^2X(x)}{dx^2} = C_x X(x), \quad \frac{d^2Y(y)}{dy^2} = C_y Y(y),$$
$$C_t = \kappa(C_x + C_y).$$

$T(t)$ の方程式は簡単に解けてある定数 C を用いて

$$T(t) = Ce^{C_t t}.$$

X については定数 C_1, C_2 を用いて

■**ヘルムホルツ方程式の極座標での変数分離（その 3）**■

これより

$$\frac{1}{\sin\theta}\frac{d}{d\theta}\left(\sin\theta\frac{d\Theta}{d\theta}\right) = \frac{d}{dx}\left(\sin^2\theta\frac{d\Theta}{dx}\right) = \frac{d}{dx}\left((1-x^2)\frac{d\Theta}{dx}\right).$$

よって

$$\frac{d}{dx}\left((1-x^2)\frac{d\Theta}{dx}\right) + \left(\lambda - \frac{m^2}{1-x^2}\right)\Theta = 0.$$

これはルジャンドルの陪微分方程式と呼ばれスツルム–リュウヴィル型の方程式

$$\frac{d}{dx}\left(p(x)\frac{du}{dx}\right) + (\lambda\rho(x) - q(x))u = 0$$

である．そのうち

$$\lambda = l(l+1), \quad l = 0, 1, 2, \cdots$$

のとき $x \neq \pm 1$ で有界な解が存在しそれを $P_l^m(x)$ と書き第一種のルジャンドル陪関数という．
さらに適当な規格化定数 C_{ml} の下で角度のみの関数（球面上の関数）

$$Y_{lm}(\theta, \phi) = C_{lm} P_l^m(\cos\theta) e^{im\phi}$$

としてこれを**球面調和関数**と呼ぶ．

$$X(x) = C_1 \sin\sqrt{-C_x}x + C_2 \cos\sqrt{-C_x}x$$

となるが境界条件より $X(0) = X(1) = 0$ を要求して $C_2 = 0, \sin\sqrt{-C_x} = 0$. よって

$$C_x = -n_x^2\pi^2, \quad n_x = 1, 2, \cdots$$

となる．$Y(y)$ についても同様だから

$$C_y = -n_y^2\pi^2, \quad n_y = 1, 2, \cdots$$

として $C_t = -\kappa\pi^2(n_x^2 + n_y^2)$. 以上まとめて

$$u_{n_x,n_y}(x,y,t) = e^{-\kappa\pi^2(n_x^2+n_y^2)t}\sin n_x\pi x \sin n_y\pi y$$

が変数分離型の解となる．ここで熱伝導方程式は線形方程式であったので n_x, n_y の異なる解の重ね合わせとして初期条件を満たす解を構成できればこの方法で解が見つかることとなる．すなわち

$$u(x,y,t) = \sum_{n_x,n_y} c_{n_x,n_y} u_{n_x,n_y}(x,y,t)$$

と仮定してその係数を初期条件から決定することを試みよう．特に今の場合初期条件が x と y とで分離していることを使えば

$$c_{n_x,n_y} = c_{n_x}^x c_{n_y}^y$$

■■
■ヘルムホルツ方程式の極座標での変数分離（その4）■

次に R に関しては $\lambda = l(l+1)$ として

$$\frac{d^2R}{dr^2} + \frac{2}{r}\frac{dR}{dr} + \left(k^2 - \frac{l(l+1)}{r^2}\right)R = 0.$$

ここで $x = kr$ として x での微分を $'$ で書けば

$$R'' + \frac{2}{x}R' + \left(1 - \frac{l(l+1)}{x^2}\right)R = 0.$$

この方程式の解は**球ベッセル関数** $j_l(x)$, **球ハンケル関数** $n_l(x)$ と呼ばれ、整数の l に対して次のように具体的に与えられる．

$$j_l(x) = (-x)^l \left(\frac{1}{x}\frac{d}{dx}\right)^l \frac{\sin x}{x},$$
$$n_l(x) = -(-x)^l \left(\frac{1}{x}\frac{d}{dx}\right)^l \frac{\cos x}{x}.$$

以上まとめてヘルムホルツ方程式の一般の解として次の展開が得られる．

$$u(r,\theta,\phi) = \sum_{l,m} C_{lm} Y_{lm}(\theta,\phi)(A_l j_l(kr) + B_l n_l(kr)).$$

ここでの展開係数は初期条件，境界条件から定まる．

と分離し, $t=0$ として
$$y(1-y)\sin \pi x = \left(\sum_n c_n^x \sin n\pi x\right)\left(\sum_m c_m^y \sin m\pi y\right)$$
と書けるので x, y 各々考えてまず x 方向は目のこでわかって
$$\sin \pi x = \sum_n c_n^x \sin n\pi x$$
より
$$c_1^x = 1, \qquad 他はすべて 0.$$
次に y 方向は
$$y(1-y) = \sum_m c_m^y \sin m\pi y$$
より $\sin M\pi y$ を掛けて $[0,1]$ で積分して
$$\int_0^1 dy \sin m\pi y \sin M\pi y = -\frac{1}{2}\int_0^1 dy \left(\cos(m+M)\pi y - \cos(m-M)\pi y\right)$$
$$= \frac{1}{2}\delta_{mM}.$$
および

■変数分離と 3 次元平面波■

量子力学によると 3 次元自由空間の波動関数 $\psi(\boldsymbol{r})$ は次の方程式を満たす.
$$-\frac{\hbar^2}{2m}\Delta \psi = E\psi.$$
この解として変数分離型の解
$$\psi(\boldsymbol{r}) = X(x)Y(y)Z(z)$$
を仮定すると本文の方法で変数分離して
$$\frac{d^2 X}{dx^2} = -k_x^2 X, \quad \frac{d^2 Y}{dy^2} = -k_y^2 Y, \quad \frac{d^2 Z}{dz^2} = -k_z^2 Z,$$
$$E = \frac{\hbar^2 k^2}{2m}, \; \boldsymbol{k} = (k_x, k_y, k_z)$$
となる. これらの方程式は平面波 $X(x) = e^{ik_x x}, Y(x) = e^{ik_y y}, Z(x) = e^{ik_z z}$ を持ち
$$\psi(\boldsymbol{r}) = e^{ik_x x}e^{ik_y y}e^{ik_z z x} = e^{i\boldsymbol{k}\cdot\boldsymbol{r}}, \quad \boldsymbol{r} = (x, y, z)$$
となる.

$$\int_0^1 dy\, y(1-y) \sin M\pi y$$
$$= y(1-y)\frac{-1}{M\pi}\cos M\pi y\Big|_0^1 + \frac{1}{M\pi}\int_0^1 dy\,(1-2y)\cos M\pi y$$
$$= (1-2y)\frac{1}{(M\pi)^2}\sin M\pi y\Big|_0^1 + 2\frac{1}{(M\pi)^2}\int_0^1 dy\,\sin M\pi y$$
$$= \frac{2}{(M\pi)^3}(1-\cos M\pi).$$

つまり $M=2k-1$ のときのみ残り

$$c_{2k-1}^y = \frac{8}{(2k-1)^3\pi^3},$$

すなわち

$$y(1-y) = \sum_k \frac{8}{(2k-1)^3\pi^3}\sin(2k-1)\pi y$$

と展開できる．よって2次元熱伝導方程式の解は

$$u(x,y,t) = \sum_k \frac{8}{(2k-1)^3\pi^3} e^{-\kappa\pi^2(1+(2k-1)^2)t}\sin\pi x \sin(2k-1)\pi y$$

となる．□

■変数分離と多粒子系の波動関数■

量子力学によると N 個の自由粒子の波動関数 $\psi(\boldsymbol{r}_1,\cdots,\boldsymbol{r}_N)$ は次の方程式を満たす．
$$-\frac{\hbar^2}{2m}(\Delta_1+\cdots+\Delta_N)\psi = -\frac{\hbar^2}{2m}\left(\frac{\partial^2}{\partial x_1^2}+\frac{\partial^2}{\partial y_1^2}+\frac{\partial^2}{\partial z_1^2}+\cdots+\frac{\partial^2}{\partial x_N^2}+\frac{\partial^2}{\partial y_N^2}+\frac{\partial^2}{\partial z_N^2}\right)\psi = E\psi.$$

この解として変数分離型の解
$$\psi(\boldsymbol{r}_1,\cdots,\boldsymbol{r}_N) = \phi_1(\boldsymbol{r}_1)\phi_2(\boldsymbol{r}_2)\cdots\phi_N(\boldsymbol{r}_N)$$

を仮定すると本文の方法で変数分離して
$$\frac{\hbar^2}{2m}\Delta\phi_j(\boldsymbol{r}) = E_j\phi_j(\boldsymbol{r}),$$
$$E = \sum_j E_j$$

となる．この ϕ を1粒子軌道と呼ぶ．

なお量子力学的にはさらに（反）対称化の手続きが必要となる．

5.6 物理的に重要な偏微分方程式

いままで物理的に重要ないくつかの偏微分方程式に関してコラムを含めていろいろな箇所で説明してきたがこの節では偏微分方程式の観点でそれらをまとめておこう.

5.6.1 波動方程式

1,2,3 次元（空間次元）において次の方程式を波動方程式と呼ぶ.

波動方程式

$$\frac{1}{c^2}\frac{\partial^2 u(\boldsymbol{r})}{\partial t^2} = \frac{\partial^2 u}{\partial^2 x} + \frac{\partial^2 u}{\partial^2 y} + \frac{\partial^2 u}{\partial^2 z} = \Delta u \quad 3\text{次元}$$

$$\frac{1}{c^2}\frac{\partial^2 u(\boldsymbol{r})}{\partial t^2} = \frac{\partial^2 u}{\partial^2 x} + \frac{\partial^2 u}{\partial^2 y} \quad 2\text{次元}$$

$$\frac{1}{c^2}\frac{\partial^2 u(\boldsymbol{r})}{\partial t^2} = \frac{\partial^2 u}{\partial^2 x} \quad 1\text{次元}$$

特に 2 次元の場合は膜の微小振動の方程式として p.106 のコラムで導出を行った．これらの解として

$$u(\boldsymbol{r}) = e^{i(\omega t - \boldsymbol{k}\cdot\boldsymbol{r})}$$

を仮定すれば代入して

$$\omega = c|\boldsymbol{k}|$$

であれば解となることからわかるように速度 c, **角振動数** ω, **波数ベクトル** $\boldsymbol{k}$

■**因果律とクラマース–クローニッヒの関係（その 1）**■

物理系において時刻 t にある入力 $f_j(t), j = 1, 2, \cdots$ が加わったときの出力を $g_j(t)$ としたとき，入力を $\sum c_j f_j(t)$ としたときの出力が $\sum c_j g_j(t)$, (c_j は定数) となるとき，この物理系を線形系であるという．ここで入力を $\delta(t)$ としたときの出力を $\chi(t)$ とすると $t < 0$ では

<u>因果律： 入力が存在しないから結果も存在しない</u>

はずで $\chi(t) = 0, t < 0$ である．よって一般の入力 $f(t) = \int_{-\infty}^{\infty} d\tau f(\tau)\delta(t-\tau)$ に対する出力 $g(t)$ は線形性より

$$g(t) = \int_{-\infty}^{\infty} d\tau f(\tau)\chi(t-\tau) = \int_{-\infty}^{t} d\tau f(\tau)\chi(t-\tau), \text{（未来は現在に影響しない）}$$

となる．ここで $f(t), g(t), \chi(t)$ のフーリエ変換を $\tilde{f}(\omega), \tilde{g}(\omega), \tilde{\chi}(\omega)$ とすればたたみこみのフーリエ変換の公式（p.190）より $\tilde{g}(\omega) = \tilde{f}(\omega)\tilde{\chi}(\omega)$. ここで特に因果律より応答関数 χ のフーリエ変換の表式に対して

$$\tilde{\chi}(\omega) = \frac{1}{2\pi}\int_{-\infty}^{\infty} dt\, e^{-i\omega t}\chi(t) = \frac{1}{2\pi}\int_{0}^{\infty} dt\, e^{-i\omega t}\chi(t)$$

から引数 ω を解析接続すれば積分が $t > 0$ で ∞ まで行われていることが示唆するように $\mathrm{Im}\,\omega < 0$ で正則である．

の**平面波**を解とする．この典型例が p.104 のコラムで議論した電磁波である．

5.6.2 熱伝導方程式，拡散方程式

波動方程式の場合と同様に Δ を各次元のラプラシアンとして

熱伝導方程式，拡散方程式

$$\frac{\partial u(t, \boldsymbol{r})}{\partial t} - \kappa \Delta u(t, \boldsymbol{r}) = 0, \qquad \kappa > 0$$

を熱伝導方程式と呼ぶ．熱伝導の法則に従う物体の温度 $u(t, \boldsymbol{r})$ の時間空間変化を記述する方程式としてその導出は p.105 のコラムにて行った．また物理的には一般の**拡散現象**を記述する方程式でもあり，拡散方程式とも呼ばれる．

ここで特に一般に方程式の右辺をデルタ関数とした方程式の解を主要解，さらにある境界条件を満たす解をグリーン関数と呼び，応用上極めて重要である．詳しくは参考書に譲り，ここでは 1 次元の拡散方程式の主要解のみをフーリエ解析の方法で求めると次のようになる．(コラム参照．)

---
1 次元拡散（熱伝導）方程式の主要解

$$\left(\frac{\partial}{\partial t} - \kappa \frac{\partial^2}{\partial x^2}\right) G(t, x) = \delta(t)\delta(x)$$

$$G(t, x) = \frac{1}{2\sqrt{\pi \kappa t}} e^{-\frac{x^2}{4\kappa t}}, \qquad \lim_{t \to +0} G(t, x) = \delta(x)$$

■**因果律とクラマース-クローニッヒの関係（その 2）**■

さらに通常の物理系では高速な振動には物理系が追随できないから $|\omega| \to \infty$ で χ は十分速くゼロになると仮定しよう．よって C を p.153 の右図の実軸と下半面での半円からなる閉曲線として，コーシーの定理から

$$\int_C d\omega \frac{\tilde{\chi}(\omega)}{\omega - \Omega + i0} = -2\pi i \tilde{\chi}(\Omega).$$

ここで仮定から半円からの寄与は消えて（$\frac{1}{x+i0} = P\frac{1}{x} - i\pi\delta(x)$ を使って）次の計算よりクラマース-クローニッヒの関係式と呼ばれる一般的な関係式が導かれる．

$$\tilde{\chi}(\Omega) = -\frac{1}{2\pi i}\int_{-\infty}^{\infty} d\omega \frac{\tilde{\chi}(\omega)}{\omega - \Omega + i0} = -\frac{1}{2\pi i} P\int_{-\infty}^{\infty} d\omega \frac{\tilde{\chi}(\omega)}{\omega - \Omega} + \frac{1}{2}\tilde{\chi}(\Omega).$$

クラマース-クローニッヒの関係式

$$\tilde{\chi}(\Omega) = -\frac{1}{\pi i} P\int_{-\infty}^{\infty} d\omega \frac{\tilde{\chi}(\omega)}{\omega - \Omega}.$$

実部と虚部にわけて　$\operatorname{Re}\tilde{\chi}(\Omega) = -\frac{1}{\pi} P\int_{-\infty}^{\infty} d\omega \frac{\operatorname{Im}\tilde{\chi}(\omega)}{\omega - \Omega}, \quad \operatorname{Im}\tilde{\chi}(\Omega) = \frac{1}{\pi} P\int_{-\infty}^{\infty} d\omega \frac{\operatorname{Re}\tilde{\chi}(\omega)}{\omega - \Omega},$

ただし　$\tilde{\chi}(\omega) = \frac{1}{2\pi}\int_{-\infty}^{\infty} dt\, e^{-i\omega t} \chi(t).$

ここでデルタ関数の表示式 p.178 を使い

$$\lim_{t \to +0} G(t,x) = \delta(x)$$

であることに注意しておこう．つまり $G(t,x)$ は時刻 $t=0$ において原点にデルタ関数の温度分布があったときの任意時刻 $t>0$ における温度分布を与えることとなる．拡散方程式として考えると時刻 $t=0$ に原点にデルタ関数的に局在した粒子が，時刻 t まで拡散したときの粒子分布を示すと考えられる．なおこの グリーン関数 G の詳しい使い方については参考文献 [7] 等を参照されたい．

5.6.3 シュレディンガー方程式

量子力学によると電荷 e, 質量 m の粒子が時刻 t, 場所 $\boldsymbol{r}$ に存在する確率を $P(t,\boldsymbol{r})$ として $P(t,\boldsymbol{r}) = |\psi(t,\boldsymbol{r})|^2$ と絶対値の2乗が確率を与える**確率振幅**，**波動関数** $\psi(t,\boldsymbol{r})$ は次のシュレディンガー方程式に従う．

─── シュレディンガー方程式 ───
$$i\hbar \frac{\partial \psi}{\partial t} = \left(\frac{1}{2m} (-i\hbar \nabla - e\boldsymbol{A})^2 + e\phi \right) \psi$$

ここで $\boldsymbol{A}(t,\boldsymbol{r}), \phi(t,\boldsymbol{r})$ はベクトルポテンシャルとスカラーポテンシャルである．($\hbar$ はプランク（ディラック）定数.)

特に電磁場のない場合（$\boldsymbol{A}=0, \phi=0$）シュレディンガー方程式は

■ダランベールの公式■

特に1次元の場合方程式を次の因数分解した形に書けばわかるように

$$\left(\frac{1}{c^2} \frac{\partial^2}{\partial t^2} - \frac{\partial^2}{\partial x^2} \right) u = \left(\frac{1}{c} \frac{\partial}{\partial t} - \frac{\partial}{\partial x} \right) \left(\frac{1}{c} \frac{\partial}{\partial t} + \frac{\partial}{\partial x} \right) u = 0.$$

$u(t,x)$ が次のいずれかの方程式を満たせば波動方程式をみたす．

$$\left(\frac{1}{c} \frac{\partial}{\partial t} + \frac{\partial}{\partial x} \right) u = 0, \quad \left(\frac{1}{c} \frac{\partial}{\partial t} - \frac{\partial}{\partial x} \right) u = 0.$$

よって F, G を任意の関数として $u(x,t) = F(x-ct)$, $u(x,t) = G(x+ct)$. これより重ね合わせの原理から $u(x,t) = F(x-ct) + G(x+ct)$ と書ける．

ここで初期条件 $u(t=0, x) = f(x)$, $\left. \dfrac{\partial}{\partial t} u(t,x) \right|_{t=0} = g(x)$ とすれば

$$F(x) + G(x) = f(x), \quad -cF'(x) + cG'(x) = g(x), \quad -F(x) + G(x) = \frac{1}{c} \int_a^x dx' g(x'), (a \text{ は定数})$$

より $F(x) = \frac{f(x)}{2} - \frac{1}{2c} \int_a^x dx' g(x')$, $G(x) = \frac{f(x)}{2} + \frac{1}{2c} \int_a^x dx' g(x')$, つまり

$$u(x,t) = f(x-ct) + \frac{1}{2c} \left(- \int_a^{x-ct} dx' g(x') + \int_a^{x+ct} dx' g(x') \right) = f(x-ct) + \frac{1}{2c} \int_{x-ct}^{x+ct} dx' g(x')$$

となる．これはダランベールの公式と呼ばれる．

$$ i\hbar \frac{\partial \psi}{\partial t} = -\frac{\hbar^2}{2m} \Delta \psi $$

となり熱伝導方程式において $\kappa = \frac{\hbar}{2m}$ とし $t \to -it$ と時間を虚数時間としたものと一致する.

なお粒子密度 ρ とカレント $\boldsymbol{j}$ を次のように定義すれば（コラム参照）

$$ \rho = |\psi|^2, $$
$$ \boldsymbol{j} = \frac{\hbar}{2mi}\left(\psi^* \boldsymbol{\nabla} \psi - (\boldsymbol{\nabla}\psi^*)\psi\right) - \frac{e}{m}\boldsymbol{A}\rho, $$

次の連続の方程式が成立する.

--- 連続の方程式 ---
$$ \frac{\partial \rho}{\partial t} + \mathrm{div}\,\boldsymbol{j} = 0 $$

これは量子力学に限らず保存量と対応する流れがある場合には常に成立する関係である．量子力学的には確率の保存を意味する．この連続の方程式を体積領域 V で積分すればガウスの定理から次の関係式が導ける.

--- 積分型の連続の方程式 ---
$$ \frac{\partial}{\partial t}\int dV \rho = -\int dV \,\mathrm{div}\,\boldsymbol{j} = -\int_{\partial V} d\boldsymbol{S} \cdot \boldsymbol{j} $$

これは単位時間あたりの全粒子数の増加分が境界を越えて流れ込む流量の積

■熱伝導方程式，拡散方程式の主要解■

まず，主要解の満たす方程式

$$ \left(\frac{\partial}{\partial t} - \kappa \frac{\partial^2}{\partial x^2}\right) G(t,x) = \delta(t)\delta(x) $$

に対してフーリエ変換した形を微分方程式に代入すれば

$$ G(t,x) = \int \frac{d\omega}{2\pi} \int \frac{dk}{2\pi} e^{i(\omega t - kx)} \tilde{G}(\omega, k), $$

$\tilde{G}(\omega, k) = \frac{1}{i\omega + \kappa k^2}$. よって

$$ G(t,x) = \int \frac{d\omega}{2\pi} \int \frac{dk}{2\pi} e^{i(\omega t - kx)} \frac{1}{i\omega + \kappa k^2} = \frac{1}{4\pi^2 i} \int dk e^{-ikx} \int d\omega e^{i\omega t} \frac{1}{\omega - i\kappa k^2}. $$

この ω 積分をジョルダンの補題を用いて評価する．$t < 0$ では積分路を p.153 コラム右の実軸と下半面の半円にとれば積分路内に特異点はなくコーシーの定理から 0 となる．同様に $t > 0$ に対しては積分路を実軸と上半面の半円にとって

$$ G(t,x) = \theta(t)\frac{1}{4\pi^2 i}\int dk e^{-ikx}(2\pi i)e^{-\kappa k^2 t} = \frac{1}{2\pi}\int dk e^{-ikx} e^{-\kappa k^2 t - ikx} $$
$$ = \frac{1}{2\pi}\int dk e^{-\kappa t(k - \frac{ix}{2\kappa t})^2 - \frac{x^2}{4\kappa t}} = \frac{1}{2\pi}\sqrt{\frac{\pi}{\kappa t}} e^{-\frac{x^2}{4\kappa t}} = \frac{1}{2\sqrt{\pi \kappa t}} e^{-\frac{x^2}{4\kappa t}}. $$

分値となることを意味する.

5.6.4 ヘルムホルツ方程式

次の偏微分方程式をヘルムホルツ方程式と呼ぶ.

ヘルムホルツ方程式
$$-(k^2 + \Delta)u(\boldsymbol{r}) = 0$$

典型的にはこの方程式は (i) 熱伝導方程式で関数の時間依存性を $u(t,x) = e^{-k^2 t/\kappa} \bar{u}(\boldsymbol{r})$ として変数分離する (ii) 電磁場のない場合のシュレディンガー方程式においていわゆる定常状態 $\psi(t,\boldsymbol{r}) = e^{-i\hbar E t/\hbar} \bar{\psi}(\boldsymbol{r})$ を仮定し $E = \frac{\hbar^2 k^2}{2m}$ とする (iii) 波動方程式において時間依存性を $u(t,x) = e^{i\omega t} \bar{u}(\boldsymbol{r})$ $\omega = c|\boldsymbol{k}|$ とする等によって導かれる.

これに関しては右辺をデルタ関数とした主要解（境界条件を定めないグリーン関数）が次のようになることを p.189, p.190 のコラムにて求めた.

ヘルムホルツ方程式の主要解
$$-(k^2 + \Delta)G(\boldsymbol{r}) = \delta(\boldsymbol{r})$$
$$G_1^{\pm}(x) = \frac{\pm i}{2k} e^{\pm ik|x|} \qquad 1\text{次元}(k = k \pm i0)$$
$$G_3^{\pm}(\boldsymbol{r}) = \frac{1}{4\pi|\boldsymbol{r}|} e^{\pm ik|\boldsymbol{r}|} \qquad 3\text{次元}(k = \pm i0)$$

■**シュレディンガー方程式と確率の保存**■

まずシュレディンガー方程式とその複素共役をとれば

$$i\hbar \frac{\partial \psi}{\partial t} = \frac{1}{2m}(-i\hbar\boldsymbol{\nabla} - e\boldsymbol{A}) \cdot (-i\hbar\boldsymbol{\nabla}\psi - e\boldsymbol{A}\psi) + e\phi\psi$$
$$= \frac{1}{2m}\left(-\hbar^2 \boldsymbol{\nabla}^2 \psi + ie\hbar\boldsymbol{A}\cdot\boldsymbol{\nabla}\psi + ie\hbar(\boldsymbol{\nabla}\cdot\boldsymbol{A})\psi + ie\hbar\boldsymbol{A}\cdot\boldsymbol{\nabla}\psi + e^2\boldsymbol{A}^2\psi\right) + e\phi\psi$$
$$= \frac{1}{2m}\left(-\hbar^2 \boldsymbol{\nabla}^2 \psi + i2e\hbar\boldsymbol{A}\cdot\boldsymbol{\nabla}\psi + ie\hbar(\boldsymbol{\nabla}\cdot\boldsymbol{A})\psi + e^2\boldsymbol{A}^2\psi\right) + e\phi\psi,$$
$$-i\hbar \frac{\partial \psi^*}{\partial t} = \frac{1}{2m}\left(-\hbar^2 \boldsymbol{\nabla}^2 \psi^* - i2e\hbar\boldsymbol{A}\cdot\boldsymbol{\nabla}\psi^* - ie\hbar(\boldsymbol{\nabla}\cdot\boldsymbol{A})\psi^* + e^2\boldsymbol{A}^2\psi^*\right) + e\phi\psi^* \quad (\boldsymbol{A}, \phi:\text{実}).$$

ψ^*, ψ をかけて辺ごとに引いて

$$\frac{\partial}{\partial t}|\psi^2| = \frac{1}{2mi\hbar}\left(-\hbar^2 \psi^*\boldsymbol{\nabla}^2\psi + \hbar^2(\boldsymbol{\nabla}^2\psi^*)\psi + i2e\hbar\boldsymbol{A}\cdot(\psi^*\boldsymbol{\nabla}\psi + \psi\boldsymbol{\nabla}\psi^*) + 2ie\hbar(\boldsymbol{\nabla}\cdot\boldsymbol{A})\psi^*\psi\right)$$
$$= \frac{1}{2mi\hbar}\left(-\hbar^2\psi^*\boldsymbol{\nabla}^2\psi + \hbar^2(\boldsymbol{\nabla}^2\psi^*)\psi + i2e\hbar\boldsymbol{\nabla}\cdot(\boldsymbol{A}|\psi|^2)\right)$$
$$= -\boldsymbol{\nabla}\cdot\left(\frac{\hbar}{2mi}(\psi^*\boldsymbol{\nabla}\psi - (\boldsymbol{\nabla}\psi^*)\psi) - \frac{e}{m}\boldsymbol{A}|\psi|^2\right).$$

これから $\rho, \boldsymbol{j}$ を本文のとおり定義して次の連続の方程式が従う. $\frac{\partial \rho}{\partial t} + \text{div}\,\boldsymbol{j} = 0.$

これらは例えば量子力学における**定常状態**の理論，例えば**散乱問題**において使われる．(コラム参照．)

5.6.5 ラプラス方程式

またヘルムホルツ方程式で $k=0$ としたものを特にラプラス方程式と呼ぶ．

ラプラス方程式
$$-\Delta u = 0$$

この方程式は時間に依存しない電磁場のスカラーポテンシャルが満たす方程式として有名である．

これに関しても各次元での主要解をすでに求めた．(p.74–76 コラム参照．)

ラプラス方程式の主要解
$$-\Delta G(\boldsymbol{r}) = \delta(\boldsymbol{r})$$

$$G_1(x) = -\frac{|x|}{2} \qquad\qquad\qquad\qquad 1\text{次元}$$

$$G_2(\boldsymbol{r}) = -\frac{1}{2\pi}\log|\boldsymbol{r}| = -\frac{1}{4\pi}\log(x^2+y^2) \quad 2\text{次元}$$

$$G_3(\boldsymbol{r}) = \frac{1}{4\pi|\boldsymbol{r}|} = \frac{1}{4\pi}\frac{1}{\sqrt{x^2+y^2+z^2}} \qquad 3\text{次元}$$

■**ゲージ変換とシュレディンガー方程式**■

$$\text{ゲージ変換} \qquad \boldsymbol{A}' = \boldsymbol{A} + \boldsymbol{\nabla}\chi, \qquad \phi' = \phi - \frac{\partial\chi}{\partial t}$$

に対して波動関数の位相変換を次のように定義する．

$$\psi = e^{-i\frac{e}{\hbar}\chi}\psi' = e^{-i2\pi\frac{\chi}{\Phi_0}}\psi', \quad \Phi_0 = \frac{h}{e}(\text{磁束量子}).$$

このとき

$$(-i\hbar\boldsymbol{\nabla} - e\boldsymbol{A})\psi = -ee^{-i\frac{e}{\hbar}\chi}(\boldsymbol{\nabla}\chi)\psi' - i\hbar e^{-i\frac{e}{\hbar}\chi}\boldsymbol{\nabla}\psi' - e\boldsymbol{A}\psi$$
$$= e^{-i\frac{e}{\hbar}\chi}\left(-i\hbar\boldsymbol{\nabla} - e\boldsymbol{A} - e\boldsymbol{\nabla}\chi\right)\psi' = e^{-i2\pi\frac{\chi}{\Phi_0}}\left(-i\hbar\boldsymbol{\nabla} - e\boldsymbol{A}'\right)\psi',$$

$$\left(\frac{1}{2m}(-i\hbar\boldsymbol{\nabla} - e\boldsymbol{A})^2 + e\phi\right)\psi = e^{-i\frac{e}{\hbar}\chi}\left(\frac{1}{2m}(-i\hbar\boldsymbol{\nabla} - e\boldsymbol{A}')^2 + e\phi' + e\frac{\partial\chi}{\partial t}\right)\psi',$$

$$i\hbar\frac{\partial\psi}{\partial t} = ee^{-i\frac{e}{\hbar}\chi}\frac{\partial\chi}{\partial t}\psi' + i\hbar e^{-i\frac{e}{\hbar}\chi}\frac{\partial\psi'}{\partial t}.$$

よって ($'$系) でもシュレディンガー方程式が成立する．

$$i\hbar\frac{\partial\psi'}{\partial t} = \left(\frac{1}{2m}(-i\hbar\boldsymbol{\nabla} - e\boldsymbol{A}')^2 + e\phi'\right)\psi.$$

特に 3 次元のものを**クーロンポテンシャル**と呼ぶのは有名である．なおこの主要解は $|r| \to \infty$ で 0 となる境界条件を満たすことに対応して原点にある単位電荷を持つ点電荷からのスカラーポテンシャルを与える．この単純な応用として例えば電荷 e_i の点電荷が $\boldsymbol{r} = \boldsymbol{r}_i$ にある場合のスカラーポテンシャルは $\sum_i e_i G_3(\boldsymbol{r} - \boldsymbol{r}_i)$ 等と与えられることは電磁気学でよく知られている．

また 2 次元のラプラス方程式の解は**調和関数**と呼ばれ正則関数の実部，虚部はコーシー–リーマンの関係式よりこの調和関数となる．

例えば，複素関数 $w = w(z) = X(x,y) + iY(x,y), z = x + iy$ が正則関数であるとすればコーシー–リーマンの関係式より

$$\frac{\partial X}{\partial x} = \frac{\partial Y}{\partial y},$$
$$\frac{\partial X}{\partial y} = -\frac{\partial Y}{\partial x}.$$

これより

$$\frac{\partial^2 X}{\partial x^2} = \frac{\partial}{\partial x}\frac{\partial Y}{\partial y}$$
$$= \frac{\partial^2 Y}{\partial x \partial y} = -\frac{\partial^2 X}{\partial y \partial y}.$$

同様に Y も x, y の 2 変数関数としてラプラス方程式をみたし調和関数となる．

■ゲージ変換と確率の保存■

前コラムのゲージ変換に伴う波動関数の位相変換に関して粒子密度が不変であることはすぐわかる．

$$\rho = |\psi|^2 = \rho' = |\psi'|^2.$$

また確率の流れについては

$$\begin{aligned}
\boldsymbol{j} &= \frac{\hbar}{2mi}(\psi^* \boldsymbol{\nabla}\psi - (\boldsymbol{\nabla}\psi^*)\psi) - \frac{e}{mc}\boldsymbol{A}\rho \\
&= \frac{\hbar}{2mi}(\psi'^* \boldsymbol{\nabla}\psi' - (\boldsymbol{\nabla}\psi'^*)\psi') - \frac{e}{m}\boldsymbol{A}\rho' + \frac{\hbar}{2mi}|\psi|^2\left(-i\frac{e}{\hbar}\boldsymbol{\nabla}\chi - i\frac{e}{\hbar}\boldsymbol{\nabla}\chi\right) \\
&= \frac{\hbar}{2mi}(\psi'^* \boldsymbol{\nabla}\psi' - (\boldsymbol{\nabla}\psi'^*)\psi') - \frac{e}{m}\rho'(\boldsymbol{A} + \boldsymbol{\nabla}\chi) \\
&= \frac{\hbar}{2mi}(\psi'^* \boldsymbol{\nabla}\psi' - (\boldsymbol{\nabla}\psi'^*)\psi') - \frac{e}{m}\rho'\boldsymbol{A}' \\
&= \boldsymbol{j}'
\end{aligned}$$

となり，物理量である粒子密度，および確率の流れはともにゲージ変換で不変であり当然連続の方程式が成立する．

$$\frac{\partial \rho'}{\partial t} + \operatorname{div} \boldsymbol{j}' = 0.$$

調和関数

$z = x + iy$ に関する正則な複素関数 $w = w(z) = X(x,y) + iY(x,y)$ の実部と虚部は調和関数である．

$$\Delta_2 X = \frac{\partial^2 X}{\partial x^2} + \frac{\partial^2 X}{\partial y^2} = 0$$

$$\Delta_2 Y = \frac{\partial^2 Y}{\partial x^2} + \frac{\partial^2 Y}{\partial y^2} = 0$$

5.7 章末問題

5.1 固定端の境界条件のもとで次の積分に対するオイラー方程式を求めよ．

(a) $f(x) = x^2,\ x \in (-\pi, \pi)$ を三角級数に展開しパーセバルの関係式を計算せよ．

(b) $f(x) = x^3,\ x \in (-\pi, \pi)$ を三角級数に展開しパーセバルの関係式を計算せよ．

(c) $f(x) = \cos \mu x,\ x \in (-\pi, \pi)$ を三角級数に展開せよ．

(d) $f(x) = e^{-|x|}$ のフーリエ変換を求めよ．さらにパーセバルの関係式を確認せよ．

■散乱の積分方程式とヘルムホルツ方程式の主要解■

ベクトルポテンシャルが存在しない場合，ポテンシャルエネルギーを $V(\boldsymbol{r})$ としてシュレディンガー方程式の定常状態に関する解（波動関数）$\psi(\boldsymbol{r})$ は方程式 $\left(-\frac{\hbar^2}{2m}\Delta + V(\boldsymbol{r})\right)\psi(\boldsymbol{r}) = \frac{\hbar^2 k^2}{2m}\psi(\boldsymbol{r})$ を満たす．これは $\frac{\hbar^2}{2m}U(\boldsymbol{r}) = V(\boldsymbol{r})$ とすれば波動関数が次の非斉次のヘルムホルツ方程式を満たすことになる．

$$-(\Delta + k^2)\psi(\boldsymbol{r}) = -U(\boldsymbol{r})\psi(\boldsymbol{r}).$$

また次式を満たす ψ はこのシュレディンガー方程式を満たすことは直接代入すればすぐに確認できる．

$$\psi(\boldsymbol{r}) = \phi(\boldsymbol{r}) - \int d^3 r'\, G_0^+(\boldsymbol{r} - \boldsymbol{r}') U(\boldsymbol{r}') \psi(\boldsymbol{r}').$$

ここで $\phi(\boldsymbol{r})$ はヘルムホルツ方程式を満たす斉次解であり，$-(k^2 + \Delta)\phi(\boldsymbol{r}) = 0$，また G_0^+ は $k \to k + i0$ とした 3 次元ヘルムホルツ方程式の主要解であり境界条件 $G_0^+(\boldsymbol{r}) \propto \frac{1}{r} e^{ikr}$, $r = |\boldsymbol{r}| \to \infty$ を満たす．これよりポテンシャルが有限の領域に限られている場合，無限遠での境界条件を $\phi(\boldsymbol{r}) = \frac{1}{\sqrt{(2\pi)^3}} e^{ikz}$ として $\psi(\boldsymbol{r}) \to \phi(\boldsymbol{r}) + f(\boldsymbol{r}) \frac{e^{ikr}}{r}$ とすれば波動関数は次の積分方程式を満たすこととなる．（z 方向から入射する平面波が球面波に散乱される状況を記述し，$f(\boldsymbol{r})$ は**散乱振幅**と呼ばれる．）

$$\psi(\boldsymbol{r}) = \phi(\boldsymbol{r}) - \frac{1}{4\pi}\int d^3 r' \frac{e^{ik|\boldsymbol{r}-\boldsymbol{r}'|}}{|\boldsymbol{r}-\boldsymbol{r}'|} U(\boldsymbol{r}')\psi(\boldsymbol{r}').$$

これは散乱の積分方程式またはリップマン-シュインガーの**方程式**と呼ばれる．

5.2 時刻 t 場所 (x,y) における温度 $u(t,x,y)$ に関する 2 次元の熱伝導方程式

$$\frac{\partial u}{\partial t} = \kappa \Delta u, \quad (\kappa > 0)$$

を正方形の領域 $D = \{(x,y)|0 \leq x \leq 1, 0 \leq y \leq 1\}$ で考える．ただし境界条件としては

$$\text{境界 } (x,y) \in \partial D \text{ において } u(t,x,y) = 0$$

とし，さらに初期条件 $u(0,x,y) = x(1-x)\sin \pi y$ のもとで考える．

(a) 変数分離形の解 $u(t,x) = T(t)X(x)Y(y)$ を仮定したとき、$T(t)$, $X(x), Y(y)$ に関する方程式を導け．ただし記述はできるだけ詳しく論理を明解にせよ．

(b) 境界条件を用い u を級数表示せよ．

(c) 初期条件を用い u を求めよ．

■**散乱の積分方程式の形式解**■

前コラムの議論を形式的にまとめてみよう．まず $H_0 = -\frac{\hbar^2}{2m}\Delta$ としてシュレディンガー方程式とグリーン関数 G_0 を次のように書く．

$$(H_0 + V)\psi = E\psi, \quad \text{書き直して} \quad (E - H_0)\psi = V\psi \quad (\text{シュレディンガー方程式}).$$

$$(E - H_0)G_0 = I, \quad G_0 = \frac{1}{E - H_0}.$$

この形式的な記法では斉次解 ϕ は次の関係式を満たす．$(E - H_0)\phi = 0$.

$$\text{よって} \quad \psi = \phi + G_0 V\psi = \phi + \frac{1}{E - H_0} V\psi$$

をみたす ψ はシュレディンガー方程式を満たす．これがリップマン–シュインガーの方程式である．また逐次代入することにより

$$\psi = \phi + G_0 V\phi + (G_0 V)^2 \psi = \cdots = (I + G_0 V + (G_0 V)^2 + (G_0 V)^3 + \cdots)\phi$$
$$= (I - G_0 V)^{-1}\phi = (I + GV)\phi$$

が出る．ここで $H = H_0 + V$ として

$$G = (E - H)^{-1} = [(1 - VG_0)(E - H_0)]^{-1} = (E - H_0)^{-1}(1 - VG_0)^{-1}$$
$$= G_0 + G_0 V G_0 + G_0 V G_0 V G_0 + \cdots.$$

● 参 考 文 献 ●

　本書の内容に関してはここで列挙する書籍，その他から学んだ部分が多い．学生諸氏の参考とされたい．また演習問題及びコラムの話題のいくつかはこれらの中から使わせていただいたことをおことわりしてここで感謝したい．

[1] 高木貞治, 解析概論 改訂3版, 岩波書店, 1961.
[2] 犬井鉄郎, 石津武彦, 複素函数論, 東京大学出版会, 1966.
[3] 高橋陽一郎, 微分方程式入門, 基礎数学6, 東京大学出版会, 1988.
[4] 木村俊房, 常微分方程式の解法, 新数学シリーズ, 培風館, 1958.
[5] 岩堀長慶, ベクトル解析, 数学選書2, 裳華房, 1960.
[6] 中村宏樹, 偏微分方程式とフーリエ解析, 東京大学出版会, 1981.
[7] 田辺行人, 中村宏樹, 偏微分方程式と境界値問題, 東京大学出版会, 1981.
[8] 田辺行人, 藤原毅夫, 常微分方程式, 東京大学出版会, 1981.
[9] H. フランダース, 岩堀長慶訳, 微分形式の理論, 岩波書店, 1967.
[10] 金子晃, 偏微分方程式入門, 基礎数学12, 東京大学出版会, 1998.
[11] 高木貞治, 代数学講義 改訂新版, 共立出版, 1965.
[12] 後藤憲一, 山本邦夫, 神吉健, 数学演習, 共立出版, 1979.
[13] 石津武彦, 佐藤正千代, 金子尚武, 応用数学演習 1,2, 培風館, 1966.
[14] 佐武一郎, 行列と行列式, 裳華房, 1958.
[15] 有馬哲, 線型代数入門, 東京図書, 1974.
[16] 梶原壌二, 新修解析学, 現代数学社, 1980.
[17] 前原昭二, 線形代数と特殊相対論, 日本評論社, 1980.
[18] 久保亮五, 市村浩, 碓井恒丸, 橋爪夏樹, 大学演習熱学統計力学, 裳華房, 1961.
[19] 高橋康, 量子力学を学ぶための解析力学入門, 講談社, 1978.
[20] 寺沢寛一, 自然科学者のための数学概論 増訂版, 岩波書店, 1983.
[21] 田代嘉宏, テンソル解析, 裳華房, 1982.
[22] L. V. アールフォルス, 笠原乾吉訳, 複素解析, 現代数学社, 1982.
[23] クーラン・ヒルベルト, 齋藤利弥監訳, 丸山滋弥訳, 数理物理学の方法 1-4, 東京図書, 1984.
[24] 道脇義正, 長沢純, 初等ベクトル解析, 培風館, 1975.
[25] Complex Functions, G.A.Jones and D.Singerman, Cambridge University Press, 1987.
[26] 宮下精二, 解析力学, 裳華房, 2000.
[27] 矢野健太郎, 初等微分方程式, 日本評論社, 1964.

● コラム索引 ●
（物理に関する重要なトピックスを取り上げたコラムを索引にまとめる）

あ 行

1位の極とそこでの留数（その1〜2），143-144
1階線形方程式のグリーン関数, 12
1次元の並進対称な模型と離散フーリエ変換, 172
1次元ヘルムホルツ方程式のグリーン関数, 189
1次元ラプラシアンの主要解, 76
因果律とクラマース－クローニッヒの関係（その1〜2），203-204
運動量とハミルトニアン形式（その1〜2），94-95
エルミート行列（1〜2），30-31

か 行

荷電粒子系のハミルトニアン, 102
荷電粒子の運動とラグランジアン（その1〜2），99-100
完全系による展開とグリーン関数, 196
完全系の条件, 67
完全微分形と熱力学, 40
ガンマ関数, 159
規格直交性とユニタリ性, 193
行列の指数関数と微分公式, 24
極限としてのデルタ関数, 177
グラム－シュミットの直交化, 32
ゲージ変換, 77
ゲージ変換と確率の保存, 209
ゲージ変換とシュレディンガー方程式, 208
ケーリー－ハミルトンの定理, 26
懸垂線（カテナリー）（1〜2），115-116
格子点と連続体近似, 174
高次の極とそこでの留数, 145

さ 行

座標変換と完全性, 194
3次元ガウスの定理とストークスの定理の関係, 66
3次元ヘルムホルツ方程式のグリーン関数, 190
散乱の積分方程式とヘルムホルツ方程式の主要解, 210
散乱の積分方程式の形式解, 211
磁束のチューブによる磁場の計算（その1〜2），81-82
周期が異なる場合の三角級数展開, 184
周期が異なる場合の複素フーリエ変換, デルタ関数, 181
縮約（その1〜3），45-47
シュレディンガー方程式と確率の保存, 207
ジョルダンの補題（その1〜2），138-139
ジョルダン標準形1：固有空間への分解, 27
ジョルダン標準形2：ジョルダン分解, 28
ジョルダン標準形3：構成法, 29
スカラー三重積とベクトル三重積, 48
スカラーポテンシャルの構成, 73
スターリングの公式, 160
スツルム－リュウヴィル型の固有値問題における直交性, 121
ストークスの定理と線積分, 57
正則な領域での積分路の変形, 141
積分路と特異点, 142
線形性と非線形, 7
線形方程式のグリーン関数, 11

た 行

対称行列，直交行列，反エルミート行列，反対称行列, 33

多変数の間の関係式（その1～2），109-110
ダランベールの公式，205
単磁極，78
単振り子と線形近似，8
単連結な領域と単連結でない領域，140
超伝導で有名な積分（その1～3），161-163
デルタ関数と主値積分，154
デルタ関数の他の表示について，178
点電荷とデルタ関数，74

な 行

2階線形方程式のグリーン関数，14
2次元対数ポテンシャルとデルタ関数，75
ニュートンの運動方程式と変分原理
　（その1～2），89-90
熱伝導方程式，105
熱伝導方程式，拡散方程式の主要解，206

は 行

波数ごとの完全系，68
波動方程式，106
ハミルトニアンと作用，98
ハミルトンの正準方程式，96
ハミルトンの正準方程式と変分原理の同等性，97
汎関数に対する未定乗数法（その1～2），113-114
反転公式（その1～2），164-165
ピタゴラスの定理とパーセバルの関係式，ベッセルの不等式，195
微分形式（その1～5），50-54
微分方程式の解の独立性とロンスキー行列式，13
フーリエ変換の高次元への拡張と無限体積極限（その1～2），185-186
複素平面上での幾何，126
不連続点を含む関数の三角級数展開，182
べき関数の多価性，128
ベクトルポテンシャルの構成（その1～2），71-72

ベッセルの不等式，192
ヘルムホルツの定理（その1～2），69-70
ヘルムホルツ方程式の極座標での変数分離
　（その1～4），197-200
偏角の原理と回転数，148
変数分離形としての1階線形方程式，6
変数分離と3次元平面波，201
変数分離と多粒子系の波動関数，202
変数変換と保存則（その1～2），91-92
ポアソン核，156
ポアソンの和公式の応用，191
方向微分，56
包絡線，36
包絡線とクレーローの方程式，38
包絡線の方程式と特異点，37
ポテンシャル中の粒子系のハミルトニアン，101
ポテンシャルとマクスウェル方程式，103

ま 行

マクスウェルの方程式，104

や 行

有理関数の部分分数，157

ら 行

ラグランジュの未定乗数法（その1～2），111-112
リーマン球面，132
離散フーリエ展開とユニタリ行列，170
量子力学と変分法（その1～2），117-118
ロンスキー行列式と保存量，17
ロンスキー行列式の満たす方程式：高次の場合，16
ロンスキー行列式の満たす方程式：2次の場合，15

欧 字

CR方程式の別な形（その1～2），130-131
k位の極での留数の計算，146

索 引

あ 行

アインシュタインの規約, 44
1 形式, 50
1 粒子軌道, 202
1 階線形方程式, 7
一般解, 5
因果律, 203, 204
ヴァンドルモンド行列式, 18
運動量, 94
エディングトンのエプシロン, 46
エルミート行列, 27, 30
円柱座標, 75
オイラーの公式, 127
オイラーの定数, 159
オイラー–ラグランジュの方程式, 92
横断性の条件, 109

か 行

解曲線, 4
外積, 45, 51
解析接続, 164, 166
解析力学, 89
回転 (rotation), 51
回転数, 148
解の独立性, 13
外微分, 50, 51
ガウス積分, 152
ガウスの公式, 159
拡散現象, 204
拡散方程式, 204
角振動数, 203
確率振幅, 205
確率の保存, 17, 207
重ね合わせの原理, 7, 8, 197
可動端, 107
完全, 179
完全性, 44
完全微分型, 40
ガンマ関数, 159, 161
規格直交性, 44
規格直交列, 193

規格直交列の完全性, 194
基底ベクトルの完全性, 44
基本行列, 27
基本ベクトル, 44
球ハンケル関数, 200
球ベッセル関数, 200
球面調和関数, 199
共振, 22
強制振動, 10
鏡像, 126
鏡像の位置, 126
共鳴, 21, 22
共役, 52
行列 A の特性多項式, 26
行列の指数関数, 25
極座標, 73
局所性, 171
曲面の面積, 60
虚部, 124
クーロンポテンシャル, 209
クラマース–クローニッヒの関係, 203, 204
グラム–シュミットの直交化, 31, 32
グリーン関数, 11, 12, 13, 14
グリーン関数の特異性, 12
グルサの定理, 146
クレーロー微分方程式, 36
クロネッカーのデルタ, 45
ケーリー–ハミルトンの定理, 26
ケーリー変換, 33
懸垂線 (カテナリー), 115
交代行列, 33
勾配 (gradient), 49
コーシーの積分公式, 146
コーシー–リーマン (CR) の方程式, 131
固定端の条件, 90
固有方程式, 18

さ 行

サイクロイド, 97
作用, 89, 98

索引

作用積分 S, 98
三角関数, 127
三角級数, 182
三角不等式, 125
3次元ガウスの定理, 63
散乱振幅, 210
散乱の積分方程式, 210
散乱問題, 208
時間領域, 171
指数関数, 127
自然境界条件, 104
実空間, 171
実対称行列, 27
実部, 124
射影演算子, 27
周期的境界条件, 185
自由端, 105
周波数領域, 171
縮約, 45, 47
主値積分, 154
シュレディンガー方程式, 42, 205
状態方程式, 40
常微分方程式, 1
ジョルダン細胞, 29
ジョルダン標準型, 29
Jordan 標準型, 26
ジョルダン分解, 28
真性特異点, 147
スカラー三重積, 48
スカラーポテンシャル, 67
スターリングの公式, 160
スツルム–リュウヴィル型, 199
ステップ関数, 153
ストークスの定理, 62
斉次方程式, 6, 9
積分因子, 41
積分型の連続の方程式, 206
積分可能条件, 40
積分定理, 55
絶対値, 124
0 形式, 50
零点, 147
線形性, 6, 7
線形独立, 13
線形微分方程式, 6
線形偏微分方程式, 197
線積分, 55
線素, 71
双曲関数, 127

ソリトン理論, 7

た 行

大域性, 171
対角化可能, 26
代数学の基本定理, 157
体積要素, 70, 71
多価関数, 166
たたみこみ, 189
ダランベールの公式, 205
多粒子系, 202
単磁極, 78
単振り子, 8
調和関数, 209, 210
直交行列, 27
直交曲線座標系, 69
定常状態, 208
定数係数線形微分方程式, 9
定数変化法, 11, 12, 13, 14, 33
ディリクレ核, 151
テータ関数, 191
デルタ関数, 11, 154, 178
デルタ関数のフーリエ変換, 187
電磁波, 104
点電荷, 74
同次型微分方程式, 39
特異解, 36
特異点, 37, 142
特性方程式, 18, 21
特解, 5

な 行

内積, 44, 45
内力, 93
ナブラ, 49
2次元ガウス-ストークスの定理, 60
ニュートンの運動方程式, 2, 89, 90
熱伝導方程式, 105
熱伝導方程式, 拡散方程式, 204
熱力学極限, 186
熱力学第一法則, 40
熱力学第二法則, 40
ノルム, 195

は 行

パーセバルの関係式, 171, 180, 182, 188, 196
パウリ行列, 42
波数空間, 171

波数ベクトル, 203
発散（divergence）, 50
波動関数, 202, 205
波動方程式, 106, 203
ハミルトニアン, 95
ハミルトニアン形式, 94
ハミルトンの正準方程式, 96
反エルミート行列, 33
汎関数, 88
反対称行列, 33
反転公式, 164
非共鳴, 21
非斉次方程式, 11
非線形, 7
微積分の基本定理, 55
微分方程式, 2, 5
フーリエ級数, 173
フーリエ変換, 185, 187
複素共役, 124
複素フーリエ級数, 175
複素平面, 126
部分分数表示, 157
フレネル積分, 149
不連続点, 182
ブロッホ関数, 172
分岐点, 166
ヘイエ核, 151
平面波, 201, 204
ベータ関数, 161
べき零, 25
ベクトル三重積, 48
ベクトル場, 4
ベクトルポテンシャル, 67
ベッセルの不等式, 192
ベルヌーイ微分方程式, 34
ヘルムホルツの定理, 67
ヘルムホルツ方程式, 207
偏角, 126
偏角の原理, 147
変数分離形, 4
変数分離法, 197
偏微分方程式, 197

変分原理, 89, 90
ポアソンの和公式, 190
方向微分, 56
包絡線, 36
保存則, 91
保存量, 17, 92

ま 行

マクスウェルの関係式, 109
マクスウェル方程式, 103, 104
無限乗積, 159
面積分, 57, 58
面積要素, 58

や 行

ヤコビ行列式, 110
ヤコビの恒等式, 48
ユニタリ行列, 27, 170

ら 行

ラグランジアン, 90
ラグランジュの未定乗数法, 111
ラプラシアン, 52
ラプラス方程式, 208
リーマン球面, 132
リーマン面, 164, 166
離散フーリエ変換, 170, 171
リッカチ微分方程式, 34
リップマン–シュインガーの方程式, 210
量子力学, 205
ルジャンドル陪関数, 199
ルジャンドル変換, 95
レイリー商, 117
連続体近似, 174
連続の方程式, 206
ローラン展開, 147
ロンスキー行列式, 13, 15

わ 行

ワイエルシュトラスの公式, 159

著者略歴

初貝 安弘
(はつがい やすひろ)

1985 年　東京大学工学部物理工学科卒業
1990 年　工学博士
現　在　東京大学大学院工学系研究科物理工学専攻助教授
　　　　を経て 2007 年より筑波大学大学院数理物質科学研
　　　　究科物理学専攻教授

主要著書

"Edge States in the Integral Quantum Hall effect and the Riemann Surface of the Bloch Function", Phys. Rev. B48, 11851 (1993).

"Chern number and the Edge States in the Integer Quantum Hall Effect", Phys. Rev. Lett. 71, 3697 (1993).

"Explicit Solutions of the Bethe Ansatz Equation for Bloch Electrons in a Magnetic Field" (共著), Phys. Rev. Lett. 73, 1134 (1994).

新・数理科学ライブラリ [物理学] ＝ 8

物理学のための応用解析

2003 年 6 月 25 日©	初　版　発　行
2016 年 9 月 25 日	初版第 3 刷発行

著　者	初貝安弘	発行者	森平敏孝
		印刷者	杉井康之
		製本者	関川安博

発行所　株式会社　サイエンス社

〒151-0051　東京都渋谷区千駄ヶ谷 1 丁目 3 番 25 号
営業 ☎ (03) 5474-8500 (代)　振替 00170-7-2387
編集 ☎ (03) 5474-8600 (代)
FAX ☎ (03) 5474-8900

印刷　(株)ディグ　　製本　関川製本所

《検印省略》

本書の内容を無断で複写複製することは，著作者および出版者の権利を侵害することがありますので，その場合にはあらかじめ小社あて許諾をお求め下さい．

ISBN4-7819-1039-4

PRINTED IN JAPAN

サイエンス社のホームページのご案内
http://www.saiensu.co.jp
ご意見・ご要望は
rikei@saiensu.co.jp　まで．